解读建筑结构

Understanding Structures

解读建筑结构
Understanding Structures

富勒·摩尔　Fuller Moore｜著

周婷　王兰　黄宸｜译

天津大学出版社
TIANJIN UNIVERSITY PRESS

JIEDU JIANZHU JIEGOU

图书在版编目（CIP）数据

解读建筑结构 / 富勒·摩尔，Fuller Moore 著；周婷，王兰，黄宸译. —天津：天津大学出版社，2020.6

ISBN　978-7-5618-6551-4

Ⅰ . ① 解… Ⅱ . ① 富… ② 周… ③ 王… ④ 黄… Ⅲ . ① 建筑结构

Ⅳ . ① TU3

中国版本图书馆 CIP 数据核字（2020）第 008983 号

出版发行	天津大学出版社
地　　址	天津市卫津路 92 号天津大学内（邮编：300072）
电　　话	发行部：022-27403647
网　　址	publish.tju.edu.cn
印　　刷	廊坊市瑞德印刷有限公司
经　　销	全国各地新华书店
开　　本	285mm×205mm
印　　张	18.5
字　　数	470 千
版　　次	2020 年 6 月第 1 版
印　　次	2020 年 6 月第 1 次
定　　价	78.00 元

凡购本书，如有缺页、倒页、脱页等质量问题，烦请与我社发行部门联系调换。

版 权 所 有　　侵 权 必 究

序

Preface

编写本书的目的是介绍建筑结构支承作用的概念，并强调结构与建筑设计相结合的重要性。我一直认为基本的物理概念必须被彻底理解和消化，才能完美地融入结构和设计。为此，我主要通过概念示意图和案例研究，帮助读者直观理解结构是如何影响建筑设计的。

但我认识到这种定性方法的局限性，它应该是进行数学计算分析的先决条件。正如已故的马里奥·萨瓦多里（Mario Salvadori）曾经说过的："如果不使用数学工具就不能获得结构的全面认知。"希望本书能引起读者的兴趣，为你们更深入地学习提供基本的概念理解和设计基础。

本书的案例研究选取了一些经典例子，选取依据是这些案例是否能够清楚地展现结构原理。基于这一标准，这些案例可以非常明显地展现结构外观，强调了结构效能和简洁的美学。但这并不意味着它就是一个好的建筑方案，它只是能够最好地展示结构原理。

致谢 | Acknowledgments

回顾本书的编撰过程，很遗憾我未能掌握很多原创材料。所以我非常感谢提供这些案例的原设计人。虽然我极详细地分析了案例，但仍感到不能完全体现案例之精华，也不能充分表达我的感激之情。

非常感谢我的老师、学生和同事，在他们的帮助下，才完成了本书。在这里要感谢：克里斯·本顿（Cris Benton）、汤姆·布林纳（Tom Briner）、戴·丁（Day Ding）、克里斯·卢克曼（Chris Lubkeman）、米歇尔·梅拉拉尼奥（Michele Melaragno）、查理·米切尔（Charlie Mitchell）、唐·佩丁（Don Peting）、冈蒂斯·帕莱森斯（Guntis Plesums）、杰克·波尔顿（Jack Poulton）、约翰·雷诺兹（John Reynolds）、塞尔吉奥·萨纳布里亚（Sergio Sanabria）、沃尔夫冈·舒勒（Wolfgang Schueller）、麦克·阿兹辛格（Mike Utzinger）、约翰·韦甘德（John Weigand）和查尔斯·沃利（Charies Worley）。

此外，还要感谢：菲利浦·科尔克尔（Phillip Corekill）采用公制尺寸绘制了初步设计图表，理查德·凯洛格（Richard Kellogg）制作了模型，克雷格·辛里奇（Craig Hinrich）进行了资料整理。

感谢汤姆·拜伯（Tom Bible）、麦克·克鲁威雷尔（Mark Cruvellier）和罗伯特·本森（Robert Benson）对手稿的校阅，我非常感谢他们许多缜密、直率及中肯的评论和建议。

我特别感谢爱德华·艾伦（Edward Allen），他也详细审阅了手稿，并且以他的幽默和感染力鼓励并支持本书的编撰。

——富勒·摩尔 | Fuller Moore

第 1 部分　　结构理论
Structural Theory

单纯研究所有的承载理论和计算方法是不够的。设计者必须熟知全部细节并反复实验，直到他完全熟悉所有的应力和变形现象并使其成为一种直觉。

—— 爱德华多·托罗哈

前言
Foreword

要进入结构领域，首先要理解结构是如何工作的。理解之后，建筑专业的学生在建筑设计之前，可以决定使用哪种类型的结构，并可以通过近似的经验法则初步确定跨度和构件尺寸。有了这些知识，甚至可以通过初步的计算公式来解释为何采用此种结构类型。

计算分析在结构设计中的作用常常被误解。我们时代的每一位伟大的结构设计师都曾写到，只有在决定了结构形式之后，才进行计算分析。此时的计算才可用于确认和调整结构形式。然而，大多数结构入门书籍都没有试图开展对结构概念的理解，而从最初就盲目地开始讲解结构计算。

在这本书中，摩尔教授用较少的数学方法讲解了一个奇妙的结构工作机制。为了尽量简洁明了，他讲述了拉索、拱、桁架、梁、柱和板等结构形式，阐述了拉力、压力以及相互作用力如何抵抗重力、风和地震对建筑物的作用。读者从书中可以直观认识到各类结构形式的基本传力机制，不仅概念易于理解，而且能够将其应用于实践。在设计钢结构、混凝土结构、砌体结构和木结构的构件时，还会详细阐述这些机制。本书对上部结构和基础及地基的荷载传递路径进行了重点讲述，使读者能够迅速了解一座建筑物及其构造，并快速理解该建筑物是如何耸立起来的。更重要的是，本书可以令读者更快地胜任结构设计者的工作，通过著名案例的讲解，使读者很快地理解设计重点。

摩尔教授是撰写本书的最佳人选。作为一名建筑师，他不仅熟知建筑的形式与空间，而且详细地知晓热控制及照明系统。他对建筑结构各个方面的相互作用有全面的了解。作为一名资深教师，他以耐心、透彻、清晰的解读而闻名，这些解读已经从他的教室和工作室中升华，并形成了一系列精彩的书籍，这些书籍都是由他创作、绘制插图并设计的。

结构研究是一项终生事业，人们可从中思考并获得满足，本书则是初入该领域者的最好选择。

——爱德华·艾伦 | Edward Allen

引言
Introduction

结构的可视化或构思过程是一门艺术。基本上，它是由一种内在经验和直觉驱动的，而绝不仅仅是演绎推理的结果。

——爱德华多·托罗哈 | Eduardo Torroja

建筑技术是一门科学，实践起来却是一门艺术。

——A. 罗德里克·梅尔斯 | A. Roderick Males

结构与建筑设计密不可分。无论是一个简单的庇护所，还是一个做礼拜或商业用途的大型封闭空间，建筑物都是由材料构成的，以承受重力、风或火等自然力。

古罗马人维特鲁威（Vitruvius）提出，建筑应当具有**坚固性**（结构永久性）、**商品性**（功能性）和**美观性**（美学）。在这三个特点中，坚固性最为重要，结构和建造方法需要满足安全坚固这一需要。

合理的结构是实现伟大建筑的前提。但也有许多例子表明，设计师出于美学或功能方面的考虑，忽视了结构原理，创造出实用而美丽的雕塑建筑作品，其中的支承和建造系统被隐藏。一般来说，在结构要求不高的小型建筑中，这是最容易做到的，并且可以通过多种方式实现，通常结构效能较低。

但在大型建筑中，绝不能忽视结构原理，结构体系对设计的功能和美观有着重要的影响。

传统上，建筑师同时也是建筑的**主要结构设计师**。这在过去是可行的，因为传统结构体系发展很慢，可以根据之前项目积累的经验设计建造。

工业革命催生了更大、更复杂的建筑，建筑物变得越来越高（由于结构框架的发展以及电梯和加压水管的发明），越来越宽（由于钢结构和混凝土梁的发展以及电灯和机械通风的发明）。建筑越来越复杂意味着结构、材料、机械系统再也无法由一个人设计，建筑师演变为由专业技术人员组成的设计团队的领导者。

但是，为了维持设计团队领导者的角色并保持对总体设计的控制，建筑师必须对这些技术种类有概念上的理解。原因主要有三点：首先在最基本层次上，这种概念理解有助于建筑师更好地与其他专业技术人员沟通；其次，它使得建筑师将每位技术人员的建议放在总体设计中考虑，保留原设计并控制预算；最后，也是最重要的，建筑师可以在初步设计阶段就对结构形式、跨度和尺寸等进行考量，有益于建筑设计。

目录
Table of Contents

第 1 章　力学

Mechanics

精确的计算并不比梦想或信念更明确，但我们必须试着通过更精确的分析
来防止人为错误带来的有害影响。

——路易斯·I. 康 | Louis I. Kahn

力 | Forces

力学是物理学的分支，是研究力及其作用效果的科学。它包含**静力学**（statics）
和**动力学**（dynamics）。静力学研究使物体之间保持力的平衡，而动力学研究那
些使物体产生加速度的力。因为建筑结构通常不移动，所以经常使用静力学原理
来分析它们。然而，建筑的一些特定移动（例如因为地震和风）需要使用动力学
原理来分析。

对于建筑结构来说，**力**的概念是最基础的。**力**让物体产生运动、拉伸或者
压缩趋势。

当然，从技术上讲，力的单位是"**磅力**"[pound force，等于使 1 磅（lb）物
体产生 32.17 英尺 / 秒 ^{2}（ft/s^2）加速度所需要的力]，在工程实践及本书中通常
使用**磅**和**千磅**（kp，1000 lb）的质量单位。

国际单位制中力的基本单位是"牛顿"[newton，使质量为 1 千克（kg）的
物体产生 1 米 / 秒 ^{2}（m/s^2）的加速度所需要的力]。1 磅 =4.448 牛顿（N）。

矢量表示法 | Vector Representation

因为力同时具有大小和方向，所以力是**矢量**（vector quantity）；和**标量**（scalar
quantity）不同，标量只有大小，没有方向。这样，力可以用图示箭头来表示，
其中箭头的方向代表力的方向，箭头的长度代表力的大小（图 1.1）。

力的**作用线**（line of action）是和力本身重合的无限长的一条线。作用在刚
体上的力沿力的作用线任意移动，作用效果不变。图 1.2 证明了这种力的传递准则。

当两个或者多个力交汇在一点时，这些力被称作"**共点力**"（concurrent
force）。因为力的传递准则，独立而不平行的力都是共点力（图 1.3）。平行的
力是一种特殊情况，本书将在后面讨论。

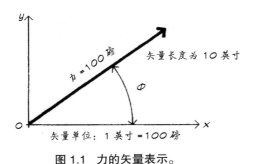

图 1.1　力的矢量表示。

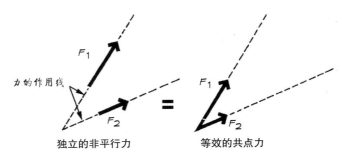

图 1.3　独立的非平行力和等效共点力。

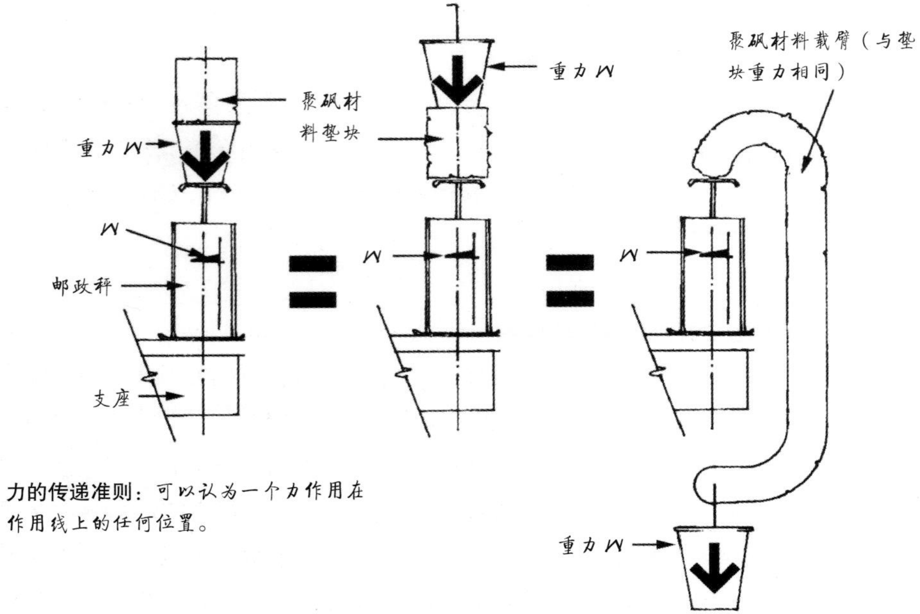

力的传递准则：可以认为一个力作用在作用线上的任何位置。

图 1.2　力的传递模型。

合力 | Resultant forces

当两个力的作用线相交时，存在一个**合力**和这两个力的作用效果相等。与其他类型的向量一样，利用两个力作用线的交点，以两个不平行力为边绘制一个平行四边形，就可以确定它们的合力。合力是从交点出发的对角线向量。多个力也可以利用相同的方法求合力（图 1.4）。合力是作用在一个物体上多个力的最简单表示方法。

分力 | Force components

相反，单个力可以**被分解**为两个或者多个**分力**，而且这些分力的共同作用效果和原始的单个力相同。在结构受力分析中，经常利用上述原理，将不同方向的力沿笛卡儿坐标系分解成相互垂直的分力。实现的方法是以原始力为对角线绘制一个矩形，矩形的边就是分力，而对角线就是原始力（original force）（图 1.5）。当然按比例计算分力也是可以的，例如一个力可以被分解为 x 方向分力和 y 方向分力：$F_x=F\cos\varnothing$；$F_y=F\sin\varnothing$。

一旦作用在一个物体上的多个力被分解为它们的垂直分力，就可以用求代数和的方法来得到这些分力的合力的垂直分力。最终，这些垂直分力可以合成一个合力。该过程如图 1.6 所示，最终合力的方向可以用公式 $\varnothing=\arctan\left(F_y/F_x\right)$

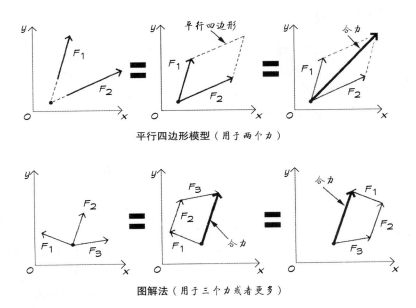

平行四边形模型（用于两个力）

图解法（用于三个力或者更多）

图 1.4　确定多个力合力的方法。

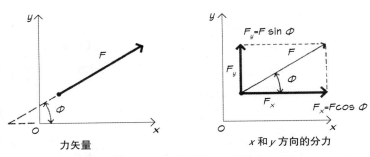

力矢量

x 和 y 方向的分力

图 1.5　将一个力分解成两个垂直分力。

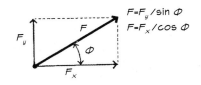

图 1.6　将垂直分力合成一个合力。

来求得，合力的大小可以用公式 $F=F_y/\sin\varnothing$（或 $F=F_x/\cos\varnothing$）来求得。

分布力 | *Distributed forces*

上述讨论的力被假设为**集中**作用在一个点上，但是力也有可能是**分布**作用的，作用在一段距离或者一个区域内。按照一段距离作用的分布力的单位是磅/英尺（lb/ft）[牛顿/米（N/m）]，按照一定区域作用的分布力的单位是磅/平方英尺（lb/ft²）[牛顿/平方米（N/m²）]。

力的分布可能是均匀的，也可能是不均匀的。这可以用多边形图示法来表示。例如，一个矩形通常用来表示一个均匀分布力，一个三角形表示分布力沿作用区域线性变化（图 1.7）。为了确定分布力的作用效果，通常采用一个大小等于分布力的合力，作用线通过分布力多边形形心的**等效**力来代替。

反作用力和平动平衡 | *Force reactions and translational equilibrium*

牛顿第三定律表明，任何一个作用力都有一个等值反向的反作用力。因此，当一个力（或者几个力的合力）**施加**在物体上时，一定存在一个等值反向的**反作用力**来保证物体的静止。如果某个力没有一个反向的力来抵消它，那么被作用的物体就将移动（从一个地方移动到另一个地方）——这是建筑结构中不希望出现的。图 1.8 描述了作用在一个物体上的两个力、它们的合力以及维持**平动平衡**（换句话说，物体不会从一个地方移动到另一个地方）所需的反作用力的关系。图 1.9 描述了作用力与反作用力的等值关系。

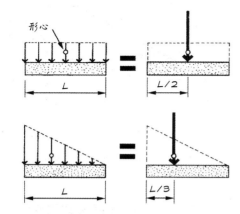

图 1.7　作用于刚体上的分布力和等效集中力。

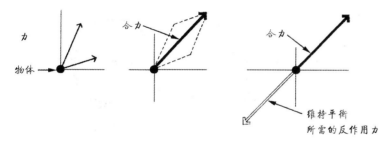

图 1.8　作用在刚体上的两个作用力、它们的合力以及维持平动平衡所需的反作用力。

图 1.9　施加的力与反作用力的效果相同。

胡克定律——荷载作用下的支座弹性反作用力 | Hooke's law—the elastic reaction of supports to applied loads

重力是结构分析中必须考虑的力。例如，如果一本书掉下来，在下落过程中只有它自己的重力作用在上面，同时它下落也是因为没有反作用力来支承它。（最终，随着书下落速度的增加，其与空气的摩擦力也会增加，直到摩擦力这种反作用力等于向下的重力，书的加速度会变成零。）

相反，如果书被放在一个**支座**（例如一张桌子）上，书会保持静止。这是因为桌子对书提供了一个可以抵消书的重力的反作用力，因此桌子的反作用力使书保持了平动平衡。由于桌子表面是坚硬的，同时桌子好像也没有被书的重力所影响，所以桌子的这种反作用力并不容易被发现。但实际上，像弹簧一样，在书的作用下，**有弹性的**桌子被轻微地压缩了。当书放在桌子上时，桌子表面（像一个弹簧）由于被压缩产生了一个和书的重力相等的力来保证书的平衡（图 1.10）。

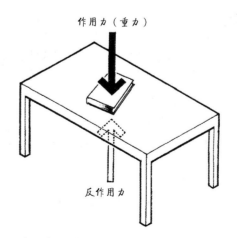

图 1.10　由于桌面对重物的反作用力，桌子支承起书。

这个原理是罗伯特·胡克（Robert Hooke）在 17 世纪发现的，同时这个原理也被认为是弹性力学的基础。弹性力学是关注材料和结构的受力与变形相互关系的科学。

平动平衡分析 | *Analyzing translational equilibrium*

平动平衡中物体静止的概念是结构分析的基础。正如前面所述，一个典型的受力分析需要把荷载和反作用力沿着笛卡儿坐标系（x, y, z）分解。平动平衡遵循这样一个规律，在笛卡儿坐标系的三个方向上，荷载（和反作用力）的代数和等于零：$\Sigma F_x=0$，$\Sigma F_y=0$，$\Sigma F_z=0$（图 1.11）。相反，在平动平衡条件下，如果已知一个或多个力的分力，那么反作用力的分力及反作用力就能够通过代数方法求出（图 1.12）。

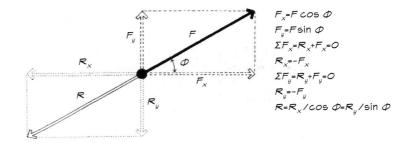

$$F_x = F \cos \phi$$
$$F_y = F \sin \phi$$
$$\Sigma F_x = R_x + F_x = 0$$
$$R_x = -F_x$$
$$\Sigma F_y = R_y + F_y = 0$$
$$R_y = -F_y$$
$$R = R_x / \cos \phi = R_y / \sin \phi$$

图 1.12　计算反作用力的分力。

构上一个力对某一点的力矩等于力和力的作用线到该点的垂直距离的乘积（图 1.13）。此外，力矩的作用效果不随它的作用位置而改变（图 1.14）。

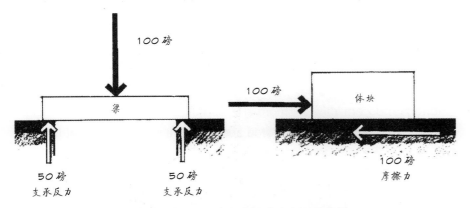

100 磅

梁

100 磅

体块

50 磅
支承反力

50 磅
支承反力

100 磅
摩擦力

图 1.11　对于平动平衡，各外力之和必须为零。

力矩 | Moments

力的**力矩**（通常简称为"**弯矩**"）是可以让物体产生旋转趋势的力。结

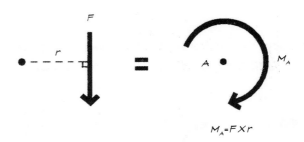

F

r

A

M_A

$$M_A = F \times r$$

图 1.13　一个力作用于一点的力矩等于力 $F \times$ 力臂 r。

力矩的单位是英尺·磅（ft·lb）和英尺·千磅（ft·kp）；国际单位制是牛顿·米（N·m）。通常将产生逆时针旋转趋势的力矩定义为正力矩，而产生顺时针转动的力矩为负（图 1.15）。这个可以应用**右手法则**（right-hand rule）判断：如果你的右手四指指向力矩旋转的方向，那么伸出的拇指方向就代表了力矩的正负（拇指向上代表正，拇指向下代表负）。虽然这种正负号约定被广泛应用，但它是人

把钉子钉入聚砜材料梁跨的几
个点，结果显示在各个位置上
施加的组合力矩所产生的效果
相同

力矩施加在1、
2、3点的刻
度数相同

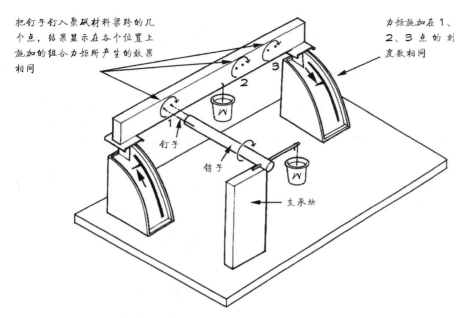

钉子

销子

支承块

图 1.14　该模型表明，力矩无论施加在刚体的什么位置，力矩的作用效果都不变。

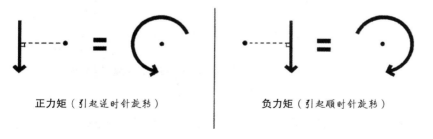

正力矩（引起逆时针旋转）　　　负力矩（引起顺时针旋转）

图 1.15　力矩符号规定。

为定义的。如果采用相反的正负号约定，计算结果不受影响。我们通常采用一个
带箭头的圆弧来代表对某点的力矩。

通常利用力矩绕着旋转的点或者轴来标注力矩。例如，绕着点 A 的力矩可
以记为 M_A，绕 x 轴的力矩记为 M_x。

力矩分析通常是对其绕 x，y，z 轴的分力矩的分析。对某点的力矩等于其分
力矩之和（图 1.16）。

和分布力有一个通过它形心的集中等效力一样，分布力矩同样存在一个等
效集中力矩（图 1.17）。

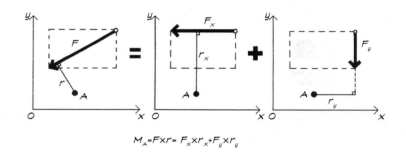

$$M_A = F \times r = F_x \times r_x + F_y \times r_y$$

图 1.16　一个力对一点的力矩等于各分力对该点的力矩之和。

分布荷载的形心

等效集中荷载等于
全部分布荷载

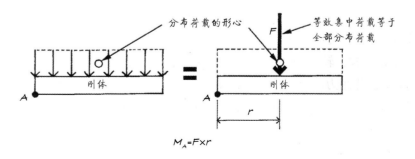

刚体　　　　　　　刚体

$$M_A = F \times r$$

图 1.17　分布荷载的力矩。

反作用力矩和转动平衡 | *Moment reactions and rotational equilibrium*

如果没有反作用力矩，一个力矩会使物体转动。根据牛顿定律，对于一个想要保持静止的物体（保持**转动平衡**），作用在物体上的每个力矩必须有一个等值反向的反作用力矩（图 1.18 和图 1.19）。

对于一个物体，要保持转动平衡，所有作用力和反作用力必须共点（它们的作用线必须通过同一点，图 1.20）。

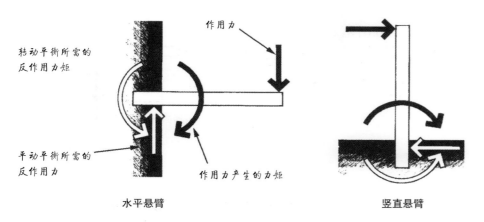

图 1.18　转动平衡，一个力矩与相应的反作用力矩，使物体保持静止。

转动平衡分析 | *Analyzing rotational equilibrium*

像平动平衡一样，转动平衡的概念也是结构分析的基础。力矩分析通常需要确定作用力和反作用力的分力矩。如果物体达到转动平衡，那么笛卡儿坐标系下三个坐标轴方向上的力矩代数和等于零：$\Sigma M_x=0$，$\Sigma M_y=0$，$\Sigma M_z=0$。

总平衡 | *Total equilibrium*

只有转动平衡和平动平衡同时存在，物体才能保持静止，总共有六个条件

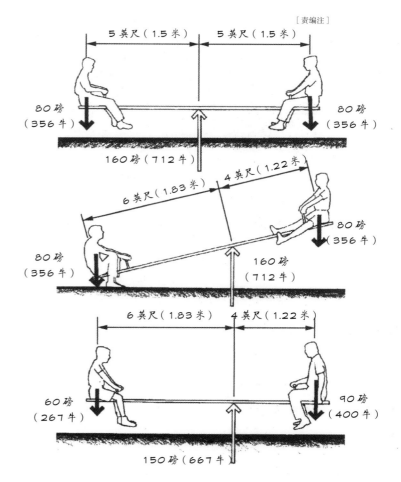

图 1.19　跷跷板演示了重力（力）和支点位置（距离）的组合如何产生平衡。

需要满足：笛卡儿三个坐标轴方向的力的代数和等于零，同时绕三个坐标轴方向的力矩代数和也等于零。

[责编注] 本书中的长度、面积、质量、力、温度等物理量均以英制及公制两种单位标出。

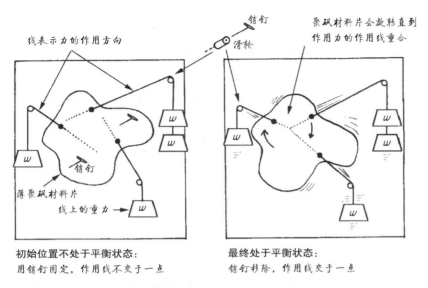

图 1.20 模型表明，所有力必须共点，以保证平衡条件。

隔离体图解法 | Free-body Diagrams

隔离体图解法是力的平衡的图解法，这种方法将一个受力体或者受力体的一部分上面承受的作用力和反作用力都绘制出来。这对于理解结构的受力（或者量化分析）非常有益（图 1.21）。

荷载 | Loads

任何结果都不会从单纯的计算中产生。

—— 爱德华多·托罗哈

荷载是作用在结构上的力，像重力或者其他外部力。荷载可以是静态的，也可以是动态的。

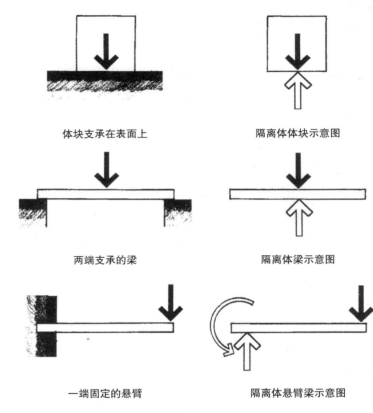

图 1.21 隔离体图解法。

静荷载 | Static Loads

静荷载缓慢施加作用在结构上，同时引起结构变形，当荷载达到最大值时，结构变形也达到最大值。典型的静荷载包括恒载、活荷载、基础沉降或者热膨胀引起的荷载。

恒载 | Dead loads

恒载是由重力引起的相对恒定的力，例如，结构自身的重力以及其他建筑附属物的重力等。

恒载可以通过结构构件的体积和密度直接计算得出，也可由表格估算出不同建造方式下单位楼板或者屋面板的恒载值（砌体结构、混凝土结构、钢结构、木框架结构等）。

活荷载 | Live loads

活荷载是建筑上时有时无的作用力，像雪、地震、人或者家具。虽然活荷载是变化的，但是它在结构上的作用十分缓慢，所以依然被认为是静荷载。活荷载包括人、家具、货物和雪。大多数建筑规范针对屋面、楼面和平台都

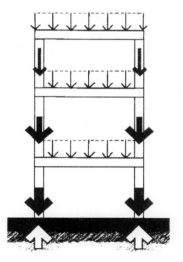

图 1.22　建筑物因高度产生的静荷载累积。

规定了活荷载的最小设计值［通常为磅／平方英尺（lb/ft²）或者千克／平方米（kg/m²）］。通常，这些重力荷载会直接通过柱子和承重墙向下传递和累积，直至基础（图 1.22）。

一些风荷载也属于静荷载。这是因为建筑周围和上部的风具有相对稳定的空气动力学性质。由于这些空气流是建筑形态、风向和风速的函数，所以像重力荷载一样准确预测风荷载是非常困难的。基于这些因素，在建筑结构设计中，风荷载是按照垂直于建筑表面的均布、定值的活荷载进行估算的。风荷载的数值取决于当地气候条件，也取决于当地建筑规范。

动荷载 | Dynamic Loads

动荷载是快速变化的荷载。荷载这种快速变化的性质可以引起结构的一些不寻常变化，如果不能预测，甚至可能导致结构失效。突发的动荷载（冲击荷载）或者周期性的动荷载（谐振荷载）都可能是危险的。

冲击荷载 | Impact loads

冲击荷载是突然施加的荷载。冲击荷载产生的动力作用效果，至少是相同静荷载的 2 倍。如果将一个 1 磅重物缓慢地放在弹簧秤上，秤的指针会停在 1 磅的位置。如果将这个 1 磅重物在贴近秤表面时突然放下，秤的指针会先跳到 2 磅，然后振荡，最后停在 1 磅的位置。

如果这个重物在秤上方 3 英尺的位置坠下，指针在最后停到 1 磅之前会达到 4 磅。坠落高度越高，冲击速度就越快，冲击荷载也越大（图 1.23）。这也是打桩机操作员利用从高处释放的重物可以将桩砸进土层，而在桩上搁置相同重量的重物却不能驱动桩的原因。

在建筑结构中，由地震引发的建筑物地下突发侧向移动是一种非常重要的冲击荷载。这种荷载的作用效果和正在以常速行驶的卡车突然刹车的效果类似。

卡车的车轮突然停止了，但更高、更重的卡车车身由于惯性（动量）却依然有向前的趋势。除非有绳索固定，否则卡车里的货物会产生滑动。类似的，如果地面在地震作用下突然摇晃起来，建筑物的基础也会随之立刻晃动，但是建筑物的上部依然保持静止，这样建筑物上部就会和基础间产生相对滑动的趋势（受剪）。

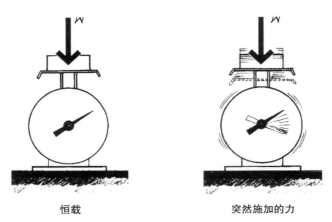

恒载   突然施加的力

图 1.23 动荷载的作用效果至少是相同静荷载的 2 倍。

谐振荷载 | *Resonant loads*

谐振荷载是那些随着结构固有频率周期性变化的荷载。为了敲响教堂上的大钟，教堂司事有规律地拉钟绳，每拉一下，钟就会摆动得更剧烈一些，直至最终钟被敲响。教堂司事不可能通过使劲拉一次绳子来敲响钟，也不可能通过毫无规律地拉拽绳子来敲响钟。拉拽绳子的节律必须和钟的固有频率相吻合才能实现上述效果。

为了理解这种现象，让我们来研究一下钟摆动时到底发生了什么。教堂钟的摆动和座钟钟摆的摆动是一样的。当钟摆动到一侧时，它摆动的速度会变慢，

直至它停止，然后开始加速向下摆动直到它到达摆弧的底部。由于惯性，它不会停在弧底部，而是沿着摆弧继续向上摆到另一侧，由于重力，上摆速度会变慢，直至它停止。然后新的一轮摆动开始。钟的重心到旋转轴的距离决定了钟的固有频率。这个频率是和摆动次数无关的常数，即使钟的重量发生变化，它也不会改变。为了敲响钟，教堂司事必须按照钟的固有频率，在钟向下摆时拉绳子，而在钟上摆时释放绳子（图 1.24）。

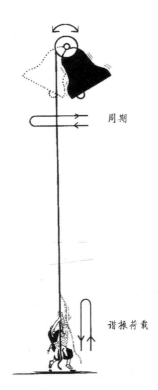

周期

谐振荷载

图 1.24 为了敲响钟，教堂司事必须按照钟的固有频率拉绳子。

当所有结构处在**弹性**范围内时，加载时结构就会变形，卸载时结构又会恢复至原位。由于这种弹性，结构产生了摆动的趋势。汽车上的天线被拉到一侧后释放，天线会前后摆动。一栋摩天大楼在一阵风吹过后会左右摇摆。一座桥梁驶过一辆重型卡车后会上下摆动。一个结构完成一次自由摆动所需的时间取决于它的尺度和刚度：这就是它的固有频率。

低矮的刚性建筑固有频率短，而高挑的建筑物固有频率偏长。一个钢结构摩天大楼的振动周期可能会超过 8 秒。如果外部重复荷载作用的频率与建筑的固有频率相一致，就像教堂司事敲钟一样，那么摆动的幅度将会被放大。

基于这个原因，如果大地的震动频率和建筑物的固有频率相吻合，那么地震的动力作用效果将被大幅放大（相对于静荷载的作用效果，图 1.25）。类似的，建筑内部的设备振动频率如果接近建筑的固有频率也会放大振动效果，地板、墙体、柱、基础和整个建筑可能会在不大的谐振荷载下产生破坏（图 1.26）。

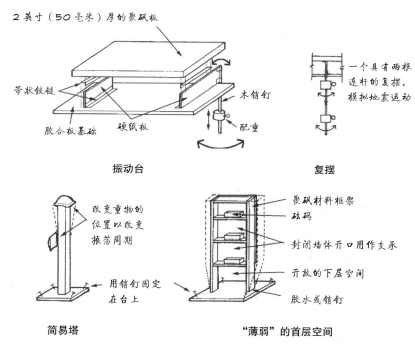

图 1.26　地震对建筑模型的影响可以通过振动台来研究。

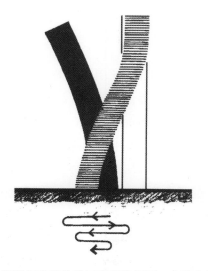

图 1.25　如果大地的震动频率与建筑物的固有频率相同，会发生共振；地震对高层建筑的影响会随着每次振动而增加。

由于空气动力学效果，风也可以使结构振动。通过吹纸片的边沿使它产生摆动就可以证明这一点。如果这种吹风谐振和结构固有频率一致，那么就有可能产生令建筑居民不舒适的结构位移，也有可能使结构破坏。

这些振动可以通过动力减震器来消减，动力减震器是安装在建筑顶部的一些带弹簧的大质量块。摩擦力会对质量块的相对位移产生阻尼。当动力谐振荷载作用在建筑上时，质量块会随谐振振动，而建筑本身则保持静止。

因为微风振动而引起结构失效的最具戏剧性的案例是塔科马海峡（Tacoma Narrows）吊桥的垮塌。它倒塌是因为微风吹过它那相对比较薄的结构平台时引起了振颤。大桥产生了有节律的扭转振颤，这种振颤持续了 6 小时，直到 600 英尺长的桥面发生崩塌坠入河中（详见第 10 章）。

支座 | Supports

支座是连接结构构件和刚体（例如大地）并提供支承的连接件。

支承条件 | Support Conditions

支座和其他结构连接可以按照它们提供的平动和转动约束来区分类型（图1.27）。

固定连接（刚性连接，fixed connection）的约束是最强的，同时约束位移和转动。旗杆的基础就是固定支座。

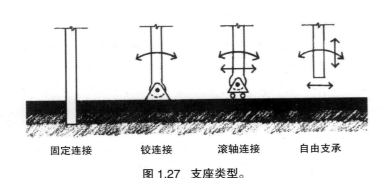

固定连接　　铰连接　　滚轴连接　　自由支承

图 1.27　支座类型。

销连接（**铰连接**，pinned connection）不约束转动，但是约束各个方向的位移。铰链就是销连接，它允许支座绕着某个轴转动。拖车的挂钩（球窝连接）也是铰连接，它可以绕着 x，y，z 三个方向转动。

滚轴连接（roller connection）不约束转动，对某一个方向的位移也不约束，而约束剩余方向的位移。独轮车是滚轴支承，车子可以向任意方向旋转，也可以水平移动，但是不可以在竖向产生位移。防止车子产生侧向滑移的摩擦阻力使独轮车在这个方向上的支承类似铰支座。办公椅下的脚轮也是一种约束较少的滚轴支承：它可以向任意方向转动，也可以向水平两个方向平动，只在竖直方向有约束。

自由支承（free support）实际上不是真正的支承，自由支承的末端可以向任意方向平动和转动，它是所有支承中约束最少的支承。

悬臂构件（cantilever）是一端固定连接，另一端自由的构件。旗杆就是一个竖向的悬臂构件。墙上搁板的托架则是一种水平的悬臂构件。

支座反力 | Support Reactions

一个力可以被一个或多个平行反作用力平衡。例如，一座桥梁可由两端支承起来。桥的重量构成了向下的力，桥两端的支承提供了向上的反作用力，支座反力之和等于桥的重力。因为桥的重量是沿桥均匀分布的，所以重力的等效集中荷载出现在跨中，并且桥端的每个支座反力各等于桥重力的一半（图 1.28）。

当一辆重型机车通过这座桥梁时，受力会变得有些复杂。当机车刚开始通过大桥时，机车所带来的附加重力荷载大部分被桥梁近端的支座所负担。当机车到达桥梁中部时，两端支座平均承担机车附加重力，当机车到达桥梁另一端时，远端的支座提供机车带来的附加重力荷载。在各种状态下，支座反力之和总等于桥梁和机车的总重，而两个支座反力分配的比例则和机车所处桥梁上的位置有关（图 1.29）。

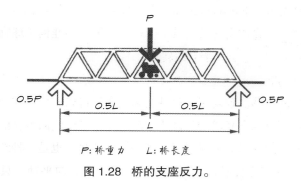

图 1.28　桥的支座反力。

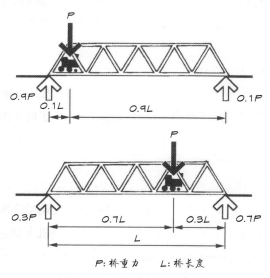

图 1.29　桥的支座反力随机车位置的变化而变化。

支座形式对反作用力的影响 | *Effect of support condition on reactions*

认识到支座形式决定支座处的反作用力是非常重要的。回忆一下上面讲到的**滚轴**连接，它不约束转动，也不约束某个方向的平动，只约束剩余方向的平动。这意味着一个滚轴支座可能仅在垂直于支承面的方向上存在支座反力（如果支承来自大地，那么位移的支座反力可能就是垂直向上的）。一个**销**连接不约束转动，但约束所有方向的平动。这意味着销连接可产生竖向和水平的支座反力（但因为不约束转动，所以没有支座反作用力矩）。

如果结构两端的支座都是滚轴支座，那么结构只有在荷载是沿垂直方向作用时才能保持平衡。任何侧向荷载都可能造成结构移动（因为滚轴支座允许侧向平动位移）。另一方面，如果结构两端都是销连接（铰连接），那么结构具备可以抵抗侧向荷载的侧向约束。但两端铰连接可能会由于结构热膨胀导致内应力增加。基于这个原因，结构通常在一端采用铰连接，而另一端采用滚轴连接，即在允许热胀冷缩的同时提供了侧向支承。

固定支座提供了竖向和水平平动约束以及所有方向的转动约束。因此，固定支座可以单独使用，不需要其他支座来保证平衡。

竖向支座反力 | *Vertical reaction forces*

计算结构支座反力的步骤如下。

1. 确定（或假定）每个支座的约束条件。

2. 选取其中一个支座，列出关于此点的力矩平衡方程（$\Sigma M_A = 0$），以此得出另外一个支座的支座反力，其中力矩的正负可以运用右手法则来确定。而从哪个支座开始都无所谓，不影响计算结果。事实上，可以对任一点列出力矩平衡方程，但是除了选取支座，对其他点列平衡方程均需联立方程才能求出支座反力，所以选支座列平衡方程求解更简易。

3. 利用平动平衡方程（$\Sigma F_y = 0$）求解其他支座反力。

针对任意的机车位置,上面桥梁的支座反力均可以利用平衡方程进行求解(图 1.30)。

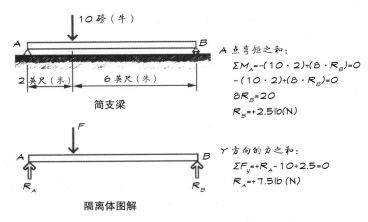

图 1.30　仅计算竖向荷载作用下的支座反力。

A 点弯矩之和:
$\Sigma M_A = -(10 \cdot 2) + (8 \cdot R_B) = 0$
$-(10 \cdot 2) + (8 \cdot R_B) = 0$
$8R_B = 20$
$R_B = +2.5 \text{lb(N)}$

Y 方向的力之和:
$\Sigma F_y = +R_A - 10 + 2.5 = 0$
$R_A = +7.5 \text{lb (N)}$

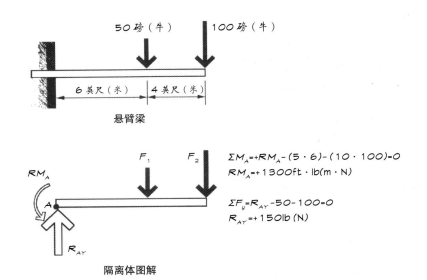

图 1.31　悬臂梁支承反力计算。

$\Sigma M_A = +RM_A - (5 \cdot 6) - (10 \cdot 100) = 0$
$RM_A = +1300 \text{ft} \cdot \text{lb(m} \cdot \text{N)}$

$\Sigma F_y = R_{AY} - 50 - 100 = 0$
$R_{AY} = +150 \text{lb (N)}$

因为悬臂构件（固定支座）约束转动，所以列平衡方程式不需要考虑其他支座。图 1.31 列举了这样一个承受竖向荷载的水平悬臂梁。

水平和竖向支座反力 | Horizontal and vertical reaction forces

下面我们来分析另一个案例，一个不考虑自重的梯子斜靠在墙上，梯子上站着一个人（图 1.32）。不用考虑梯子的倾斜角度，这与我们的计算无关。在梯子底部摩擦力很大，所以我们假设其为铰支座，梯子顶部我们假设其为滚轴支座。既然梯子顶部允许竖向移动，所以该点没有竖向支座反力。我们可以从底部支座

开始列出力矩之和等于零的方程，然后，列出 y 方向合力等于零的方程，最后，列出 x 方向合力等于零的方程进行求解。

斜向力的反作用力 | Reactions to diagonal forces

如果存在斜向的荷载，那么先将它们朝 x，y 方向分解，然后再按上述方法求解。

超静定结构——支座反力冗余 | Statically indeterminate structures—too much of a good thing

所有上面提到的二维结构的支座反力都可以通过三个基本平衡方程求解：$\Sigma F_x = 0$，$\Sigma F_y = 0$，$\Sigma M_A = 0$，上面的例题中，未知力个数都是三个。如果哪个案例

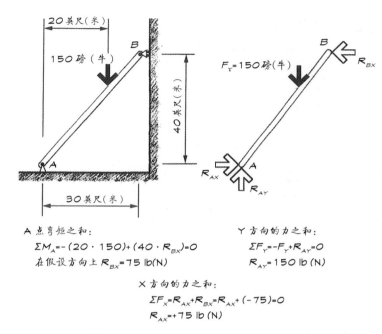

A 点弯矩之和：
$$\Sigma M_A = -(20 \cdot 150) + (40 \cdot R_{BX}) = 0$$
在假设方向上 $R_{BX} = 75$ lb(N)

Y 方向的力之和：
$$\Sigma F_Y = -F_Y + R_{AY} = 0$$
$$R_{AY} = 150 \text{ lb (N)}$$

X 方向的力之和：
$$\Sigma F_X = R_{AX} + R_{BX} = R_{AX} + (-75) = 0$$
$$R_{AX} = +75 \text{ lb (N)}$$

图 1.32　计算一个人在梯子上时支座的竖直和水平反作用力。

存在更多未知力，那就无法通过三个基本静力方程求解。

　　例如，如果在悬臂梁的自由端再安装一个滚轴支座，就没有办法求出荷载在固定端和滚轴端如何分配。为了求解，必须确定梁的变形。这就是超静定问题，解决超静定问题需要更复杂的求解方法（图 1.33）。

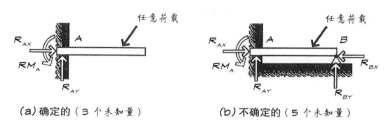

（a）确定的（3 个未知量）　　（b）不确定的（5 个未知量）

图 1.33　（a）静定悬臂梁有 3 个未知反力，对应 3 个平衡方程。（b）超静定梁有 5 个未知量和 3 个平衡方程（二次超静定）。

机构——支座反力不足 | *Mechanisms—too little of a good thing*

　　相反，如果结构的支座反力太少（少于 3 个）就意味着结构是不稳定的，容易产生扭转或者移动。这样的结构称为“**机构**”，其不能提供结构抵抗力。

小结 | Summary

1. **力学**是物理学的分支，是研究力及其作用效果的科学。

2. **静力学**是力学的分支，是研究使物体间保持力平衡的科学。

3. **动力学**是力学的分支，是研究使物体产生加速度的科学。

4. **标量**只有大小，没有方向。

5. **矢量**既有大小又有方向。

6. **力**可以使物体产生运动、拉伸或压缩的趋势。力是矢量，它可以用图示箭头来表示，箭头的方向代表力的方向，箭头的长短（按照一定比例）代表力的大小（例如，1 英寸代表 100 磅）。

7. **力的作用线**是和力本身重合的无限长的一条线。作用在刚体上的力沿力的作用线任意移动，作用效果不变。

8. 具有相同交汇点的力称为"**共点力**"。

9. 两个不平行的力可以转化为一个等效的**合力**。

10. 单个力可以**被分解**为两个或者多个**分力**，而且分力的共同作用效果和原始的单个力相同。

11. 作用在一个点上的力称为"**集中力**"。作用在一段距离或者一个区域上的力称为"**分布力**"。作用在刚体上的分布力可以用单一**等效力**来代替。

12. 当一个物体静止（既不移动，也不转动）时，其处于受力**平衡状态**。

13. 要保证物体平衡，需要一个与**作用力**等值反向的**反作用力**。

14. **平动平衡**意味着物体不会从一个地方移动到另一个地方。平动平衡的条件是：$\Sigma F_x=0$，$\Sigma F_y=0$，$\Sigma F_z=0$。

15. 由于物体的**弹性**，当作用力作用在支座上时，支座可以产生**反作用力**。例如，把一本书放在桌子上，书对桌子施加了一个大小等于书自重的力。因为桌子是有弹性的，桌子被书轻微压缩后，会产生一个把书"推回去"的等值反向的反作用力。这种现象就是"胡克定律"。

16. **力矩**是可以让物体产生旋转趋势的力。通常将产生逆时针旋转趋势的力矩定义为正力矩。

17. 当物体达到**转动平衡**时，每个作用力矩必须有等值反向的反作用力矩，这时的转动平衡方程如下：$\Sigma M_x=0$，$\Sigma M_y=0$，$\Sigma M_z=0$。

18. **静荷载**缓慢施加作用在结构上，同时引起结构变形，荷载达到最大值时，结构变形也达到最大值。**动荷载**是快速变化的荷载。

19. **恒载**是由重力引起的相对恒定的力。**活荷载**是建筑上时有时无的作用力，像风、雪、地震、人或者家具。**谐振荷载**是那些随着结构固有频率周期性变化的荷载。

20. **支座**是连接结构构件和刚体（例如大地）并提供支承的连接件。

21. **固定连接**的约束是最强的，同时约束位移和转动。**销连接**（铰连接）不约束转动，但是约束各个方向的位移。**滚轴**连接不约束转动，对某一个方向的位移也不约束，而约束剩余方向的位移。**自由支承**实际上不是真正的支承，自由支承的末端可以向任意方向平动和转动。

22. **悬臂构件**是一端固定连接，另一端自由的构件。

23. **超静定结构**是那些未知力个数超过平衡方程个数的结构。

24. **机构**的支承力少于 3 个，在荷载作用下容易产生移动，无法提供结构抗力。

第 2 章　材料强度
Strength of Materials

结构只不过是一个能够平衡所有外力和内力的系统，因此，它必须被视为
一个有机体，以达到这一目标。

——皮埃尔·路易吉·奈尔维 | Pier Luigi Nervi

结构构件的分子结构决定了其能够抵抗的力的大小。如果一根拉索一端固
定，另一端施加一个拉力，这根拉索不会被轻易拉断。由于拉索具有内部强度，
它只会被略微拉长而不是拉断。就是这种弹性变形产生了抵抗拉力的反作用力，
同时也把外部拉力传递到整个拉索。只有当拉力超过了拉索的承受能力时，它才
会被拉断。

显然，由于粗的拉索截面面积大，因此它比细的拉索能够承受更大的荷载。
换句话说，粗的拉索内力集中的程度小一些。

应力 | Stress

应力描述的是结构构件内部内力集中的程度（图 2.1）。它是分析结构构件
强度的基本概念。具体来说，应力是单位面积上的力（表达式为：$f=P/A$）。应
力的单位是磅/平方英寸和帕斯卡（Pa，1 Pa=1 N/m²）。

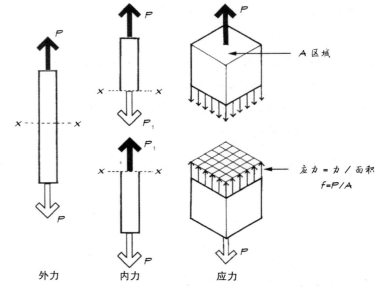

图 2.1 受拉构件的外力、内力和应力。

比例和"二次方—三次方"效应 | Scale and the Square-Cube Effect

　　一个结构适用于现在的尺寸，却未必在等比例放大后还能适用。这是由于结构的荷载是由建筑构件的自重决定的，而自重是由体积决定的。但是结构的强度是由构件的截面**面积**决定的。当结构等比例放大时，其体积（和自重）按照**三次方**增加，而构件强度按照**二次方**增加，显然强度增速低于体积增速。

　　1638 年，伽利略在描述"把小型动物放大到其 3 倍时，如果还要实现其原有功能，它们的骨骼会有什么变化"中首次提到了这种现象。简单地把骨骼也放大 3 倍是不能承受放大后动物的体重的。骨骼不得不按照非等比例放大才能适应新的体重。在大型和小型动物的骨骼对比中也能发现这种效应。小型动物的骨骼相对纤细，而大型动物的骨骼更为粗壮（图 2.2）。

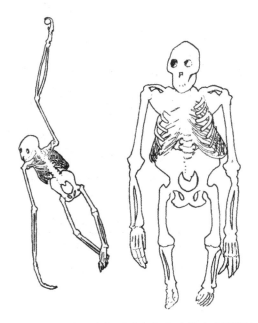

图 2.2　绘制相同比例的小动物（长臂猿）和大动物（大猩猩）的骨骼时出现的"二次方—三次方"效应。

　　例如，一个雨篷（图 2.3）高 10 英尺（3.05 米），边长 10 英尺，雨篷用 1 英尺（0.305 米）厚的混凝土板制成，雨篷柱的面积 1 平方英尺（0.093 平方米）。假设混凝土密度 150 磅 / 立方英尺（2400 千克 / 立方米），那么柱子顶部承受的荷载就是 15000 磅（66723 牛），而其压应力是 15000 磅 / 平方英尺（73312 牛 / 平方米）。

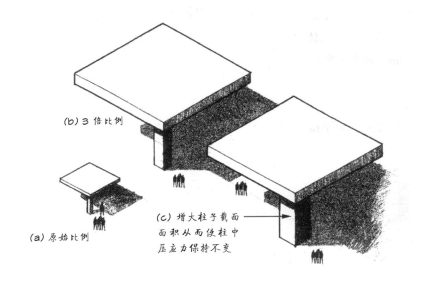

图 2.3　建筑结构中的"二次方—三次方"效应：（a）原始小结构；（b）所有尺寸增加到 3 倍的较大结构；（c）较大的结构随着柱面积的增大，其压应力与较小结构相同。

　　如果这个结构放大 3 倍，那么雨篷的边长就是 30 英尺（9.14 米）；雨篷板的厚度为 3 英尺，雨篷板的体积 2700 立方英尺（76.46 立方米），自重 405000 磅（183705 千克）。雨篷柱的截面面积放大为 9 平方英尺（0.84 平方米），这时柱子的应力为 45000 磅 / 平方英尺（219936 牛 / 平方米），应力是之前的 3 倍。为了保持应力不变，只有将柱子的截面面积放大为原来的 3 倍，即 27 平方英尺

（2.51 平方米），每侧的柱子边长增加到 5.2 英尺（1.58 米）。

应变 | Strain

当我们拉伸一种材料时，它会产生轻微的变形。这种像弹簧似的变形不是一件坏事，事实上，正是变形赋予了材料产生反作用力来抵抗外部荷载。这种变形被称作"应变"。具体来说，应变是单位长度的变形量，应变的单位是英尺 / 英尺（in/in）和米 / 米（m/m）。

在一定程度上，材料在应力作用下的变形是**弹性变形**（elastic behavior），这就是说，应变和应力成比例变化 ［图 2.4（a）］。但是最终，如果应力持续增长，那么应变就开始不按比例变化了，换句话说，一个很小的附加应力变化会导致一个很大的应变。而且，当撤掉附加应力时，附加应变也不能完全消失，即产生了永久性变形。这就是**塑性变形**（plastic behavior）。如果应力继续增加，最终材料会完全被破坏。

应力—应变的关系可以用示意图表示（图 2.5）。在弹性范围内，应力—应变成线性关系，它们的关系是一条直线，这条线的斜率被称为"**弹性模量**"（modulus of elasticity），弹性模量可以用来表征材料的强度。一些常见材料的弹性模量如表 2.1 所示。

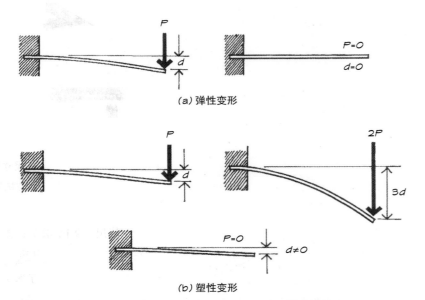

图 2.4 （a）弹性变形：应变与应力成正比，构件在卸载后恢复到原来的长度；（b）塑性变形：应变与应力不成比例，构件在卸载后没有恢复到原来的长度。

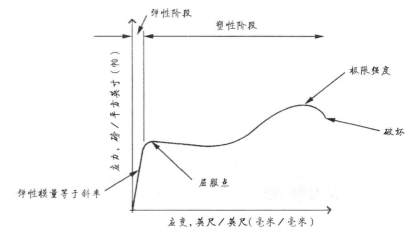

图 2.5 材料应力—应变示意图。

表 2.1 一些常见材料的弹性模量

材料	磅 / 平方英寸	（GPa）	应力类型
钢	29000000	（200）	拉伸、压缩
铝	10000000	（70）	拉伸、压缩
木（软木）	2000000	（14）	拉伸（顺纹）
混凝土	4000000	（27）	压缩

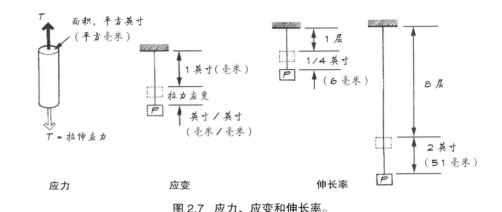

应力　　　　　应变　　　　　伸长率

图 2.7　应力、应变和伸长率。

应力状态 | States of Stress

秩序是通过措施来实现的。

——路易斯·I. 康

结构应力一般有三种状态：拉应力、压应力和剪应力。这三种应力状态经常用来描述外部荷载以及反作用力是如何影响构件受力的（图 2.6）。例如，拉力就是产生拉应力的原因之一。

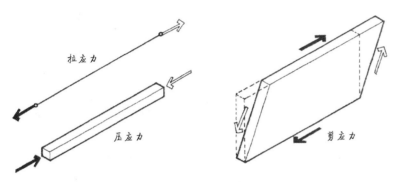

图 2.6　产生拉应力、压应力和剪应力的力。

拉应力 | Tension

拉应力可以使材料微粒产生分离的趋势。当在结构构件两端施加反向拉应力时，结构构件会被轻微拉长。单位长度拉长的量是"拉应变"（tensile strain）。拉应变的单位是英寸 / 英寸或者毫米 / 毫米。这是个无量纲的单位。

一个构件的总伸长量取决于应力（单位面积上的荷载）、构件长度（构件越长，总伸长量越大）和材料（材料强度越高，伸长量越小）（图 2.7）。

钢材在拉伸方面具有很高的强度，铁链、钢缆和钢筋通常在结构中作为受拉构件使用。

压应力 | Compression

相反，压应力可以使材料微粒产生压缩致密的趋势（图 2.8）。当结构构件两端受压时，构件会被轻微压缩。单位长度的压缩量即被称作"压应变"（compression strain）。压应变 e 的单位（与拉应变一样）是英寸 / 英寸或者毫米 / 毫米，也是一个无量纲单位。

一个构件的压缩量取决于压应力（单位面积上的荷载）、构件长度（构件越长，总压缩量越大）和材料（材料强度越高，压缩量越小）。

雪地靴和结构基础 | Snowshoes and foundations

穿着普通的靴子在雪地里行走会非常困难，你会陷入雪中。这是因为靴子对雪地的应力（压力）超过了雪可以承受的应力（承载极限）。而雪地靴由于增大了接触面积，可以有效地减少这种压应力（图 2.9）。

柱子和承重墙是结构中向下传递荷载（例如屋面和楼面荷载）的常用构件。这些竖向荷载可能会非常大，通常柱子和承重墙使用的材料（例如木材、钢材和混凝土）是可以承受这种集中荷载的。但是，最终这些荷载会传递给土壤，而通

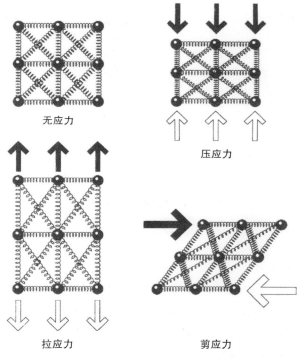

无应力

压应力

拉应力

剪应力

图 2.8　材料颗粒在不同应力作用下的分子概念模型。

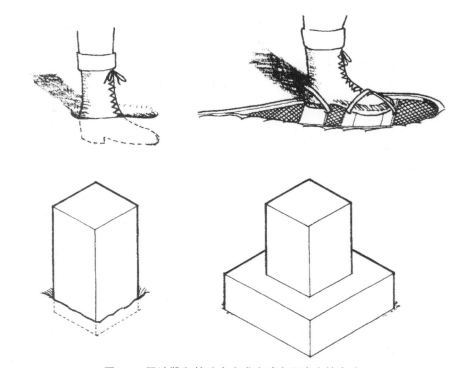

图 2.9　雪地靴和基础底座成为减少压应力的方法。

常土壤的承载力是低于柱子和承重墙的。就像雪地靴一样，通常使用基础底座来增大荷载分布面积，将压应力减少至土壤能够承受的范围。例如典型的连续基础或者独立基础，扩大的基础底座面积应该等于荷载除以地基土壤允许的压应力。

三等分法则 | The middle-third rule

当一个构件受压时，荷载必须作用在接近截面中心处，这样才能保证整个构件处于受压状态。如果荷载作用在短柱的边缘会使另外一侧处于受拉状态。三等分法则：如果荷载作用在构件截面三等分区域的中间部分，构件就会整个截面

受压。

剪应力 | Shear

剪应力是可以使材料微粒产生相互错动趋势的力。剪刀剪纸就是剪应力作用的例子。

广告牌是另外一个剪应力的典型例子。当一个低矮的矩形广告牌锚固在地面上时，上端自由。对其施加一个侧向力，如果侧向力作用点接近地面，广告牌根部就承受像被剪刀剪一样的剪力，并且与地面产生的合力会使广告牌根部产生

错动的趋势。如果侧向力作用点移至广告牌顶部，那么广告牌从上至下均会受到剪力作用，矩形广告牌会有变成平行四边形的趋势。

剪应力和拉应力、压应力的等效性 | *Equivalency of shear to tension and compression*

剪应力的一个特点是它产生的错动不是一个，而是两个方向都有，而且两者成 90°。如果我们从广告牌接近地面的部分取出一个微元来独立分析，这个微元的上部将承受由荷载产生的拉应力，同时底部承受地面产生的相反方向的拉应力。这两个等值反向的拉应力不会使微元产生位移，但是会产生转动趋势。微元为了保持平衡，它的另外两个相邻表面必须产生一组剪应力来抵消这种转动趋势。

在荷载产生的水平剪应力和反作用力产生的竖向剪应力的综合作用下，正方形的微元会产生变为平行四边形的趋势。这时在平行四边形长对角线方向会产生拉应力合力以及在短对角线方向产生压应力合力。这就是剪应力产生的拉、压应力与原始作用力及反作用力成 45° 角的原因（图 2.10 和图 2.11）。

混凝土柱支承混凝土板在剪力作用下失效的过程中，我们可以观察到剪应力转化成 45° 角的拉应力和压应力的现象。柱子顶端将混凝土板沿 45° 角冲穿成一个圆锥体（图 2.12）。类似的，一个采用像混凝土这种脆性材料做成的短柱，如果在压力作用下直至失效，那么它也是由于剪应力的原因产生了破坏。柱顶部和底部沿 45° 角受剪破坏成圆锥体；圆锥体像一个楔子劈裂了柱子（图 2.13）。

剪应力的计算方式与拉应力及压应力的计算方式类似，剪应力等于剪力除以剪力作用面积（$N=P/A$），单位是磅 / 平方英寸和牛 / 平方米（图 2.14）。

剪应变（shear strain）是正方形微元在剪应力作用下变成平行四边形时变化的角度。这个角度通常用弧度表示（无量纲）。对于任何给定材料，当剪应力产生剪应变时，可以绘制出剪应变曲线。对于中小量级的剪力，遵循胡克定律，即弹性范围内剪应力和剪应变成线性关系。同受拉、受压一样，该直线斜率代表剪切弹性模量 $G=N/g$（图 2.15）。

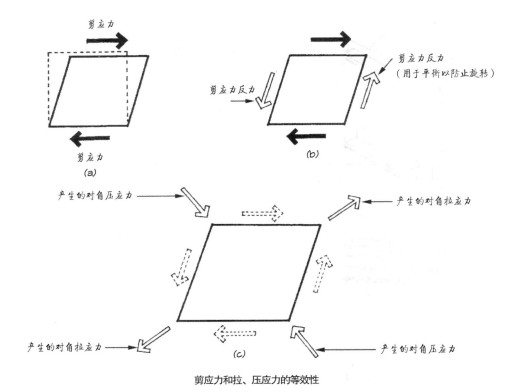

剪应力和拉、压应力的等效性

图 2.10　剪切与拉伸、压缩等效的正方形微元演示：（a）竖向剪应力；（b）需要水平反力以保持旋转平衡的竖向剪应力；（c）45° 的拉应力和压应力的合力。

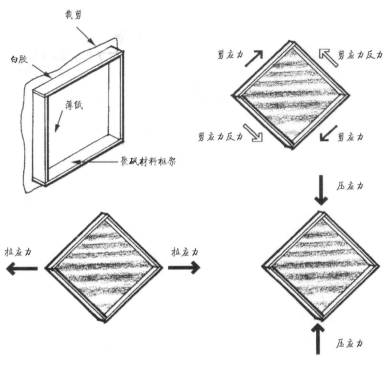

图 2.11　剪切与拉伸、压缩等效的模型演示。

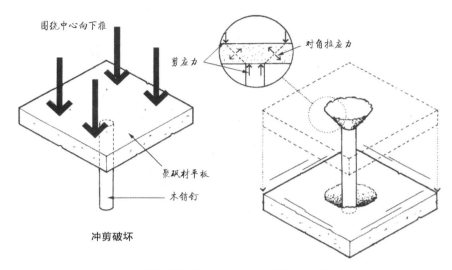

图 2.12　柱子冲穿混凝土板产生的剪切破坏模型演示。

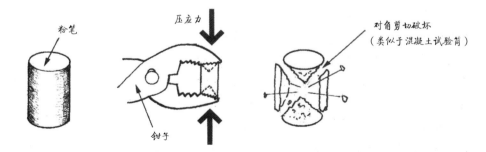

图 2.13　脆性材料的受压破坏。

偏心受拉 | Bias stretch

　　织物是由经线和纬线组成的受拉强度较高的材料（**经线**平行于每卷织物的长度方向，而**纬线**垂直于经线方向）。当荷载作用在经纬线方向时，织物受拉变形较小；同时，在垂直方向收缩也很小。

　　然而，织物的抗剪能力很差。如果织物沿着与经线成 45° 角方向受拉，**沿对角线**它的变形会很大。同时，还会在垂直于拉力的方向产生很大的收缩。所以这

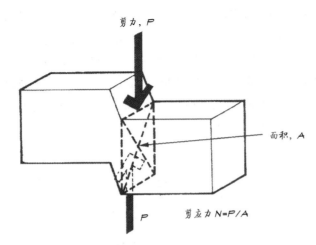

图 2.14　剪应力 N = 剪力 P 除以剪力作用面积 A。

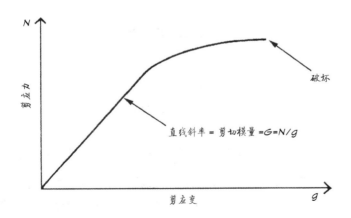

图 2.15　剪应力—剪应变示意图（与拉、压应力—应变示意图相似，弹性阶段直线部分
的斜率为剪切模量）。

种宽松的织物在斜拉方向上的变形比经纬线方向大许多，渔网就是典型的例子。这种原理被用来设计服装，使衣服更加符合人们的体形（图 2.16）。

图 2.16　服装制作中的斜裁利用了松散的织物在剪切时的弱点，创造出有垂感而且符合
身体形态的服装。

扭转 | Torsion

当一个构件沿其轴线被扭转时就会产生**扭转**剪切现象。如果将一根圆棍一端固定，另外一端绕其轴线进行旋转，并且在其表面进行矩形网格划分，那么这些网格会随着扭转变成平行四边形（这似乎有些耳熟）。这些矩形网格的截面受力情况和我们上面讨论的纯剪力其实是一样的。拉伸沿着长对角线发展，压缩沿着短对角线发展。因为圆棍外表面的扭转变形比内部大，所以外表面承受的剪应力也最大。基于此点，抵抗扭转剪切最有效的截面形式是圆管（图 2.17）。

结构中的边梁在跨中受到楼板梁传来的荷载而被扭转的现象很常见。楼板梁传来的荷载不但引起边梁扭转，同时也使边梁受弯（图 2.18）。

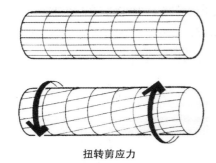

图 2.17 扭转是由扭曲引起的绕轴的剪切（使用同样多的材料，空心管是最有效的抗扭转形状）。

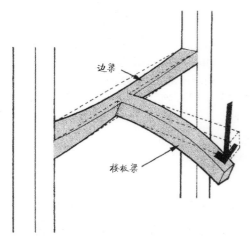

图 2.18 扭转和弯曲的边梁。

力偶 | Couples

驾驶员手握方向盘两侧转向就是一个纯扭（方向盘没有受弯）的例子。扭转力作用在转向轴上使它旋转，这里没有受弯是因为双手产生的是一对等值、反向的力偶。

力偶就是这么一对可以引起旋转的力。具体来说，力偶是特殊的力矩状态，力偶由两个等值、平行、不共线的力构成，其可以产生转动效果。但是，由于这两个力是等值反向的，所以不会产生侧向位移。力偶产生的力矩数值上等于两个力中的一个乘以两个力间的垂直距离（$M = F \times d$）。力偶作为施加的荷载经常出现在机械领域，但很少出现在建筑结构中。然而，力偶的概念有助于理解简支梁里使梁产生弯曲的内力（图 2.19）。

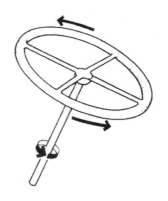

图 2.19 力偶产生扭转，但不会产生弯曲。

小结 | Summary

1. 应力是结构构件内力的集中体现，其数值等于单位截面面积上的内力大小。

2. "二次方—三次方"效应反映了结构的性能随构件尺寸的二次方变化，但是重力荷载随构件尺寸的三次方变化。因此更多地增大结构的截面才能满足荷载增加的需要。

3. 应变是由应力引起的材料尺寸及形状的变化。

4.**弹性变形**意味着应变和应力成比例变化，并且当外力消除后构件可以恢复原状。

5.**弹性模量**是应力与应变之比（在弹性范围内）。

6.**塑性变形**意味着应力—应变不成线性关系，并且外力消除后构件再也不能恢复原状。

7.应力的三种基本状态包括：**拉应力**、**压应力**和**剪应力**。

8.**拉应力**可以使材料微粒产生分离的趋势。

9.**压应力**可以使材料微粒产生压缩致密的趋势。

10.**三等分法则**要求受压构件荷载必须作用在构件截面三等分区域的中间部分，这样构件内就不会出现拉应力。

11.**剪应力**是可以使材料微粒产生相互错动趋势的力。剪应力可以转化为拉、压应力，作用在与原剪应力成 45° 角的方向。

12.**剪应变**是正方形微元在剪应力作用下变成平行四边形时变化的角度（弧度）。

13.当一个构件沿其轴线被扭转时就会产生**扭转**剪切现象。

14.**力偶**是一对等值、平行、不共线的力构成的特殊力矩，其可以使构件产生旋转趋势，但不产生侧移趋势。

第 2 部分　桁架体系
Trussed Systems

技术正确性构成了建筑语言的一种语法，就像口语或书面语一样，如果没有语法，就
不可能发展为更高级的文学表达形式。

——皮埃尔·路易吉·奈尔维

桁架结构是由**拉杆**（tie，受拉）和**压杆**（strut，受压）组成的三角形铰接结构体系，因此其所有内力均是轴向力（沿轴线的拉力或者压力，没有弯矩或剪力）。这种结构通常包括**拉索**（cable）、**桁架**（truss）、**空间框架**（space frame）、**网格框架**（geodesic frame）。

三角形的几何体是桁架工作的基础，因为三角形是天生的稳固形体。三角形只有通过改变其各边的边长才能改变其形状。这就意味着，通过这些铰接点，三角形各边的杆件仅需抵抗拉力或者压力就可以保持原状。而其他多边形则需要一个或者多个刚接点（使各边产生弯曲）来保持其形状（图 II.1）。

实践中，当铰接点存在摩擦力或者有荷载垂直作用在杆件轴线上时，桁架杆会产生弯曲，但这些侧弯力相对于轴向力较小，可以忽略。

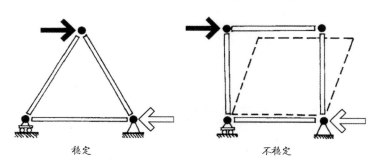

稳定　　　　　　不稳定

图 II.1　三角形是唯一的天生稳固的铰接多边形。

第 3 章　拉索结构

Cable Stays

拉伸结构的美在于它兼顾了功能性和美学。

——马吉·托依 | Maggie Toy

拉索包括钢索、绳子和细杆等受拉杆件。绳子下面挂一个重物就是最简单的拉索结构。重物被悬挂在支承点正下方，绳子变成直线而且受拉。

当支承点变成两个，荷载悬挂在绳子跨中时，这种拉索结构会变得更加有用。悬挂同样的荷载，拉索**下垂**，每侧拉索只承受一半的荷载。这种拉索结构称作"'V'形拉索"（V-shape，假设绳重远小于荷载）。拉索的拉力取决于荷载大小和拉索的倾角。

如果两个支承点距离很近，拉索倾角很小，那么拉索中的拉力大概就是荷载的一半（每根拉索承受一半）。相反，如果两个支承点距离较远，拉索倾角较大，那么拉索拉力就会大幅增加。

为了解释其中原理，我们分析其中一侧的反作用力。一个力可以被分解为竖向和水平两个分力（参见第 1 章）。拉索的竖向分力之和应等于竖向荷载。在本例中，因为跨中竖向荷载为 P，所以每个支座反力的竖向分力应为 $P/2$。因为拉索是倾斜的（不是水平的），所以拉索中存在水平分力（拉力）作用在支承点上。支承点的竖向分力之和不会随拉索倾角而改变（其大小总等于竖向荷载），所以只有水平分力大小会随着拉索倾角而变化。当拉索从竖向变为水平时，水平反作用分力会从零变至无限大。当然，拉索的合力总是等于水平和竖向分力之和（图 3.1）。

如果上述荷载的作用点不在跨中，两个支承点就会产生不同的竖向反作用分力和相同的水平分力（水平向要满足静力平衡）。这样拉索的拉力在两侧就会不同，其值等于每侧竖向和水平支座反力的合力。

如果拉索沿绳长方向承受连续荷载就会成为**悬索**（catenary），我们将在第 10 章单独介绍。

拉索的支承点也可以在中间，在索的两端悬挂荷载。通常，为了保持稳定性，这种结构需要在两个拉索末端附加拉杆。这种结构和支承帆船桅杆的拉索非常相似。在帆船上，这种结构用来防止桅杆倾斜并为桅杆提供中间支承（通过**压杆——帆骨**）以防止桅杆弯曲。在建筑上，这种结构被用于悬挂屋面。

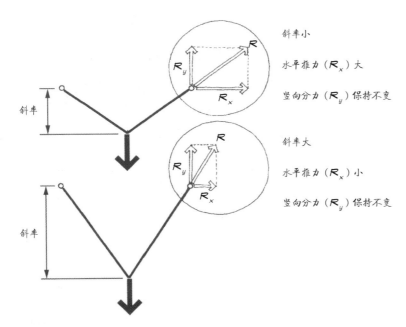

斜率小

水平推力（R_x）大

竖向分力（R_y）保持不变

斜率大

水平推力（R_x）小

竖向分力（R_y）保持不变

图3.1 注意较大斜率、中等斜率和较小斜率的拉索，无论斜率如何（总荷载等于竖向荷载），竖向分力保持不变，而水平分力随着绳索接近水平而急剧增加。索内的拉力总是等于竖向和水平分力的合力。

斜拉索结构 | Cable-stayed Structures

斜拉索建筑结构通过悬挂在高耸的支承杆上的拉索支承起水平构件。这里的**拉索**既包括柔性索又包括刚性杆（这和我们后面章节要介绍的悬索桥中**悬索**结构的拉索有明显区别）。大多数拉索结构的支承桅杆都被设计固定在基础上。为了提供附加的侧向抵抗力，通常会设置一些反向的附加拉索。在大型结构中，沿

桅杆对称设置这些附加拉索可以达到较好的经济效果。这种对称可以平分桅杆承受的水平荷载，同时也可以使结构的弯曲变形最小。

斜拉索案例研究 | Cable-stayed Case Studies

节点是可见的，是制作者的一种表达，并成为他的标记。

——伦佐·皮亚诺 | Renzo Piano

帕特中心 | PatCenter

帕特中心［1986 年；普林斯顿，新泽西州；建筑设计：理查德·罗杰斯建筑事务所（Richard Rogers Partnership）；结构设计：奥雅纳工程咨询公司（Ove Arup and Partners）］是人事管理技术公司［Personnel Administration Technology Ltd.，博安咨询集团（PA Consulting Group）的前身］的研究设施。通过巨大的无柱网空间，建筑师设计了灵活的交通流线，并且在办公室、实验室以及服务空间的布置上实现了最大的灵活性。暴露在建筑外部的结构与业主希望的强烈的视觉效果以及公司倡导的技术革新理念相吻合。建筑师运用戏剧化的设计手法实现了上述目标——外部创新的拉索结构与"平淡无奇的四方盒子"形成了巨大对比（其中平淡无奇的四方盒子用来描述普林斯顿地区的思维模式）（Brookes and Grech，1990，图 3.2~ 图 3.5）。

设计的基本概念是一个特点鲜明的中心框架［宽 29.5 英尺（9 米）］。框架内部形成了一个封闭的玻璃拱廊，建筑设备则采用悬挂的方式直接安装在拱廊上方的屋面结构上。中心框架的两侧是两个单层的封闭空间［每个 236 英尺 × 74 英尺（72 米 × 22.6 米）］，用来布置研究空间。为了保证这个研究空间使用上的灵活性，拉索屋顶（实际是纤细的钢索）实现了全跨无柱。24.6 英尺（7.5 米）宽的矩形钢结构构成了主结构，并成为 49 英尺（15 米）高的 "A" 形中心框架的基础。该结构为整个建筑提供了最基本的竖向支承。中心框架顶部向两侧各设置一根钢索，钢索斜向下延展并分成四支（像倒置的树形结构）为屋面提供支承

图 3.2　帕特中心，外部。

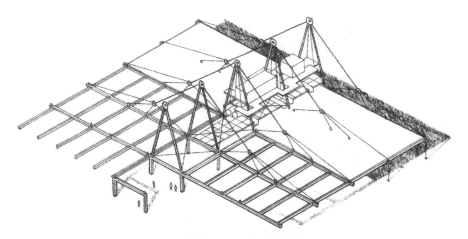

图 3.4　帕特中心，剖面轴测图。

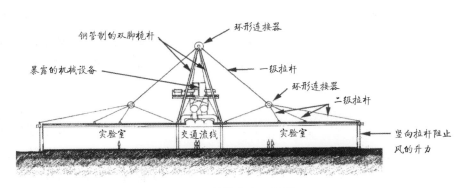

图 3.3　帕特中心，剖面。

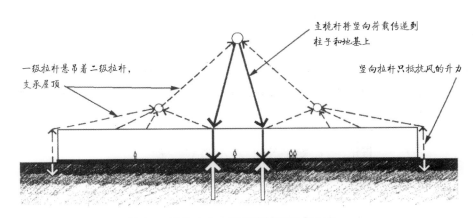

图 3.5　帕特中心，荷载传递路径示意图。

（每侧四个支承点）。中心框架顶部钢索以及主次钢索间的连接点采用铰接，铰接点由形状像甜甜圈的钻孔钢盘制成。

　　屋面悬臂末端的竖向拉索埋入基础可以产生抗拔力以抵抗风荷载，而且纤细拉索的这种抗拔性被分隔它们的围护墙体增强。这种中心框架结构按照 29.5 英尺（9 米）间距布设了 9 跨。为了保证整个体系的视觉清晰以及建筑径向的稳定性，采用刚性连接（中心框架与设备层连接处）替代了柱间交叉支承。从效果上看，每个中心框架好像完全独立工作，从而进一步呼应了每个空间的独立灵活性。

达令港会展中心 | *Darling Harbor Exhibition Center*

达令港会展中心［1986 年；悉尼，澳大利亚；建筑设计：菲利浦·考克斯事务所（Philip Cox and Partners）；结构设计：奥雅纳工程咨询公司］采用的是五个连续的围合结构，会展中心坐落位置由毗邻的高架路确定。每个围合空间在结构上独立，由四根桅杆支承起净高 44 英尺（13.4 米）、净跨 302 英尺（92 米）的展览空间（Brookes and Grech，1990）（图 3.6～图 3.9）。

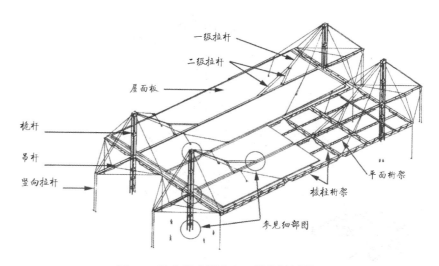

图 3.7　达令港会展中心，结构轴测图。

图 3.6　达令港会展中心，外部。

其中一个典型的围合空间的结构由四根柱子构成（提供了主要的竖向支承），每根柱子由四根钢管按照方形排列组合，并以螺栓连接的方式固定在基础混凝土板上。斜向拉杆一端连接桅杆顶部，另一端连接单跨为 49 英尺（15 米）的空间主桁架（三角形截面）。主桁架采用铰接连接，以便适应热膨胀。空间次桁架跨度 86 英尺（26.2 米），垂直于主桁架并且略有弧度以便屋面排水。主次桁架支承檩条，檩条支承屋面。

桅杆在建筑一侧提供拉索支承；在另一侧，反向拉索连接悬臂梁，通过该拉索可以平衡屋面拉索传来的拉力。这个平衡力可以抵消建筑一侧的压弯作用，使桅杆实现最小受弯。最后，悬臂梁通过竖向锚杆锚固在地基上。

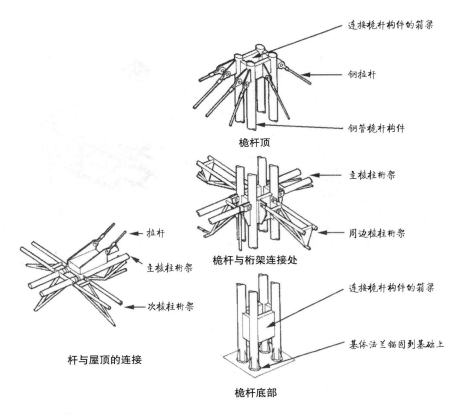

连接桅杆构件的箱梁

钢拉杆

钢管桅杆构件

桅杆顶

主棱柱桁架

周边棱柱桁架

桅杆与桁架连接处

拉杆

主棱柱桁架

次棱柱桁架

杆与屋顶的连接

连接桅杆构件的箱梁

基体法兰锚固到基础上

桅杆底部

图 3.8 达令港会展中心桅杆细部图。

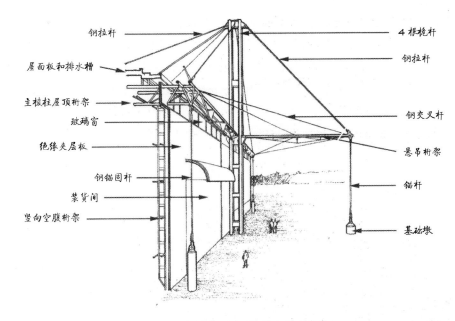

钢拉杆

屋面板和排水槽

主棱柱屋顶桁架

玻璃窗

绝缘夹层板

钢锚固杆

装货间

竖向空腹桁架

4 根桅杆

钢拉杆

钢交叉杆

悬吊桁架

锚杆

基础墩

图 3.9 达令港会展中心，剖面透视图。

阿拉密洛大桥 | *Alamillo Bridge*

这是一座与1992年世博会同期建造的著名桥梁[1992年；塞维利亚，西班牙；结构设计：圣地亚哥·卡拉特拉瓦（Santiago Calatrava）]，正如卡拉特拉瓦这位西班牙建筑设计师介绍的那样，它是结构美学和创新设计的代表。其始于结构设计而终于建筑设计。这座跨度656英尺（200米）的桥由长度为466英尺（142米）的斜拉索单侧撑拉而起。多数大跨度拉索结构均用对称拉索与支柱连接，并

与基础铰接连接，以平衡弯矩。但是这座桥的设计与众不同，它采用了悬臂单侧支承结构。拉索传来的拉力由反向倾斜58°角的钢管混凝土斜塔的重力来平衡，借此取消了原来必需的反向拉索（图3.10～图3.12）。

拉索固定在桥面中心的六边形箱形钢梁上，而悬臂桥面（两侧各有三车道）从箱形梁两侧伸出（Frampton, et al., 1993）。

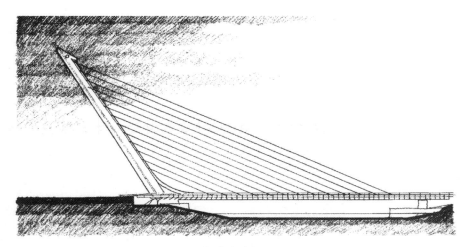

图 3.10 阿拉密洛大桥，立面图。

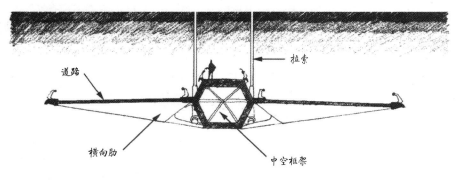

图 3.11 阿拉密洛大桥，道路剖面。

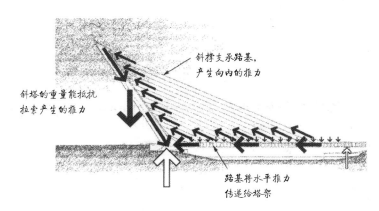

图 3.12 阿拉密洛大桥，荷载传递路径示意图。

小结 | Summary

1. **拉索**是细长的、可以拉伸但不可以抵抗压力的构件。钢索、绳子和细杆均具有这种特性。

2. **悬索**是在其长度方向承受连续荷载的拉索。

3. **压杆**是一种受压构件。

4. **斜拉索**建筑结构通过悬挂在高耸的支承杆上的拉索支承起水平构件。

第 4 章 桁架

Trusses

桁架是由直杆组成的一般具有三角形单元的结构，构成三角形的杆件相互之间为铰接连接，它们将荷载传递到支座上，在理想情况下，所有杆件都处于纯压缩或纯拉伸状态（没有弯曲或剪切），水平推力都在结构内部抵消了。而实际情况下，由于节点的摩擦以及分布在节点之间构件上的荷载作用，有些杆件也可能承受一些力矩，这些力矩与轴力相比通常比较小，进行分析时可忽略不计。

三角形是桁架的基础几何单元。三角形是一个独特的形状，即使是铰接节点，只要不改变各边的长度，它的形状就不会改变。而其他的多边形（例如矩形）都是不稳定的。

如果一根索悬挂在两个支点之间，水平方向的推力就会由支点［索的固定点，如图 4.1（a）所示］进行抵抗。如果这个结构变成一端用铰支座，另一端用滑动支座的话，结构就会变得不稳定。两个支座都可以抵抗竖向的作用力，但是铰支座可以抵抗水平力，而滑动支座会在索的水平拉力作用下被拉向中间［图 4.1（b）］。

为了抵抗水平力（并且保持体系的稳定），可以增加一个水平构件，这样结构就形成了桁架，即几何形状为三角形，构件之间为铰接连接，并且构件只承受轴向力［图 4.1（c）］。

如果将图 4.1（c）的桁架上下颠倒，那么其中的压力与拉力也会相反。图 4.2 展示了这个基本结构向更复杂桁架发展的过程。在每个例子中，三角形都是最基础的几何单元。

与其他杆件不同，桁架上部和下部的杆件分别称为"**上弦**"（top chord）和"**下弦**"（bottom chord）。所有上、下弦之间的杆件称为"**腹杆**"（web members）。**平面桁架**（plane trusses）的所有杆件都在同一平面内，而**空间桁架**（space trusses）的杆件组成三维立体结构。无论是平面桁架还是空间桁架，它们都只能向一个方向延伸［这种单向延伸的特征是桁架与两向延伸的**空间框架**（space frames）的不同之处，在第 5 章中我们认为这种空间框架是一种独立的系统］。

桁架类型 | Truss Types

平面桁架的外形主要有三角形、矩形、弓形（上弦或下弦弯曲）以及鱼腹式（上、下弦均弯曲）。这些形状都能分解成小的三角形单元。所有的构件（杆件和支座）在节点处都是不连续的，并且所有的节点均为铰接（图 4.3~图 4.10）。

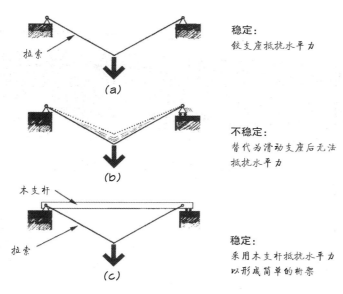

图 4.1   中点处承受竖向拉力的索在不同支座下的状态：（a）铰支座（稳定）；（b）滑动
支座（不稳定，没有构件抵抗水平力，导致结构可以滑动）；（c）滑动支座，
水平杆用来抵抗水平力（稳定）。

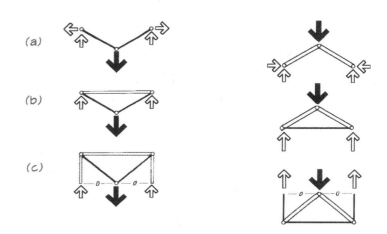

图 4.2   由索和杆件派生的桁架。所有构件都是铰接的。杆件只受压，索只受拉。右边
的桁架与左边的桁架相反；注意，当杆件内部的力反向作用时，索与杆件会变
成对应的另一种形式。（a）基本索单元；（右图）倒置过来后等效为最基本
的三铰拱。（b）增加可以抵抗水平力的水平支承后形成简单桁架；（右图）
通过增加水平索来抵抗水平力而形成的等效桁架。（c）可以在支座端部继续
添加相同的杆件（新的底部弦杆不直接受力，但需要提供侧向支承）。

桁架案例研究 | Truss Case Studies

乔治·蓬皮杜国家艺术文化中心 | Centre Georges Pompidou

　　我们想把结构放在建筑外侧是因为我们想要最大限度地提高 LOFT
空间[译注]的灵活度。我们相信每种使用功能的寿命都要比建筑本身的
寿命短很多。

——理查德·罗杰斯（评价蓬皮杜中心）

[译注] 原文中为 LOFT SPACE，指的是一种有灵活的层高和楼面的自由空间，可以是跃
层空间，也可以是楼梯走廊等空间。

作为全国艺术领域的中心，乔治·蓬皮杜国家艺术文化中心（1977 年；巴黎；
建筑设计：皮亚诺和罗杰斯；结构设计：奥雅纳工程咨询公司）因为它毫不妥协
的机械美学，从建成前就一直饱受争议。这也与它选址在历史街区形成了强烈对
比。这个建筑的设计理念是趋向于做成一个"非建筑"（nonbuilding），这种建
筑提供一个中性的空间，让具体活动和展览来充分表现其特点。该建筑独特的建
筑类型和细节是原创的。这个矩形空间长 551 英尺（168 米），将来还可能扩展。
竖向管道和其他机械设备布置在东侧的临街立面并外露涂色。墙面设置在外露结

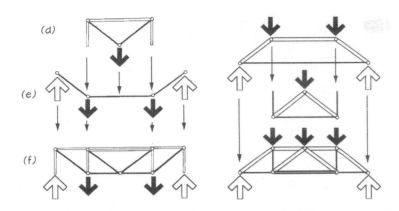

图 4.4　秃鹰翅膀的掌骨，是以华伦桁架形式加强的。

图 4.2　（d）我们想象给（c）中的整个组合加上一个新的索构件，这样就可以得到一个更复杂的桁架，需要一个新的水平杆来抵抗新添加的索带来的力。（e）可以重复同样的过程，形成更复杂的桁架。注意，因为荷载从中心到两端不断累积，所以从桁架中间到两端，腹杆（竖向构件和斜向构件）的内力不断增大。（f）另一方面，上、下弦最大的力发生在跨中位置，该处单个的弦（以及它们所承受的力）合并成一个。

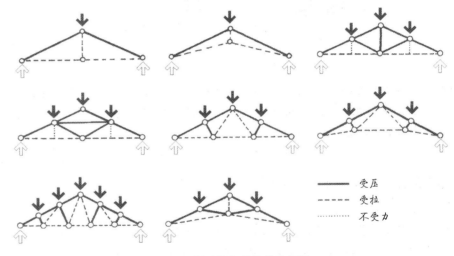

图 4.5　三角形桁架的拉伸和压缩。

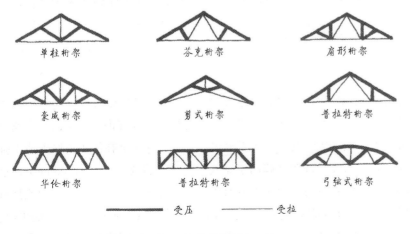

图 4.3　桁架类型。

构、循环系统和机械设备的后面，它对建筑最后的外貌只有很小的影响（Orton，1988；Sandaker and Eggen，1992）（图 4.11 和图 4.12）。

该建筑的另外三个立面，在纹理、比例及视觉细节的表面上，重点表现了桁架框架结构。由于其巨大的规模、相当大的荷载以及温度变化引起的滑动，该

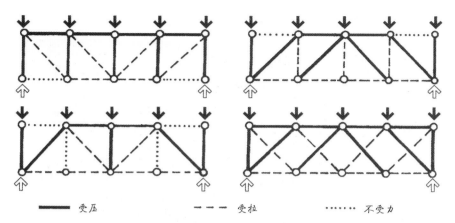

—— 受压   - - - 受拉   ······· 不受力

图 4.6 矩形桁架的拉伸与压缩。

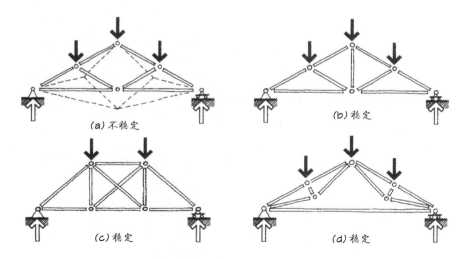

(a) 不稳定   (b) 稳定

(c) 稳定   (d) 稳定

图 4.7 桁架的稳定性：（a）不稳定桁架——桁架的非三角形中心区域在荷载作用下会发生较大的变形，导致桁架整体倒塌；（b）和（c）稳定桁架——构件形式完全是三角形的；（d）具有非三角形构件的稳定桁架——两个简单桁架中的每一个都表现为较大的简单三角形的顶弦杆。

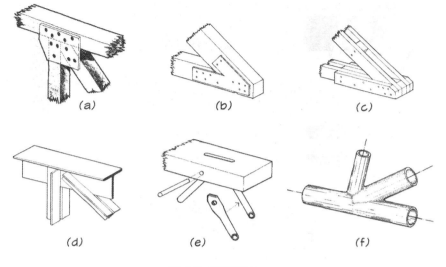

(a)   (b)   (c)

(d)   (e)   (f)

图 4.8 桁架节点。

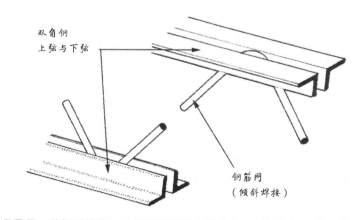

双角钢
上弦与下弦

钢筋网
（倾斜焊接）

图 4.9 空腹板钢龙骨是一种轻质桁架，布置间距很近［通常为 48 英寸（1.2 米）］，一般用于混凝土屋顶或地板施工中的金属面板。

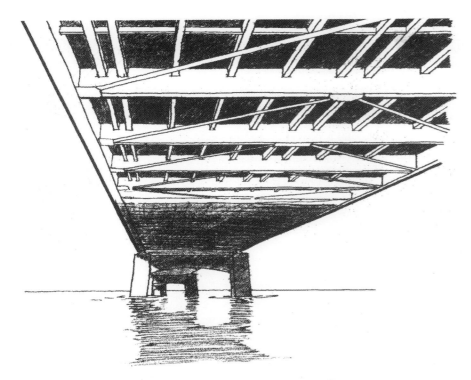

图 4.10　作为桥梁的水平向抗风体系的桁架。

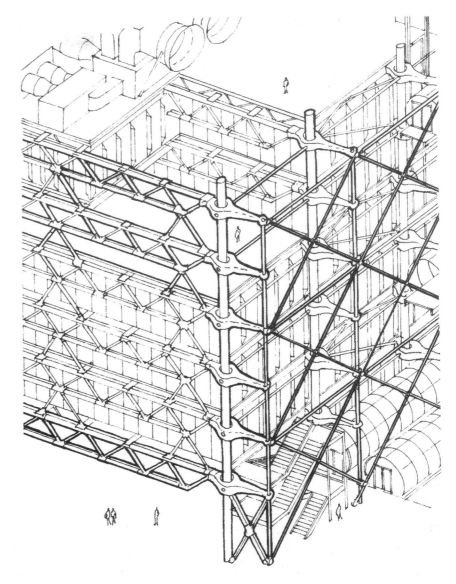

图 4.11　蓬皮杜中心，西南侧轴测图。

建筑广泛应用了铰接节点，并在视觉上刻意加强。该建筑使用了丰富多样的构件和节点，包括大量的铸钢悬挑梁，这使得结构和整个建筑更精致并且更有活力。

该结构的地上部分由 14 榀二维框架组成，跨度为 157 英尺（48 米），每边有一个 25 英尺（7.6 米）的额外区域（西侧用于人员通过，东侧为房屋机械服务设施）。每榀框架共有 6 层，每层高度为 23 英尺（7 米），框架之间由楼板和交叉钢支承横向连接。

主柱为直径 34 英寸（864 毫米）的厚壁钢管，内部充满水，以满足防火要求。

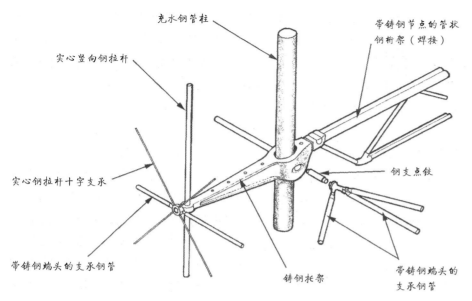

克水钢管柱

带铸钢节点的管状
钢桁架（焊接）

实心竖向钢拉杆

实心钢拉杆十字支承

钢支点铰

带铸钢端头的支承钢管

铸钢托架

带铸钢端头的
支承钢管

图 4.12　蓬皮杜中心，立柱及周边构件细部图。

铸钢托架与柱铰接连接。旋转托架的外端由一根 8 英寸（203 毫米）直径的竖向拉杆固定，托架内端支承主桁架的端部。每个桁架跨度 147 英尺（44.8 米），深度 9.3 英尺（2.83 米），由 16 英寸（406 毫米）直径的双上弦杆、9 英寸（229 毫米）直径的双下弦杆和腹杆组成，腹杆中的压杆采用钢管，拉杆采用实心圆钢，所有构件均与铸钢连接件焊接连接。

冈德堂 | Gund Hall

　　冈德堂［1972 年；马萨诸塞州，剑桥；建筑设计：约翰·安德鲁斯（John Andrews）］是哈佛大学设计研究院，包括建筑、景观建筑和城市设计专业。它的设计理念是利用一个大的独立工作室空间，鼓励学校不同学科的学生进行更多的交流。安德鲁斯将其描述为"一个大型的工厂 LOFT 空间，同时为专业活动提

供了更小的空间。为了提供必要的空间，工作室的剖面像重叠的阶梯一样，并采用了单坡屋面"（Taylor and Andrews, 1982）。建筑师希望屋顶的结构和机械设备均外露，可以用于教学（图 4.13~ 图 4.15）。

　　屋盖结构由 9 个平面桁架组成，这 9 个平面桁架的中心间距为 24 英尺（7.3 米），跨度为 134 英尺（41 米），桁架高度为 11 英尺（3.4 米），是由直径为 12 英寸（305 毫米）的上弦钢管、直径稍小些的下弦钢管和腹杆组成。桁架顶部为铰接，底部为滑动连接（可允许热膨胀及其他偶然作用引起的滑动）。选择管状构件是为了施工更便捷（与宽法兰构件相比），并易于喷涂 0.125 英寸（3 毫米）厚的膨胀防火涂料。侧向力是由桁架之间两端的斜撑抵抗。

图 4.13　冈德堂，外部展现了大工作室空间上部西向的阶梯式屋顶。

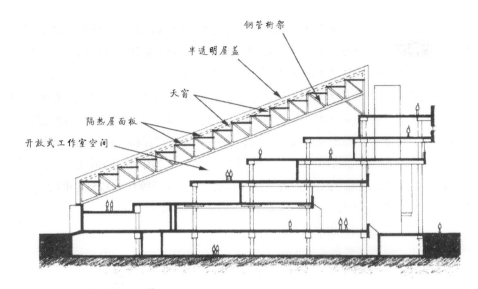

图 4.14　冈德堂，剖面图。

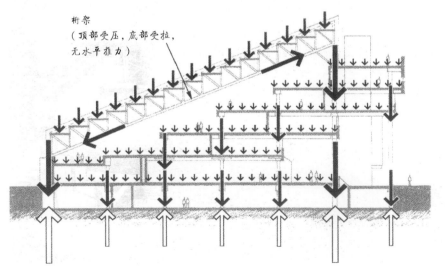

图 4.15　冈德堂，荷载传递路径示意图。

上弦杆高于屋顶，屋顶是阶梯式的，以适应西向的采光天窗。这些上弦杆由半透明的玻纤塑料板包裹，在屋面之下，桁架构件采用外露形式。[建筑师选择西向的阶梯式屋顶显然是基于形式的考虑，而不是技术上的考量。因为建筑通过透明玻璃获得的太阳能热量过多，而最初设计的供暖、通风和空调（HVAC）系统不足以维持室内的舒适环境。]

塞恩斯伯里中心 | *Sainsbury Center*

这栋建筑［1978 年；诺威奇（Norwich），英国；建筑设计：诺曼·福斯特事务所（Norman Foster Associates）；结构设计：安东尼·亨特事务所（Anthony Hunt Associates）]是一个艺术画廊，不过其中三分之一的空间是一个艺术学校、一个多功能房间和一个餐厅（图 4.16 ~ 图 4.18）。建筑形式是一个简单的矩形，两端为大面积玻璃墙。为了保护造型和表皮的简洁性，建筑师非常注重建筑的细部设计，并采用了遮光百叶调整室内光线。该设计的目的是把建筑做成一件精美的商品，对每一个构件都有很高的外观要求，特别是空间桁架以及与桁架连接的柱（Orton，1988）。

图 4.16　塞恩斯伯里中心，南侧外部。

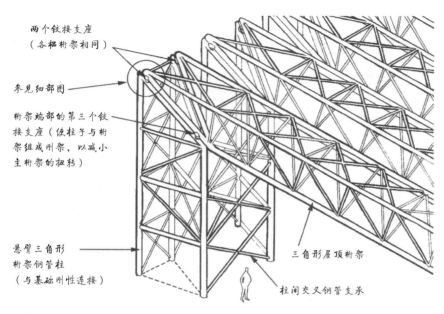

两个铰接支座
（各榀桁架相同）

参见细部图

桁架端部的第三个铰
接支座（使柱子与桁
架组成刚架，以减小
主桁架的扭转）

悬臂三角形
桁架钢管柱
（与基础刚性连接）

三角形屋顶桁架

柱间交叉钢管支承

图 4.17 塞恩斯伯里中心，桁架轴测图。

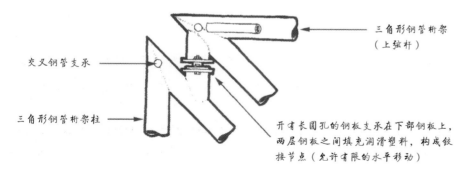

交叉钢管支承

三角形钢管桁架柱

三角形钢管桁架
（上弦杆）

开有长圆孔的钢板支承在下部钢板上，
两层钢板之间填充润滑塑料，构成铰
接节点（允许有限的水平移动）

图 4.18 塞恩斯伯里中心，柱与桁架端部的连接节点细部图，在桁架两端有玻璃幕墙的
节点，增加了铰接节点，以增强玻璃支承结构的刚度。

该结构由 37 榀三角形钢管桁架组成，沿着建筑长向 430 英尺（131.1 米）布置，桁架跨度 113 英尺（34.4 米），每榀桁架高 8.2 英尺（2.5 米），顶部宽 5.9 英尺（1.8 米）。桁架顶端部与悬臂于地面的桁架柱用多个铰接节点连接（为防止外墙玻璃框扭转变形，每榀桁架底部与柱桁架顶部采用了三点铰接连接，使柱和桁架组成刚架结构）。外墙是由氯丁橡胶压条组成的模数为 5.9 英尺 × 3.9 英尺（1.8 米 × 1.2 米）的栅格网，镶嵌实心隔热铝板或玻璃面板而成。

克罗斯比·肯珀体育馆 | Crosby Kemper Arena

这个多用途建筑 [1974 年；堪萨斯城，密苏里州；建筑设计兼结构设计：查尔斯·弗朗西斯·墨菲事务所（Charles Francis Murphy Associates）] 的屋顶上方露出了巨大的空间桁架，室内则尽量少地显露桁架，这样不仅增加了内部使用空间，还突出了结构造型（图 4.19 和图 4.20）。三个巨大的空间桁架断面为三角形，跨度为 324 英尺（99 米），与空间桁架柱用两个铰接节点连接，组成刚架。每个桁架有 27 英尺（8.23 米）高，上弦钢管直径 4 英尺（1.22 米），两个下弦钢管直径 3 英尺（914 毫米），腹杆钢管直径为 30 英寸（762 毫米）。这种空间桁架结构具有很大的刚度，能够抵抗竖向、水平和扭转荷载。

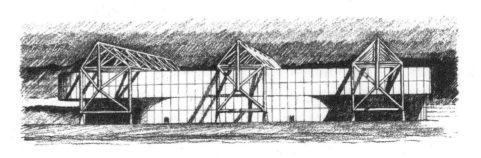

图 4.19 克罗斯比·肯珀体育馆，西侧立面图。

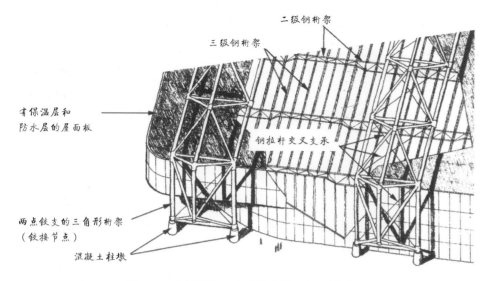

图 4.20 克罗斯比·肯珀体育馆，剖面轴测图。

二级钢桁架

三级钢桁架

有保温层和
防水层的屋面板

钢拉杆交叉支承

两点铰支的三角形桁架
（铰接节点）

混凝土柱墩

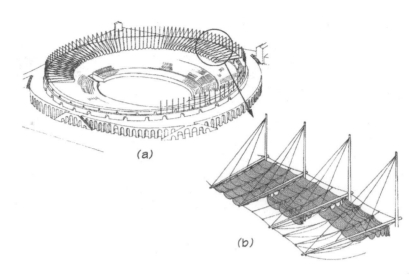

（a）

（b）

图 4.21 庞贝的罗马圆形剧场：（a）船帆的安装，（b）可伸缩船帆系统的细部。

在主空间桁架的每个下弦节点下方悬挂了二级平面钢桁架，二级平面桁架间距为 54 英尺（16.5 米）。二级桁架之间设置三级轻钢桁架，间距为 9 英尺（2.74 米）。三级桁架上覆盖了金属屋面板。

主桁架的节点设计很巧妙，不仅可以满足大尺度构件的现场装配要求，还允许结构在温度变化时移动，从而保证了结构不会发生破坏。

体育场雨篷 | Stadium Canopies

由于需要保证开阔的视野，大型体育场的雨篷常采用悬挑结构。有证据表明，古罗马人将船帆（vela，遮阳结构）设置在一些竞技场上。利用当时的帆船技术，将可伸缩的织物悬挂在水平的"吊杆"上，"吊杆"由竖向的"桅杆"顶部的绳索拉结，而竖向的"桅杆"则从坐席后面的石质扶壁上立起（图 4.21）。

悉尼足球场 | Sydney Football Stadium

悉尼足球场（1988 年；悉尼，澳大利亚；建筑设计：菲利普·考克斯；结构设计：奥雅纳工程咨询公司）主要用于足球和橄榄球比赛，设有 38000 个坐席，65% 的坐席在屋檐下。圆形的体育场下层看台由阶梯式混凝土板建成，上层是较高的看台，看台由跨度为 27 英尺（8.2 米）的预制混凝土板建成，支承在倾斜的钢梁上，而钢梁则支承在混凝土柱上（Brookes and Grech, 1992; Jahn, 1991）（图 4.22～图 4.24）。

金属屋面采用钢桁架悬挑，悬臂长度可达 96 英尺（29 米）。所有桁架构件均为刚性杆，能够承受拉力或压力，从而使桁架能够抵御风吸力和重力等外部荷载。桁架将荷载传递到混凝土柱上，柱间通过支承看台板的斜梁相互连接。该结构通过了 1:200 缩尺模型的试验验证，构件的刚度均由计算机模型计算得出。

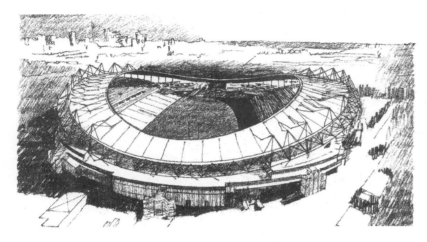

图 4.22　悉尼足球场，外部。

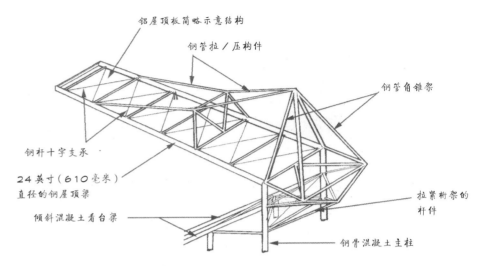

铝屋顶板简略示意结构

钢管拉／压构件

钢管角锥架

钢杆十字支承

24 英寸（610 毫米）
直径的钢屋顶梁

倾斜混凝土看台梁

拉紧桁架的
杆件

钢骨混凝土主柱

图 4.24　悉尼足球场，屋顶雨篷突出结构的轴测图。

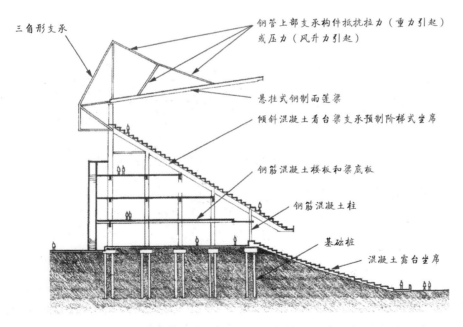

三角形支承

钢管上部支承构件抵抗拉力（重力引起）
或压力（风升力引起）

悬挂式钢制雨篷梁

倾斜混凝土看台梁支承预制阶梯式坐席

钢筋混凝土楼板和梁底板

钢筋混凝土柱

基础桩

混凝土露台坐席

图 4.23　悉尼足球场，看台剖面图。

小结 | Summary

1. **桁架**是由直杆组成的一般具有三角形单元的结构，构成三角形的杆件相互之间为铰接连接，它们将荷载传递到支座上，在理想情况下，所有杆件都处于纯压缩或纯拉伸状态（没有弯曲或剪切），水平推力都在结构内部抵消了。

2. 桁架上部和下部的杆件分别称为"**上弦**"和"**下弦**"。

3. 所有上、下弦之间的杆件称为"**腹杆**"。

4. **平面桁架**的所有杆件都在同一平面内。

5. **空间桁架**的杆件组成三维立体结构。最常见的空间桁架的断面为三角形。

第 5 章　空间框架
Space Frames

> 我常常把一座建筑看作沉重与轻巧之间的斗争：一部分与地面相连，另一部分则向上耸起。
>
> ——伦佐·皮亚诺

空间框架（也称为"空间网格结构"）是一个三维桁架体系，它跨越两个方向，其中的构件不是处于拉伸状态就是处于压缩状态。虽然**"框架"**一词明确地指具有刚性连接的结构，而一般使用的**"空间框架"**却包括铰连接与刚性连接。大多数空间框架由相同的重复模块组成，具有平行的上层和下层（与桁架的上弦和下弦相对应）。

虽然空间框架的几何结构多种多样（Pearce，1978；Borrego，1968），但半八面体（四面棱锥）和四面体（三面棱锥）结构在建筑中得到了广泛应用（图 5.1）。空间框架不但经常应用于具有水平屋顶的大空间结构，而且还适用于其他地方，包括墙壁、斜屋顶、曲面屋顶。

最薄的空间框架厚度仅为跨度的 3%，但最经济的厚度是净跨距的 5% 或悬臂跨距的 11%。考虑到随着模块尺寸的减小，所需模块数量（以及劳动力成本）急剧增加（Gugliotta，1980），最经济的模块尺寸应为跨度的 7%~14%。空间框架的厚度一般要小于由桁架（主方向）和檩条（另一方向的梁或较小的桁架）组

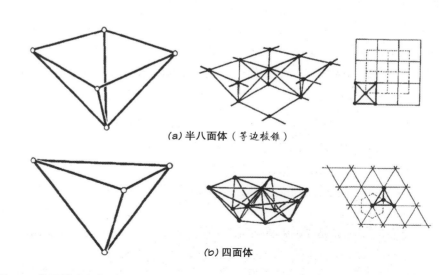

（a）半八面体（等边棱锥）

（b）四面体

图 5.1　常用的空间框架几何结构有：（a）半八面体（等边棱锥）和（b）四面体。其中，半八面体模块在平面上是方形的，更适用于直线形建筑。

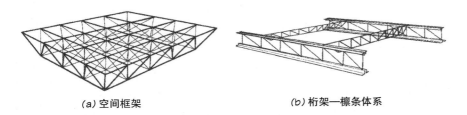

(a) 空间框架　　　　　　　　(b) 桁架—檩条体系

图 5.2　空间框架和桁架—檩条体系的比较。（a）空间框架是三维的，跨度的方向可以是两个（或更多）。（b）相反，桁架—檩条组合基本上是二维的，跨度方向只能有一个。

成的体系（图 5.2）。

空间框架是一种高效安全的结构，其中的每根弦杆和腹杆按照其强度的比例分配所需要支承的荷载。施加的荷载将通过刚度较大的路径传递到各个支承，大部分荷载会绕过刚度比较小的杆件。空间框架的稳定性不会因为几个杆件的移除而受到显著影响，因为几个杆件的移除会导致力在空缺部位周围的杆件中重新分布，其余杆件会按照其刚度或强度的比例分担多余的力。这种多余杆件是空间框架维持相对稳定和安全的重要保障，可以抵抗过载（Gugliotta，1980）。

但即使结构有了这种冗余，有时也会发生一些严重的空间框架事故。在积雪严重堆积的情况下，哈特福德市民中心［Hartford Civic Center，1972 年；哈特福德市（Hartford），康涅狄格州；建筑设计：文森特·克林（Vincent Kling）；结构设计：法罗利，布鲁姆与耶斯里曼公司（Faroli, Blum, & Yesselman）］300英尺×360 英尺（91 米×110 米）的空间框架屋顶倒塌了。在之后的分析中发现，21 英尺（6.4 米）高的空间框架倒塌的最主要原因是周围杆件的屈曲，这些杆件没有充分的交叉支承（Levy and Salvadori，1992）。

历史上，多层空间框架是从 19 世纪的平面桁架衍生而来的。1881 年，奥古

斯特·福普尔（August Föppl）出版了他关于空间框架的理论著述，这本书为古斯塔夫·埃菲尔（Gustave Eiffel）设计巴黎塔提供了分析基础（尽管埃菲尔铁塔实际上由一组平面桁架组成）。人们普遍认为亚历山大·格拉汉姆·贝尔（Alexander Graham Bell）是空间框架的发明者，他专注于研究四面体结构形式，这种形式可以在材料重量最小时保持很高的结构强度，用于飞行结构的开发。他设计的早期空间框架结构有风筝、防风墙和塔楼（Schueller，1996）。

20 世纪 40 年代早期，空间框架结构的发展有了两个重大突破。1942 年，查尔斯·阿特伍德（Charles Attwood）开发并获得了板式节点体系［Unistrut system，尤尼斯壮（Unistrut）是著名金属支承框架的品牌］的专利，该体系由冲压钢节点（连接器）和构件组成（Wilson，1987）。1943 年，螺栓球节点体系（Mero system）由工程师马克斯·门纳豪森博士（Dr. Ing. Max Mengeringhausen）发明并首次制造，这个体系由锥形管状钢构件组成，然后将钢构件拧入球形钢节点（Borrego，1968）。值得注意的是，这两种体系至今仍然在应用。

连接 | Connections

由于空间框架中的构件是三维排列，所以连接这些构件的节点很复杂。对于小跨度结构，节点可以用钢板冲压而成，并用螺栓固定在构件端部。这些构件在横截面上通常是矩形的，用于地板、天窗、玻璃板等构件的简单连接。

对于较大跨度的结构，通常采用将管状构件拧入具有实心球节点的螺栓球节点体系。这种体系除了能够跨越 650 英尺（198 米）的跨度，实心球形节点还可以允许管的直径和壁厚根据每个构件中存在的力进行调整。现在，一些公司（例如 Unistrut）都是基于门纳豪森最初的设计来生产类似的体系。

由于空间框架连接处的几何结构非常复杂，并且受力也相对比较大，所以常用钢和铝作为材料。然而，也有一些空间框架结构是用木头建造的［例如，西蒙·弗雷泽大学（Simon Frazier University）购物中心的屋顶］，还有一些塑性的空间框架用于室内非结构用途（图 5.3）。

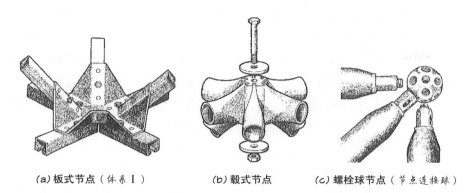

(a) 板式节点（体系Ⅰ）　　(b) 毂式节点　　(c) 螺栓球节点（节点连接球）

图 5.3　空间框架连接：（a）板式节点（体系Ⅰ）由冲压型钢部件制成，冲压型钢部件用螺栓连接在一起，适用于小跨度；（b）毂式节点体系（Triodetic system）由挤压铝节点和锯齿键槽、镀锌钢管组成，其端部形成键边，对应节点键槽；（c）螺栓球节点体系由拧入实心球节点的管状构件组成，适用于较长的跨度。

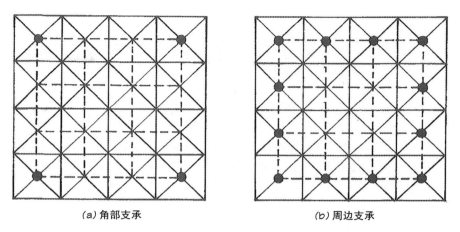

(a) 角部支承　　　　(b) 周边支承

图 5.4　空间框架支承：（a）角部支承，（b）周边支承。周边支承很大程度上减小了构件的最大应力，但代价就是额外增加了柱子和基础。

支承 | Supports

如果空间框架在一系列点上由柱支承（通过地面悬臂式支承获得横向稳定性），则支承周围构件中的力比其他部分的力大得多。这些较大的力可以通过增加支承附近构件的横截面来承担。

空间框架至少需要三个支承才能稳定，但大多数至少有四个支承。一般来说，空间框架的支承越多，结构的跨越效率就越高。例如，在具有连续周边支承的方形空间框架中，杆件最大受力仅为四个角部支承设计的 11%。此外，最大力和最小力的差值也相应减小。最大应力和最小应力差距越小，构件越标准和统一，因构件的尺寸和连接所花费的成本也越低（Gugliotta，1980），但是所节省的费用也会花费在多余的柱子和基础上（图 5.4）。

对于使用相同构件并且数量有限的体系来说，可以通过将支承反力分布到更多的构件来降低支承的应力。这可以通过几个树状**格构**柱在几个节点处支承整个框架来实现（图 5.5）。

空间框架案例研究 | Space Frame Case Studies

1970 年世博会庆典广场 | Expo 70 Festival Plaza

日本大阪 1970 年世博会中心，是世界上最大的空间框架结构，建在庆典广场中央（建筑设计：丹下健三和神谷宏治；结构设计：平田定男），用于举办节日活动，展现了进步与和谐的主题。广场和主题展览空间相连，根据活动类型，可容纳 1500~30000 人。广场和展览空间均覆盖有大空间框架屋顶（Tange，1969）（图 5.6 和图 5.7）。

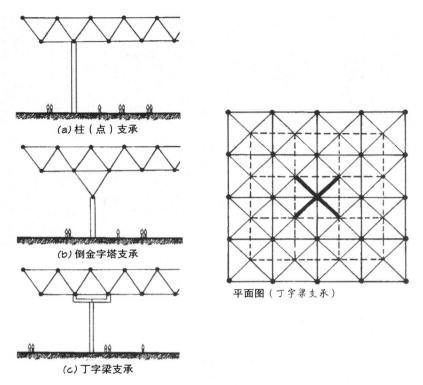

(a) 柱（点）支承

(b) 倒金字塔支承

(c) 丁字梁支承

平面图（丁字梁支承）

图 5.5　空间框架支承：（a）柱（点）支承，（b）倒金字塔支承，（c）丁字梁支承。
点支承会使支承附近的构件产生很大的力。这些力可以通过利用分支支承增大
受力面积来减小，也可以通过增大离支承最近的构件尺寸来调节。

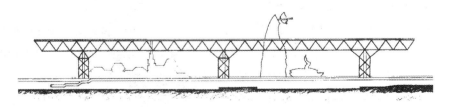

图 5.6　1970 年世博会庆典广场，剖面图。

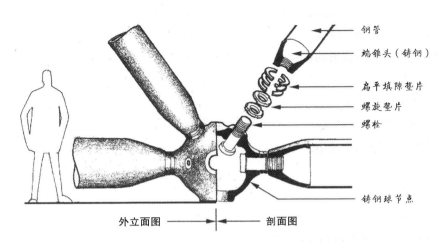

钢管

端锥头（铸钢）

扁平填隙垫片

螺旋垫片

螺栓

铸钢球节点

外立面图　　　剖面图

图 5.7　1970 年世博会庆典广场：空间框架节点连接细部图。

　　空间框架本身包括底面边长 33.5 英尺（10.2 米）的半八面体（等边金字塔）
模块和高 29.3 英尺（8.9 米）、覆盖面积 1082 英尺 × 394 英尺（330 米 × 120 米）
的模块（丹下健三事务所，1987）。螺栓球节点体系采用空心球钢节点，管状构
件的锥形端通过螺栓连接到节点上。整个屋顶覆盖着一个透明的枕头状塑料膨胀
覆盖物，固定在每个模块周围的上弦杆上。各构件的大体尺寸为：球形钢节点直
径为 3.6 英尺（1.1 米），上下弦管状钢构件直径为 2.2 英尺（67 厘米），斜腹
管状钢构件直径为 1.4 英尺（43 厘米）。该结构在地面组装，并由气动千斤顶将
其提升 100 英尺（30 米）到位。整个装置重 4700 短吨（4264 公吨），由六根柱
子支承，建造完毕后将其拆除。

为了建造这一前所未有的大规模空间框架，工程师们必须克服过去限制空间框架尺寸的难题：角度、尺寸精度以及施工现场造成的限制。由于在初始装配过程中很难达到所要求的精确度，因此需要在后续过程中进行大量的调整，以消除添加后续模块时所产生的累积误差。这一难题是通过在球节点上设置一个允许螺栓插入的检修孔来解决的，利用它可以对连接件进行一些小角度调整。此外，球节点和构件之间的填隙垫片应根据安装的长度进行简单调整，通过这些调整可以将装配误差限制到最小，使得大空间框架变得实用和经济（Editor，1970）。

雅各布·科佩尔·贾维茨会议中心 | *Jacob Koppel Javits Convention Center*

贾维茨会议中心［1980 年；纽约；建筑设计：贝聿铭建筑事务所（I.M. Pei & Partners）；结构设计：威德林格事务所（Weidlinger Associates）］沿着曼哈顿的第 11 和第 12 大道延伸出 1200 英尺（366 米），沿着第 34 和第 39 街延伸出 600 英尺（183 米），这比丹下健三的庆典广场屋顶更长、更大。其总建筑面积 160 万平方英尺（14.9 万平方米）。建筑师和甲方非常希望为其买单的公众可以轻松愉快地进入会议中心。广场大会堂是向公众开放的空间，长 270 英尺（82 米），以第 11 大道上的一个纪念性入口为标志。同时还修建了 360 英尺（110 米）长的桥廊，可以俯瞰主展厅。沿着桥廊最后到达第 12 大道，这里有一家餐厅，在里面可以俯瞰哈德逊河（Editor，1980）（图 5.8~图 5.10）。

因为会展中心本质上就是负责设计的合伙人詹姆斯·英戈·弗里德（James Ingo Freed）所说的"仓库"（warehouse），所以设计师不能依靠内部功能来调节长立面。解决五个体块立面的关键在于支承墙壁和屋顶的空间框架。用斜面以 90 英尺（27 米）的间隔标记上部展厅地板上柱子的位置。建筑被半反射玻璃覆盖，白天显得不透明，通过反射天空光获得明显的亮度。夜间，室内照明使玻璃透明，露出空间框架墙体和屋顶的窗饰。入口和天窗均采用透明玻璃，展区墙壁采用与之匹配的不透明玻璃拱肩。

该建筑 90 英尺（27 米）的开间是由贸易展览标准模块 30 英尺（9 米）宽

图 5.8 雅各布·科佩尔·贾维茨会议中心，外部。

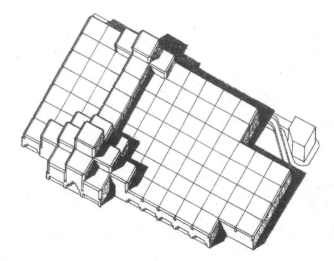

图 5.9 贾维茨会议中心，屋顶轴测图显示出斜切倒棱边缘、开间网格及伸缩缝位置。

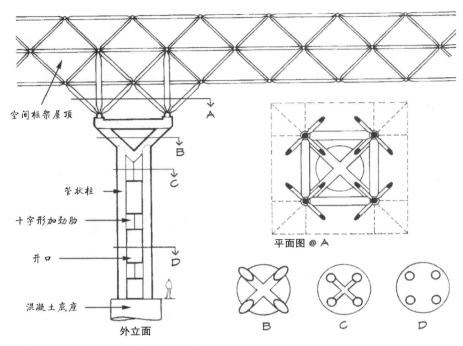

空间框架屋顶

管状柱

十字形加劲肋

开口

混凝土底座

外立面

平面图 @ A

B　C　D

图 5.10　贾维茨会议中心，柱细部图：平面和立面图。

度的倍数决定的，每个模块由两排 10 英尺（3 米）宽的展位和中间 10 英尺宽的过道组成。大会堂内由四个立柱支承空间框架，光线明亮，空间框架呈山峰状。柱子选用四根直径为 1.8 英尺（55 厘米）的钢管柱，钢管柱呈十字形排列，柱间距 5 英尺（1.5 米），由金属网连接。边长 10 英尺（3 米）的正方形模块由横梁沿对角线支承，当它们与上面的空间框架合并时，对角线的长度会减小。标准空间框架模块为边长 10 英尺（3 米）的正方形。

空间框架体系由保罗·古格利奥塔结构公司（Paul Gugliotta Structures,

Inc.）制造，根据弗里德的说法，它不是因为基于布克敏斯特·富勒（Buckminster Fuller）的科学或是英国高科技的艺术，而是因为它可以被视为"一个结构合理并透明的灵活体系"。这种空间框架结构的使用仅限于建筑的基本结构，而内部由混凝土模块划分，这是大部分贝聿铭作品的标志（Editor，1986）。

建筑玻璃外墙在竖向和水平边缘进行了倒棱，通过精确测量其弯曲和折叠，对其后面的结构进行了"图形描述"（graphic description）。幕墙悬挂在空间框架外的 15 英寸（38 厘米）处。边长 10 英尺（3 米）的方形玻璃模块上分布着间距为 5 英尺（1.5 米）的灯具。

卢浮宫博物馆扩建 | Addition to the Louvre Museum

虽然与之前的两个项目相比，卢浮宫的规模不大，但卢浮宫博物馆扩建（1989 年；巴黎；建筑设计：贝聿铭建筑事务所）是最著名和最具争议的空间框架示例之一。虽然增加的建筑面积主要是地下建筑，超过了 650000 平方英尺（60387 平方米），但上部的主金字塔却受到了最多的关注。它简明优美的网状支承体系令人惊叹，既明显又有些不显眼，这种结构外部与内部之间的组合体现了现代主义者将墙体和边界隐藏的惯用手法。它的精致预示着技术的进步，并且实现了 20 世纪 80 年代初那些十几岁的青少年和二十几岁年轻人的建筑梦想（Kimball，1989）（图 5.11 ~ 图 5.13）。

金字塔高 71 英尺（21.6 米），底面边长 115 英尺（35 米），坡度 51°。空间框架由管状受压构件（上弦杆和腹杆）和张拉索（下弦杆）组成。结构高度从中部的 5.6 英尺（1.7 米）渐变到边缘处接近零，形成了下弦杆呈弧线、上弦杆（包括玻璃面板）呈直线的形式。此外，在节点之间使用索进行交叉支承，以增加横向稳定性。空间框架由 6000 个管状支柱组成，直径范围 0.4~3.2 英寸（10~81 毫米），节点超过 21000 个。连接处类似于帆船桅杆索具（Editor，1988）。建筑选用了特殊的菱形透明隔热玻璃，总重量为 95 短吨（86 公吨）。

图 5.11 卢浮宫博物馆,外部。

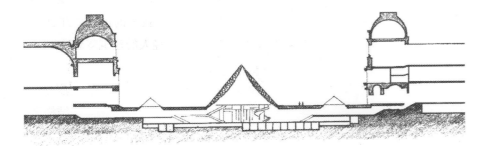

图 5.12 卢浮宫博物馆扩建:穿过金字塔的场地剖面图。注意金字塔空间框架的深度变化。

张拉整体 | Tensegrities

张拉整体是一种稳定的三维空间索和压杆的框架组合,其中索是连续的,

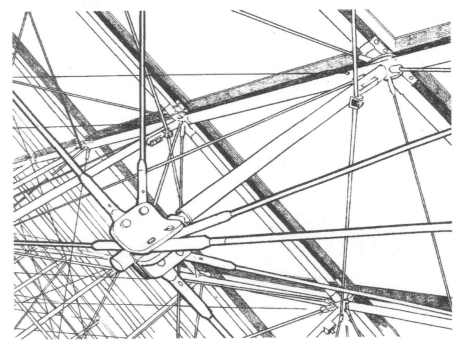

图 5.13 卢浮宫博物馆扩建:金字塔空间框架节点细部图。

但压杆是不连续的,它们彼此不接触。此结构是雕塑家肯尼斯·斯尼尔森(Kenneth Snelson)于 1948 年(Fox,1981)发明的,布克敏斯特·富勒(Marks,1960)开发并制造,这些结构通过在相对的缆绳组之间支承压杆来获得稳定性。斯尼尔森是富勒的一名学生兼同事,他已经完成了几件基于张拉几何结构的作品(图 5.14~图 5.19)。

1961 年,富勒获得了一项**张拉屋顶结构**的专利,该结构利用张拉整体来创造一种轻质结构,能够抵抗风导致的振动。然而,直到最近,斯尼尔森和富勒的张拉整体理论还没有应用到实际的建筑中。戴维·盖格尔(David Geiger)减少了富勒三角形配置中固有的冗余度,使这一理论成功转化为实践。在盖格尔的

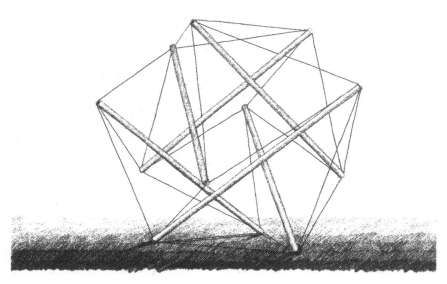

图 5.14　张拉二十面体，由布克敏斯特·富勒于 1949 年建造。

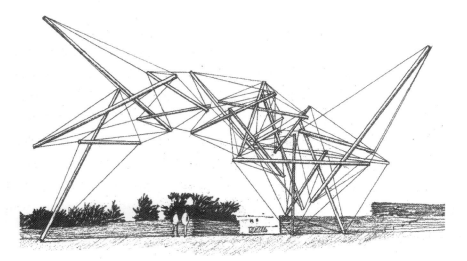

图 5.15　《自由之乡》（*Free Ride Home*，1974 年，由铝和不锈钢制成）是肯尼斯·斯尼尔森的众多雕塑之一。

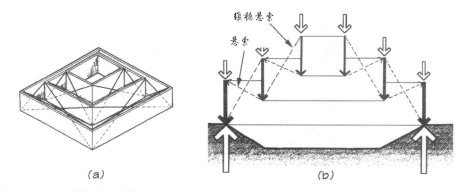

图 5.16　布克敏斯特·富勒发明的方形屋顶结构:（a）等轴测图,（b）荷载传递路径示意图。

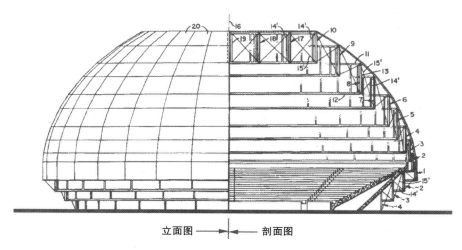

图 5.17　布克敏斯特·富勒的悬吊穹顶专利图。

方法中，连续张拉索和不连续压杆是径向布置的，简化了力的传递，使索穹顶保持稳定。在这种配置下，结构可以呈浅曲面，这样可以加强抗风能力，减少雪的堆积（从而减小雪荷载），减小表面积（从而降低织物成本）（Rastorfer，1988）。

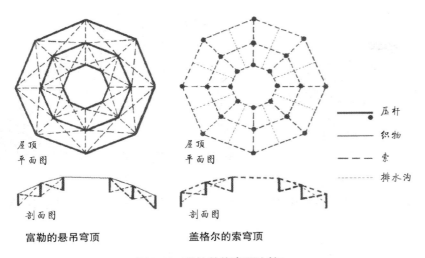

图 5.18 张拉整体穹顶比较。

屋顶平面图

剖面图

富勒的悬吊穹顶

屋顶平面图

剖面图

盖格尔的索穹顶

压杆

织物

索

排水沟

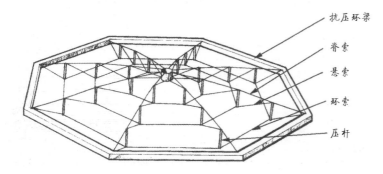

抗压环梁

脊索

悬索

环索

压杆

图 5.19 简化为八部分的盖格尔穹顶透视图；这个结构有三个抗拉环梁。

张拉整体案例研究 | Tensegrity Case Studies

奥林匹克体操馆 | Olympic Gymnastics Stadium

戴维·盖格尔为 1988 年汉城奥运会设计了两个张拉的圆形穹顶。其中较大的一个用于体操馆，是戴维·盖格尔在设计一个体育场屋顶外壳的过程中开发出

来的，这种外壳与空气支承结构一样经济，同时有一层绝缘的织物薄膜（Rastorfer, 1988）。

盖格尔的专利设计通过连续的张拉索和不连续的压杆实现了 383 英尺（117 米）的跨度。荷载从中心抗拉环梁通过一系列放射状脊索、抗拉环梁、中间斜撑传递到周围的抗压环梁中。体操馆穹顶需要三根圆形张拉索（环），间距为 47.5 英尺（14.5 米）。击剑场采用的是一个类似的小穹顶双环结构。该结构体系的一个优点是随着跨度的增加，单位面积上的重量 2 磅 / 平方英尺（9.8 千克 / 平方米）保持不变，单位面积的成本非常低（图 5.20）。

覆盖穹顶薄膜由四层组成：（1）一层高强度的硅涂层玻璃纤维织物；（2）一层 8 英寸（203 毫米）厚的玻璃纤维绝缘层；（3）一层 6 英寸（152 毫米）厚的空气层，下方有聚酯薄膜隔气层，再下方还有 2 英寸（61 厘米）厚的空气层；（4）一个开放式玻璃纤维织物吸音衬里。总透光率为 6%，能够满足大多数白日照明需求。

佛罗里达阳光海岸穹顶 | Florida Suncoast Dome

这是盖格尔设计的拥有专利的最大索穹顶［1989 年；圣彼得堡（St. Petersburg），佛罗里达州；建筑设计：霍克体育设施集团（HOK Sports Facilities Group）；结构设计：盖格尔，戈森，汉密尔顿，里奥工程公司（Geiger, Gossen, Hamilton, & Liao, Engineers, PC）］，其配备的多功能设施可为棒球场提供 43000 个座位，一个 150000 平方英尺（13935 平方米）的无柱展览空间，为篮球场或网球场提供 20000 个座位，或者可容纳 50000 人的音乐厅。它直径 690 英尺（210 米）的穹顶，是一个四层环形结构，倾斜度设置为 6°，以最大限度地减少声音传播，为棒球比赛提供一个安静的场所（Robison, 1989；Rosenbaum, 1989）（图 5.21 和图 5.22）。

佐治亚穹顶 | Georgia Dome

这是迄今为止建造的最大的索穹顶结构［1992 年；亚特兰大，佐治亚州；

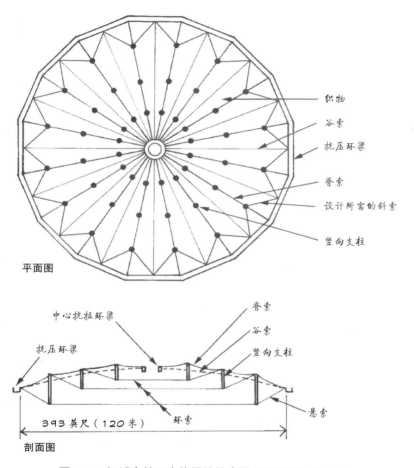

图 5.20　汉城奥林匹克体操馆拉索屋顶平面图和剖面图。

建筑设计：海利国际公司（Heery International,Inc.）、FABRAP 公司（FABRAP）、汤姆逊，温图莱特，斯坦贝克事务所（Thompson，Ventulett，Stainback & Associates）；穹顶结构设计：威德林格事务所）。这一巨大的结构不同于盖格尔的设计，而是回归采用了布克敏斯特·富勒原来的三角形几何结构。这种非圆形

图 5.21　佛罗里达阳光海岸穹顶，外部。

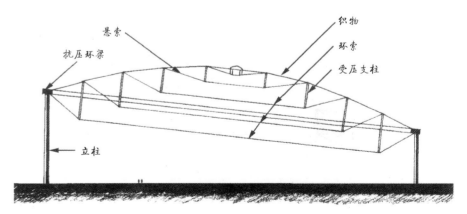

图 5.22　佛罗里达阳光海岸穹顶，剖面图。

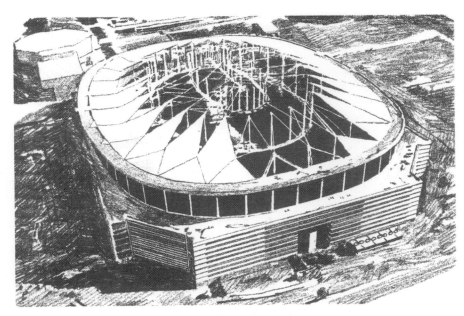

图 5.23 建造中的佐治亚穹顶，外部。

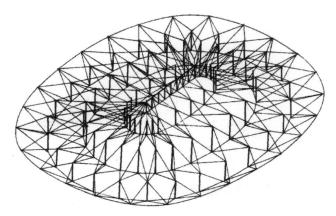

图 5.24 佐治亚穹顶，索和支柱配置轴测图。

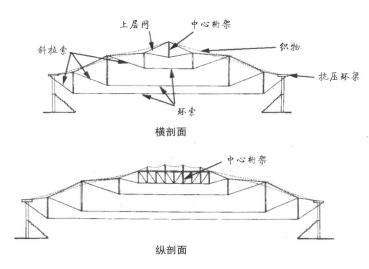

图 5.25 佐治亚穹顶，剖面图。

结构设计更适用于足球场，提供了更大的冗余度和更强的非对称负载条件的适应性。三角形设计尽管有这些优点，但更为复杂，导致一些节点上会有多达六根索会聚到同一个支柱的末端（Levy，1991；Levy, et al.，1994）（图 5.23 ~ 图 5.25）。

鞍形张拉整体穹顶（名称源于它将双曲抛物面结构形状和张拉整体结合起来），在平面图中，由两个半圆端部组成，中间由蝶形部分隔开。两个半圆段的"轮辐"由一个 184 英尺（56 米）长的平面桁架连接在一起。椭圆抗压环梁的设计能够承受由于非圆形结构而产生的压缩力和弯曲力。400000 平方英尺（37161平方米）的屋顶横跨了 748 英尺（228 米）的短轴。

小结 | Summary

1. **空间框架**是一个三维桁架体系，它跨越两个方向，其中的构件不是处于拉伸状态就是处于压缩状态。

2. 空间框架由相同的重复模块组成，具有平行的上层和下层（与桁架的上弦和下弦相对应）。

3. **半八面体**（四面棱锥）和**四面体**（三面棱锥）结构在建筑中得到了广泛应用。

4. 在空间框架中，施加的荷载将通过刚度较大的路径传递到各个支承，大部分荷载会绕过刚度比较小的杆件。

5. 空间框架的稳定性不会因为几个杆件的移除而受到显著影响，因为几个杆件的移除会导致力在空缺部位周围的杆件中重新分布，其余杆件会按照其刚度或强度的比例平均分担多余的力。

6. **张拉整体**是一种稳定的三维空间索和压杆的框架组合，其中索是连续的，但压杆是不连续的，它们彼此不接触。

7. **索穹顶**是由连续的张拉索和径向布置的不连续的压杆组成的张拉整体屋顶。

第 6 章　网格状穹顶

Geodesic Domes

建筑物的复杂程度与其重量成反比。

——布克敏斯特·富勒

网格状穹顶是一种球形的空间网格结构，它通过布置在球面穹顶上的线性构件将荷载传递到支承结构上，其中所有的构件都处于轴向应力状态（拉伸或压缩）。在杆件之间嵌入金属或塑料材质的板材，穹顶就形成了具有遮挡作用的结构。

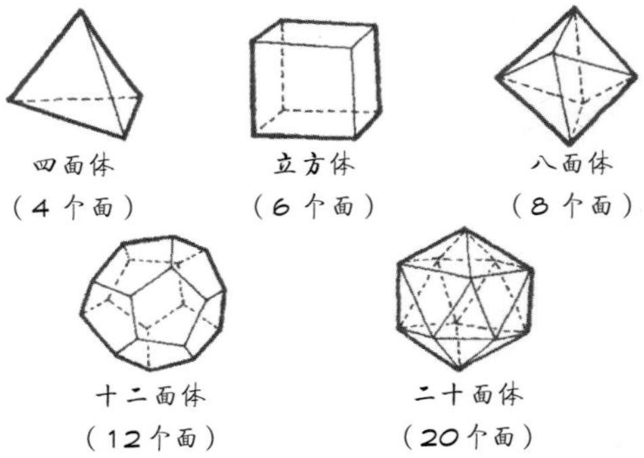

网格状穹顶的基本几何单元有五种正多面体：**四面体、立方体、八面体、十二面体和二十面体**（图 6.1）。所有的面都是规则多边形，所有的边都等长，每个**顶点**（点）都会有相同数目的面。在每种情况下，顶点都会外接于一个球体。

几何学 | Geometry

网格状穹顶是通过一次或多次细分正多面体得到的。由于八面体和二十面体是由三角形组成的，本身是稳定结构，因此也是大多数网格状穹顶结构的基本组成单元。分割**频率**越高，穹顶就越平滑（图 6.2）。常见的足球是二十面体的三频细分（图 6.3 和图 6.4）。关于网格状穹顶的几何形状的深入研究，可参考 1978 年彼得·皮尔斯（Peter Pearce）的文献（以及 Kappraff, 1991；Van Loon, 1994）。网格状穹顶的几何形状与放射虫骨架的微观几何形状非常相似（图 6.5）。

真正的网格状穹顶是由带支承或带肋的穹顶结构演变而来的。施威德勒穹顶〔19 世纪末由一位名叫"施威德勒"（Schwedler）的德国工程师发明〕由环

四面体
（4 个面）

立方体
（6 个面）

八面体
（8 个面）

十二面体
（12 个面）

二十面体
（20 个面）

图 6.1　五种正多面体。

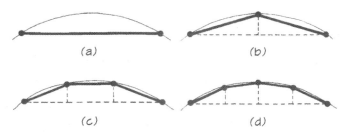

图 6.2   几何形状的细分。通过将边缘分割成较短的长度，将更多的节点置于外接球的表面，可以使正多面体的外表面更接近球形。分割断面可能表现为：（a）原始面，（b）双频分割，（c）三频分割，（d）四频分割。

二频   三频   四频

图 6.3   三角形网格面的分割。

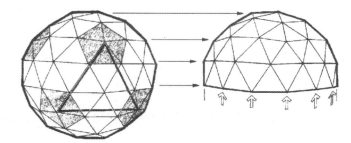

图 6.4   足球是二十面体的三频细分，形成了规则五边形被规则六边形包围并共用一边的形式。这种网格的几何划分是建造穹顶结构的典型形式。

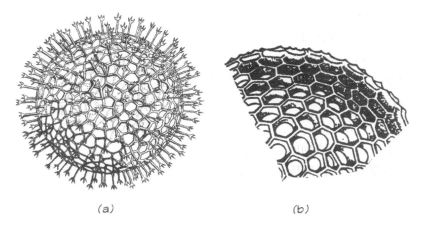

（a）   （b）

图 6.5   在放射虫骨架中可以找到网格几何学：（a）三角星虫（Aulastrum triceros），（b）空球虫属（Cenosphaera）。

向杆和径向杆组成，每个格子内沿对角线增设斜杆保证网格稳定。蔡司—戴维达格穹顶体系（Zeiss-Dywidag dome system）于 1922 年建造，目的是测试蔡司光学厂的天文馆投影设备，它由钢筋混凝土做成三角形网格，并在网格上覆盖混凝土薄壳而成（图 6.6）。

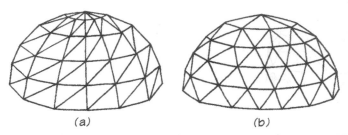

（a）   （b）

图 6.6   在发明网格穹顶之前的带支承、带肋穹顶：（a）大约建于 1890 年的施威德勒穹顶，（b）1922 年的蔡司—戴维达格穹顶。

布克敏斯特·富勒于 1954 年发明了网格状穹顶专利。这些穹顶在理论上可以说是巨大的，在 19 世纪五六十年代，富勒在福音布道中形成了这个大胆的设想，用巨大的穹顶覆盖整个城市。这一结构概念为未来的城市规划和建筑设计提供了一个令人兴奋的新远景（Van Loon，1994）。

荷载通过框架构件以轴向力（拉力和压力）的形式传递给地基。半球状穹顶在均布荷载作用下，所有上部构件（大约 45° 之上）均受压；下部近水平方向的构件受拉，近竖直方向的构件受压。基础提供的水平推力的方向由穹顶形状决定。半球穹顶的底部构件是竖向的，底部基线接近水平，并产生少量的向外推力。四分之一球面穹顶(约为半球高度的一半)有五个支承点,会产生很大的向外推力,

这些外推力必须由支座或抗拉环梁抵抗。四分之三球面穹顶也有五个支承点，但产生向内的推力，必须由楼板或抗压环杆抵抗（Corkill, et al., 1993）（图 6.7）。

集中荷载由两个相邻弦杆对应的桁架抵抗。分割频率少、弦杆较长的桁架其桁架高度较高（且抵抗集中荷载的能力强）。随着分割频率的增加，桁架高度减小，进而抵抗集中荷载的能力亦降低。大型穹顶如何抵抗集中荷载的问题，可以通过建立双层结构增加桁架高度来解决，这样可以沿着上层网格划分线有效地形成一个空间刚架（图 6.8）。单层穹顶（无表面厚度）的跨度大约不超过 100 英尺（30 米），大于此跨度的穹顶应采用双层空间刚架结构（图 6.9）。

20 世纪 50 年代末，凯撒铝业公司（Kaiser Aluminum,Inc.）开始根据富勒的专利制造网格状穹顶。其采用具有边缘加强杆和交叉撑杆的菱形面板制造，将面板与网格刚架结合在一起构成一个模块。标准穹顶直径 145 英尺（44 米），小

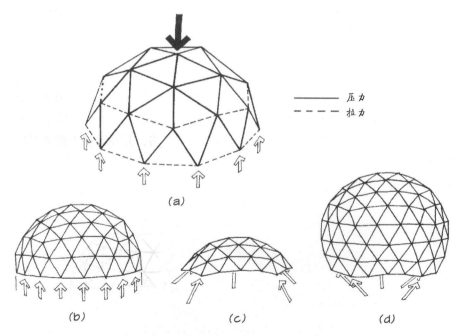

图 6.7　网格穹顶的荷载分布：（a）拉应力和压应力，（b）半球的支座反力，（c）四分之一球面的支座反力，（d）四分之三球面的支座反力。

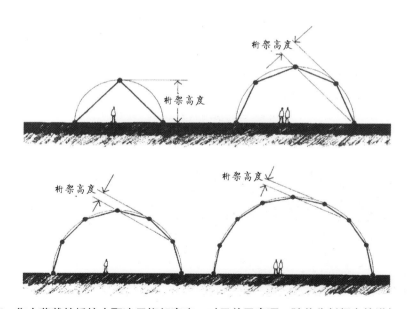

图 6.8　集中荷载的抵抗力取决于桁架高度。对于单层穹顶，随着分割频率的增加，桁架高度减小。

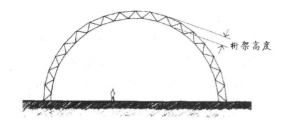

图 6.9　通过增加一层杆件创建空间刚架，可以增加大型穹顶的桁架高度。

于半球（有 5 个支点），它由 10 种不同规格的 575 块面板组成。第一个这种穹顶是在檀香山建造的，用时不到 20 小时（588 个工时），使用中间桅杆作为临时支承，在地面上从穹顶的顶部开始装配，随着逐圈装配，穹顶顶部逐渐被顶升到其设计高度，最终永久支承在预先建造的基础上。在几个月内，另外三个相同设计的穹顶也被建成（Editor，1958a）（图 6.10）。但富勒与凯撒公司设想的商业市场并未发展起来，不久就停止生产了。

图 6.10　凯撒公司制造的穹顶用作弗吉尼亚州弗吉尼亚海滩的会议中心。

在 20 世纪 60 年代末，这种高效能的网格状穹顶结构引起了非主流文化爱好者的兴趣，很多人开始自己动手建造穹顶建筑，特别是在美国。虽然网格状穹顶结构效能高而且吸引了很多人的建造兴趣，但是施工却存在很多问题。网格状

穹顶的防水层很难施工，门窗洞口会破坏穹顶结构的连续性。内部形状使标准建筑部件和家具难以安放。虽然这种问题在大型建筑中可以克服，但在小型住宅中则很难解决，当时它们的缺点多于优点（Van Loon，1994）。

网格穹顶结构案例研究 | Geodesic Case Studies

密苏里植物园人工气候室 | Missouri Botanical Gardens Climatron

人工气候室［1961 年，圣路易斯（St. Louis），密苏里州；建筑设计：墨菲和麦基事务所（Murphy and Mackey）；结构设计：协同公司（Synergetics, Inc.）］是一个四分之一球体状的温室，跨度 175 英尺（53 米），用于密苏里植物园收藏植物。该结构为双层空间框架，采用铝管组成六边形，六边形中点与各边节点用钢索拉结，六边形被索分割成多个三角形以保证网格稳定。穹顶支承在 5 个混凝土支座上，中心处高度 70 英尺（21 米）。最初的屋面是透明的丙烯酸玻璃嵌入三角形铝制窗框，悬挂在穹顶框架下（Editor，1961c）。随着时间的增长，3625 块丙烯酸面板开始退化，取而代之的是一个由更大的六角形玻璃板组成的独立玻璃外壳，与结构框架的图案相匹配（Freeman，1989）（图 6.11～图 6.13）。

图 6.11　密苏里植物园人工气候室，外部。

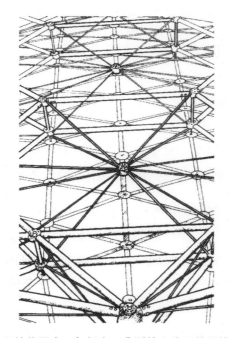

图 6.12 密苏里植物园人工气候室，典型的六边形单元的构造细部图。

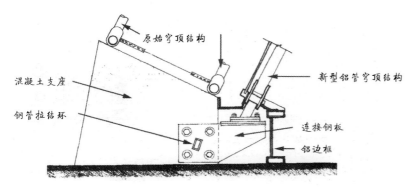

图 6.13 密苏里植物园人工气候室，剖面细部图展示了支座上的新玻璃结构与旧结构。

1967 年世博会美国馆 | United States Pavilion，Expo 67

这个展馆［1967 年；蒙特利尔；穹顶建筑设计：布克敏斯特·富勒和庄司贞夫事务所；结构设计：辛普森，甘佩兹和黑格尔工程公司（Simpon，Gumpertz，and Heger）］的设计目的是让游客惊叹美国先进的技术。这个四分之三的球状结构是最大的富勒穹顶，与内部展览区域［建筑设计：剑桥七人建筑事务所（Cambridge Seven Associates）］相互独立，展区包括一系列不同高度的平台，互相之间由扶梯或天桥连接，展品主要包含美国的艺术品、科学成就和技术（Editor，1966；1967）（图 6.14）。

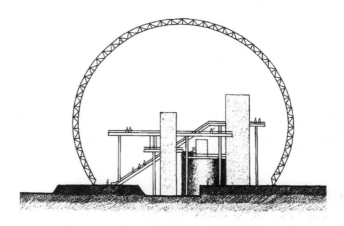

图 6.14 1967 年世博会美国馆，剖面图。

双层穹顶结构由三部分组成：外层采用三角形排列的杆件；内层采用六边形排列的杆件；腹杆连接内外层杆件，穹顶直径为 250 英尺（76 米），高 200 英尺（61 米）。内部空间体积为 670 万立方英尺（19 万立方米），与纽约的西格拉姆大厦（Seagram's Building）大致相同。杆件采用星形钢节点连接，屋面板采用底边为六边形的透明亚克力制成，底部与内层杆件连接，向外层方向凸出。

　　为了控制太阳辐射热量的进入，每个六边形网格周围安装了六个三角形的开合塑钢遮阳板。当需要遮阳时，由光电池激活的马达将遮阳板拉向中心，每个马达控制 18 块三角形遮阳板，可遮盖 3 个相邻的六边形。随着太阳在天空中移动，遮阳角度是可以变化的。

　　不管主体结构和太阳控制系统有多复杂，建筑物表皮的耐火性都是一个缺陷：1977 年的一场大火使它只剩骨架。1994 年，残存的结构骨架被改造成讲解中心，主要讲解圣·劳伦斯河（St. Lawrence River）及其水源。被损坏的玻璃被移除，留下了网格骨架作为原始遗迹展览。内部取而代之的是一座独立建筑展厅［建筑设计：布劳恩，福彻，奥伯丁，布罗德厄，高瑟尔建筑事务所（Blouin Faucher Aubertin Brodeur Gauther Architects）］、办公室、餐厅和外露框架的其他设施（Ledger，1994）。

小结 | Summary

1. **网格状穹顶**是一种球形的空间网格结构，它通过布置在球面穹顶上的线性构件将荷载传递到支承构件上，其中所有的构件都处于轴向应力状态（拉伸或压缩）。

2. 网格状穹顶的基本几何单元有五种正多面体：**四面体、立方体、八面体、十二面体和二十面体**。

3. 这些正多面体具有以下特点：所有的面都是规则多边形，所有的边都等长，每个**顶点**（点）都会有相同数目的面。在每种情况下，顶点都会外接于一个球体。

4. 网格状穹顶是通过一次或多次细分正多面体得到的。

5. 八面体和二十面体是由三角形组成的，本身是稳定结构，因此也是大多数网格状穹顶结构的基本组成单元。

6. 分割**频率**越高，穹顶就越平滑。

7. 在网格状穹顶结构中，荷载通过杆件以轴向力（拉力和压力）的形式传递给地基。

8. 半球状穹顶在均布荷载作用下，所有上部构件（大约 45° 之上）均受压；下部近水平方向的构件受拉，近竖直方向的构件受压。

9. 半球穹顶的底部构件是竖向的，底部基线接近水平，并产生少量的向外推力。

10. 四分之一球面穹顶（约为半球高度的一半）有五个支承点，会产生很大的向外推力，这些外推力必须由支座或拉力环梁加以抵抗。

11. 四分之三球面穹顶也有五个支承点，但产生向内的推力，必须由楼板或抗压环杆抵抗。

第 3 部分　框架体系

Framed Systems

　　框架体系通过水平构件（例如**梁和板**）和竖向构件（例如**立柱和承重墙**）将荷载传递至地面，可以抵抗内部力矩作用产生的弯曲和屈曲。

第 7 章　柱和墙
Columns and Walls

竖向的结构构件包括**柱**和**承重墙**。

柱 | Columns

柱子是墙的加固部分，从地基竖直向上……一排柱子实际上就是一面在有些地方敞开的不连续墙。

——莱昂·巴蒂斯塔·阿尔伯蒂（Leon Battista Alberti）

如果这个柱子本身不是一座纪念碑，人类将不得不竖立一座特殊的纪念碑来纪念它。

——爱德华多·托罗哈

柱子是一种线性（通常是竖向的）结构构件，沿其轴线受压力。柱子的承载能力因其相对长度而异。

柱长 | Column Length

承受过大压力荷载的**短柱**会由于**压碎**而失效。承受持续增加压力荷载的**长柱**会突然**屈曲**（侧向弯曲）。该临界压力荷载值是构件的**屈曲荷载**，是受压构件的极限荷载，其中如果材料在受压时足够强（例如钢），仅需要一个小的横截面积，从而形成细长的构件（图 7.1）。

即使严格沿着柱子中心轴加载，并且构件性质完全相同，也会发生这种屈曲现象。一旦柱子弯曲偏离竖直方向并开始在中心弯曲，两端和中心之间的错位会导致力臂的增加，从而进一步加速弯曲。因此，一旦柱子开始屈曲，它就会突然失效，毫无预警（不像其他逐渐失效的结构那样）。

柱子的屈曲荷载取决于其长度、横截面积和形状以及端部连接的类型。柱子长度的增加降低了其屈曲荷载。对于相同的横截面，柱子的长度加倍将使屈曲荷载降低至 25%。换言之，屈曲荷载与柱长的平方成反比。柱子的有效长度可以通过在中间高度提供横向支承而减半（图 7.2）。

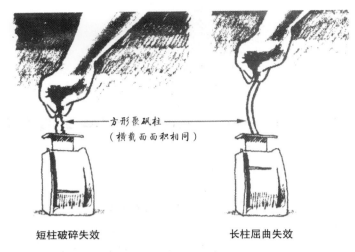

图 7.1 柱子的压碎和屈曲破坏的模型演示。

短柱破碎失效   长柱屈曲失效

方形聚砜柱
（横截面面积相同）

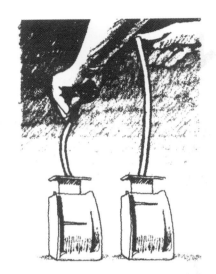

图 7.2 柱长对屈曲荷载产生影响的模型演示。

帆船上的桅杆就像一根柱子；横撑是压杆，一般支承在桅杆和横桅索（支承桅杆顶部的缆索）之间。当将桅杆的侧向荷载（由屈曲倾向引起）转移到横桅索时，会增加桅杆顶部的压力荷载，而这一点将被柱子长度减半所抵消，并将屈曲荷载增加到 400%（图 7.3 ）。

柱形 | Column Shape

柱子将沿着阻力最小的路径屈曲。如果横截面在两个方向上的宽度不相等，则会在长细比最大的轴上发生屈曲。对于由相同数量的材料构成的柱子，其构成材料远离横截面中心的柱子大多具有较高的屈曲荷载（图 7.4 ）。**惯性矩**是衡量物体中心周围材料如何分布的量，当所有的材料都集中在中心（例如实心圆棒）

横撑

图 7.3 横撑的作用是为帆船桅杆的中部提供横向支承。

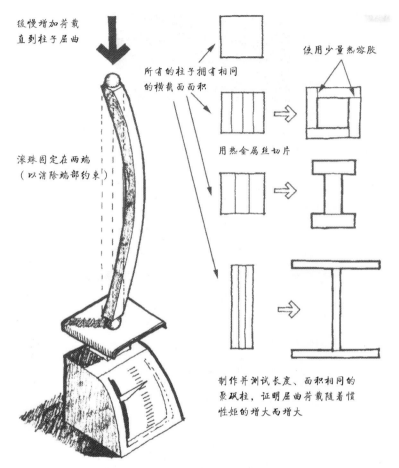

缓慢增加荷载
直到柱子屈曲

所有的柱子拥有相同
的横截面面积

使用少量热熔胶

滚珠固定在两端
（以消除端部约束）

用热金属丝切片

制作并测试长度、面积相同的
聚砜柱，证明屈曲荷载随着惯
性矩的增大而增大

图 7.4 柱形对屈曲荷载产生影响的模型演示。

时，惯性矩最小。当材料分布在离中心最远的位置时（例如空心管），惯性矩最大。屈曲荷载与惯性矩成正比（图 7.5 ）。

竹节形成隔板，
有助于保持外壳
的圆柱形

图 7.5 竹子的几何结构使它成为柱子的有效形状，圆柱形柱子将材料分散在远离中心的位置，从而产生较大的惯性矩。这种形状是由接头处自然形成的实心隔板维持的，从而防止圆柱体压碎和屈曲。

端部约束 | End Restraints

限制细长柱端部的横向移动与旋转的约束对柱子屈曲荷载有相当大的影响。每端**铰接**（允许旋转，但阻止横向移动）的柱子将以平滑的连续曲线屈曲。底部**固定**（旋转和横向移动均被阻止）和顶部**自由**（允许旋转和平移）的柱子将表现为铰接柱的上半部分，其有效长度为实际长度的两倍，其屈曲荷载为铰接柱的 25%（记住，屈曲荷载与有效长度平方的倒数成正比）。固定一端与铰接另一端的效果是将有效长度减少到铰接柱的 70% 左右，其屈曲荷载增加到 200%。固定两端进一步减少有效长度（至一半），并将屈曲荷载增加至 400%。因此，对于相同实际长度、材料和横截面的柱子，各种端部约束可能导致屈曲荷载值产生 8 倍幅度的变化（图 7.6 ）。

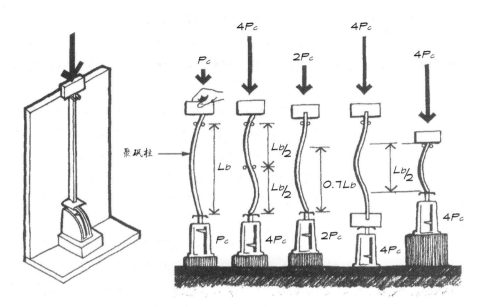

图 7.6　端部约束对柱子屈曲荷载产生影响的模型演示。

承重墙 | Bearing Walls

杰克逊像石墙一样屹立在那里！
　　——伯纳德·埃利奥特·比［Bernard Elliott Bee，描写布尔河战役（Battle of Bull Run）中的托马斯·乔纳森·杰克逊将军（Thomas Jonathan Jackson）］

在我建成一堵墙之前，我会问自己墙会往里挤还是往外挤。
　　　　　　　　　　　　　——罗伯特·弗洛斯特（Robert Frost）

　　承重墙是在一个方向上连续的受压构件，它将竖向荷载逐渐分布到支承（通常是土壤）上。承重墙不同于连续排列的相邻柱子，其能力是沿长度（作为梁；图 7.7）向外分布荷载，并在墙平面内提供平面内水平抵抗力（横隔梁；图 7.8）。这两种作用都是由墙体内产生的内部剪应力引起的。

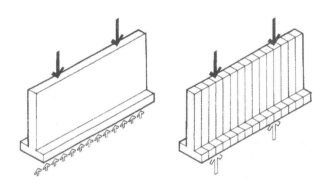

图 7.7　由于竖向抗剪力，承重墙沿其长度方向将集中荷载转化为分布荷载；施加在连续一排柱子上的相同的荷载仍集中在单根柱上。

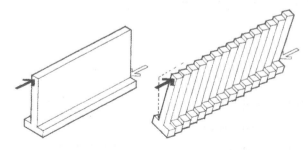

图 7.8　由于水平抗剪力（横隔梁作用），承重墙沿其长度提供横向稳定性；这在连续的一排柱子中是缺乏的。

通常传统的砖墙都是后倾的（底部较厚），这提供了更大的横向稳定性（三角形本质上比矩形更稳定）。此外，这在底部提供了更大的承载面积，以将荷载分配给地基。在当代的砖石建筑中，同样的效果是通过使用钢筋将墙面固定在扩展基础上实现（图 7.9）。

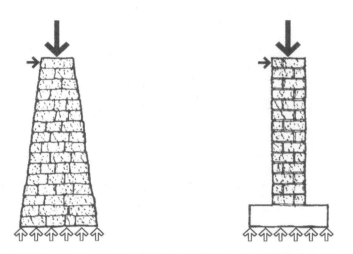

图 7.9 后倾的墙体和扩展基础的墙体能够抵抗倾覆，同时将竖向荷载分布在底部更大的区域。

在多层建筑中，承重墙不仅必须承载上一楼层的重量（及其自身重量），而且必须承载上面所有楼层和墙体的累积重量。因为这些荷载是累积的，它们在底部附近增加，所以必须增加底部墙厚以承载增加的荷载，维持应力在可接受范围。此外，在使用多层承重墙时，施工顺序也很复杂，因为在安装楼层结构时，通常必须在每个楼层停止墙体的施工。由于这些原因，现代建筑通常使用框架结构（柱和梁）来支承上方墙体和地板的荷载，而不是承重墙。

砖石承重墙与预制混凝土板的组合是一个例外。在这个体系中，泥瓦匠既建造墙体，又铺设地板，使得这种方法成为建造多层公寓和酒店经济、快速的选择。

最后一道高墙：摩纳德诺克大厦 | *The last tall bearing wall*：*Monadnock Building*

摩纳德诺克大厦〔1891 年；芝加哥；建筑设计：伯纳姆与鲁特（Burnham and Root）〕是有史以来最高的砖石承重墙建筑之一（图 7.10 和图 7.11）。它也是最后一个大型砖石承重墙建筑，建造于框架结构刚出现时，后来框架结构取代承重墙成为高层建筑的首选体系。这座 16 层的建筑由两道贯穿整个建筑的承重墙组成。

这些墙的厚度从上层的 2 英尺（61 厘米）逐渐变宽到底层的 6 英尺（183 厘米）。竖向承重墙中开设弧形洞口以抵抗横向的风荷载，而铸铁柱子则提供内部支承。摩纳德诺克大厦达到了砌体结构的极限高度，承重墙本身的重量成为限制性的设计因素，进一步增加建筑高度将导致所需墙体厚度不成比例地增大。由于巨型的墙体，建筑的重量极大，建筑自建造以来已下沉 20 英寸（51 厘米）；设计师预计还将下沉 8 英寸（20 厘米）。

结构概念 | Structural Concepts

承重墙最适用于荷载分布相对均匀的地方（如托梁或密集梁）。当荷载集中时，它们会产生局部压应力较大的区域。虽然通过使用支托将集中荷载分布到更大的区域，可以降低这种集中力，但即使这样，两个集中荷载之间的区域也是不承担荷载的。

壁柱是承重墙在集中荷载作用下的加厚部分，它增加了受力面积并降低了压应力。它实际上是一个整合到承重墙中的柱子。在承重墙中的洞口处，洞口边缘的局部压应力会比较高（图 7.12）。

由于承重墙承受竖向压力荷载，其厚度与高度相比相对较薄，它可能倾向

图 7.10　摩纳德诺克大厦位于芝加哥,是迄今为止建造的最后一座砖石承重墙的高层建筑。

于横向屈曲(就像柱子一样)。由于砌体在受拉时固有的弱点,屈曲的薄砌体墙不能抗弯。壁柱可用于加固承重墙,却又不会使整个墙体增厚。或者,墙体可以

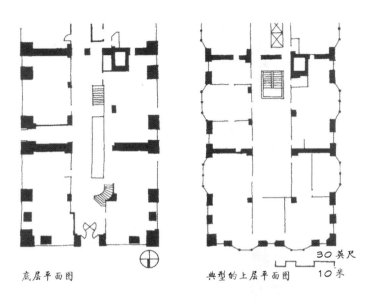

底层平面图　　　　　典型的上层平面图　　　30 英尺 / 10 米

图 7.11　摩纳德诺克大厦局部平面图。注意外承重墙的厚度如何从 2 英尺增加到 6 英尺(61 厘米到 183 厘米),以便承受上面地板和墙体的累积荷载。

通过在两个单独的夹层中增加壁柱(内部加劲肋)进行加固,形成相当于"H"形柱的墙体。这种内部加劲肋可以抵抗由于单层墙体屈曲产生的剪力(图 7.13)。

平行承重墙 | Parallel bearing walls

　　平行承重墙通常用于多户住宅。它们不仅为每个单元的地板和屋顶提供主要支承,而且还用于隔离单元,以进行隔音和防火控制。平行承重墙对于联排住宅(row-house)和联立住宅(town-house)的平面图尤为合适,因为每个单元都可以从两侧进入,方便出入、观景和通风(程大锦,1979)(图 7.14)。

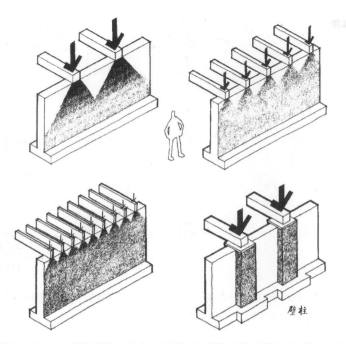

图7.12 荷载分布和开口对承重墙应力集中的影响,壁柱实际上是一个整合到墙中的柱子,以承受集中荷载。

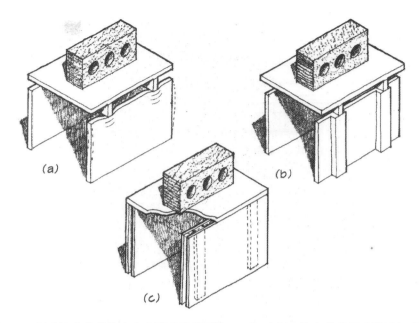

图7.13 承重墙中荷载集中产生影响的模型演示:(a)梁下集中荷载导致的局部破坏;(b)壁柱通过增加面积减少应力;(c)带内部加劲肋的空心墙,以防止屈曲。

一般屋顶和地板结构构件的跨度方向通常垂直于其所在的平行承重墙,垂直方向(平行于跨度)的外墙通常是非承重墙。这样在不影响承重墙结构完整性的情况下,可以容纳大开口(图7.15)。

横向稳定性 | Lateral stability

墙体承受的竖向力与横向力的合力作用点在墙体底部横断面之外的区域时,承重墙会倒塌。如果是未配筋的墙体,为了避免墙体断面中产生拉应力,所有横向力和竖向力的合力作用点应分布在墙体断面靠中间的三分之一处。

虽然增加墙厚可以增加墙体的横向稳定性(图7.16),但改变墙体的平面几何形状是一个更有效的选择。在墙体上加上一个垂直于墙体的翼缘墙可以支承它,并大大增加它的抗侧力能力。通过相交和弯曲的墙体可以实现同样的效果(图7.17)。托马斯·杰斐逊(Thomas Jefferson)利用这一原理,使他为弗吉尼亚大学设计的蛇形墙体的厚度只有一层砖厚(图7.18)。路易斯·康使用"U"形墙在特伦顿浴室(Trenton Bath House,图7.19和图7.20)和胡尔瓦犹太教堂(Hurva Synagogue)(Ronner, et al., 1977)中也实现了类似的效果。

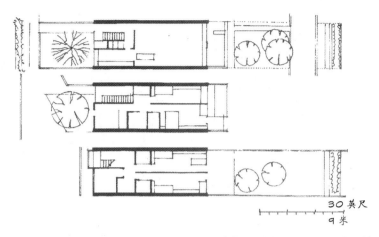

30 英尺
9 米

图 7.14　海伦住宅［Siedlung Halen，1961 年；伯尔尼，瑞士；建筑设计：第 5 工作室
　　　　　（Atelier 5）］平面。这一多户住宅的开发利用了平行的砖石承重墙，为地板
　　　　　和屋顶提供支承，设计了单元之间的隔音和防火隔离以及两端的通道和通风口。

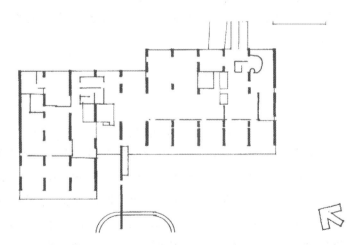

图 7.15　萨拉巴伊住宅［Sarabhai residence，1955 年；艾哈迈达巴德，印度；建筑设计：
　　　　　勒·柯布西耶（Le Corbusier）］利用平行承重墙来组织平面图，并允许在垂直
　　　　　于承重墙的方向设立大窗户开口。

图 7.16　美国西南部普韦布洛（Pueblo）建筑中使用的土坯砖，砌体抗压强度相对较弱（抗
　　　　　拉强度更弱），单层建筑也需要用厚墙。这一厚度提供了足够的横向抗风能力，
　　　　　而不需要任何额外的支承。

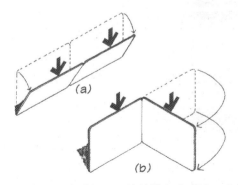

图 7.17　演示图使用平面几何原理来增加承重墙的横向稳定性：（a）卡片代表平面墙体
　　　　　的横向不稳定；但（b）将卡片折叠，形成垂直角使其稳定。

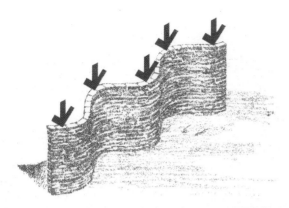

图 7.18　蛇形砖墙（如托马斯·杰斐逊在弗吉尼亚大学设计的那些墙体）使用平面几何原理实现墙壁的横向稳定性，并允许使用单层砖。

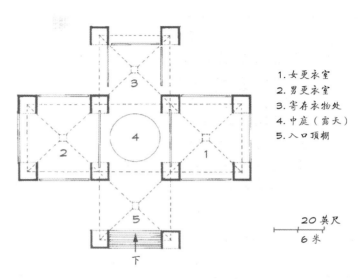

1. 女更衣室
2. 男更衣室
3. 寄存衣物处
4. 中庭（露天）
5. 入口顶棚

20 英尺
6 米

图 7.20　犹太社区中心浴室，平面图。"U"形承重墙的几何结构在提供封闭服务和循环功能的同时也具有足够的横向稳定性，这是康区分服务空间与被服务空间设计的一个例子。

图 7.19　犹太社区中心浴室（1953 年；特伦顿，新泽西州；建筑设计：路易斯·康），庭院。

栖居地 67 号 | Habitat 67

栖居地 67 号［1967 年；蒙特利尔；建筑设计：莫瑟·萨夫迪（Moshe Safdie）］是为 1967 年世博会批量制造的一个住宅示范项目。它由 354 个预制混凝土模块化承重墙建筑单元组成，这些单元像玩具积木一样组装在一起，创造出 158 个住宅单元。总的来说，该项目有 18 种不同的外壳类型，基于一个外形尺寸为 17.5 英尺 ×38.5 英尺 ×10.5 英尺（5.3 米 ×11.7 米 ×3.2 米）的箱式单元。由于每个箱式单元都能承受荷载，因此它们可以堆放成各种形式，通过后张拉索进行连接。最终，每个单元都有一个开放式花园（通常位于相邻单元的屋顶上），可以从多个方向观景（Safdie，1974）（图 7.21 和图 7.22）。

图 7.21　栖居地 67 号使用堆叠的承重墙盒子组装成各种各样的住宅单元，每一个单元都有一个花园和多个观景角度。

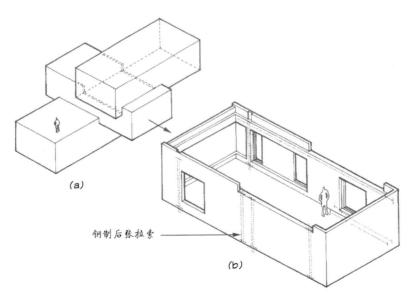

图 7.22　栖居地 67 号：（a）典型单元组群，（b）典型预制混凝土住宅单元展示了后张拉索的位置布局。

小结 | Summary

1. **柱子**是一种线性（通常是竖向的）结构构件，沿其轴线承受压力。

2. 承受过大压力荷载的**短**柱会由于**压碎**而失效，承受持续增加压力荷载的**长**柱会突然屈曲（侧向弯曲）。

3. 柱子长度的增加降低了其**屈曲荷载**。

4. **惯性矩**是衡量物体中心周围材料如何分布的量。屈曲荷载与惯性矩成正比。

5. 柱端条件包括**铰接**（允许旋转，但阻止横向移动）、**固定**（旋转和横向移动均被阻止）、**自由**（允许旋转和平移）。

6. **承重墙**是在一个方向上连续的受压构件，它将竖向荷载逐渐分布到支承（通常是土壤）上。它们最适用于荷载分布相对均匀的地方（如托梁或密集梁）。

7. 在提高承重墙的横向稳定性时，改变几何形状比增加质量更有效。

8. **壁柱**是承重墙在集中荷载作用下的加厚部分，以降低压应力。

第 8 章　梁和板
Beams and Slabs

水平的结构构件包括**梁**和**板**。

梁 | Beams

当这个梁被放到两个柱子上并连接起来的时候，就在这一瞬间！如施了魔法，就像两个化学元素结合在一起那样理所当然又不可避免，建筑中的科学就在这一刻体现出来，一种新的力量或者说产品也随之产生。

——路易斯·亨利·沙利文 | Louis Henry Sullivan

梁是受到垂直于长轴的荷载作用的线性构件，这样的荷载就是弯曲荷载。

弯曲（bending）是构件在垂直于其最长轴的荷载作用下弯曲的变形趋势。弯曲导致构件的一个面延伸（处于拉伸状态），而另一个面缩短（处于压缩状态）。由于这些张拉应力和压缩应力同时存在而且平行，故剪应力也存在。

梁是受弯构件中最常见的一种。对于一般的结构问题，这是将重力荷载水平转移到受力构件的最直接解决方案（图 8.1）。

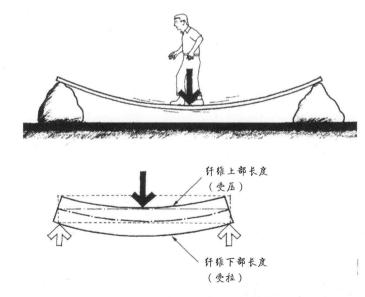

纤维上部长度
（受压）

纤维下部长度
（受拉）

图 8.1　一根简支梁在承受荷载时，上部纤维受压，下部纤维受拉，中间的纤维长度不变。

梁的应力 | Beam Stresses

例如，一根中心受力的两端简支梁，施加的中心荷载（以及梁本身的静荷载）使直梁弯曲。当梁弯曲时，内部所有纤维也会弯曲。最接近梁凸起面的纤维（在这种情况下为底部）有拉伸的趋势，产生平行于面的拉伸应力。梁（顶部）凹面附近的纤维有缩短的趋势，产生压缩应力（同样平行于面）。梁中心的纤维长度不变，保持中性状态（既不拉伸也不压缩）。最大的应力发生在外表面，并在**中性**（中心）轴上逐渐减小到零（图 8.2 和图 8.3）。

主应力迹线 | Stress contours

认为简支梁顶部受拉、底部受压的观点是一种过度简化。实际上，主应力迹线是弯曲且交叉的（图 8.4）。当拉应力和压应力迹线交叉时，它们总是垂直的。主应力迹线之间的间距表示该区域的应力集中程度（密集的地方表示应力高度集中）。

材料 | Materials

制作梁的最佳材料是那些抗拉和抗压强度相近的材料。木材和钢材是满足这个条件的合适材料。混凝土和砌体材料的抗压强度相对较大，抗拉强度较小。因此，古希腊神庙里发现的石**过梁**（一种短梁）跨度都很短，并且与其长度相比梁高都很大。

受拉钢筋 | Tension reinforcement

混凝土的抗拉强度较小，在结构设计中甚至没有考虑。混凝土梁必须用钢筋加固以防止受拉开裂。由于钢筋的作用是抵抗拉应力，所以它们总是位于梁凸起的一侧（图 8.5）。

这些相反的内力产生了抵抗力矩。如果压力和拉力之间的距离很小（如在浅梁中），那么这些力必须很大，以便产生必要的力矩来抵抗弯曲。如果内力之

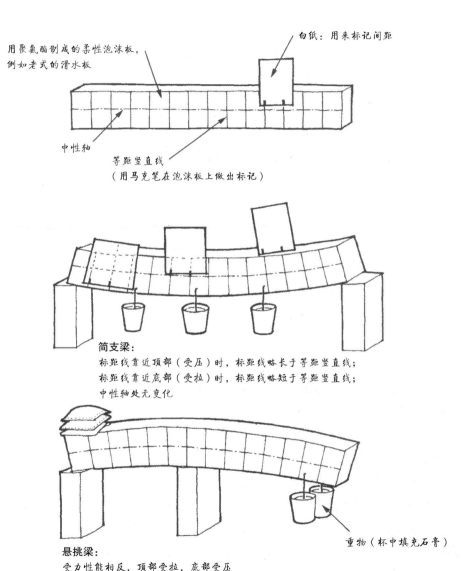

图 8.2　模型演示中梁的拉应力、压应力以及应变。

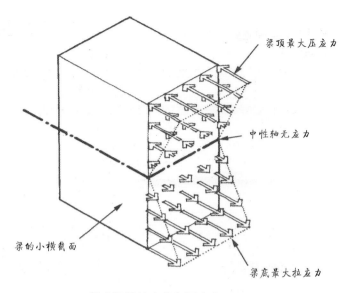

图 8.3 简支梁的拉应力和压应力。

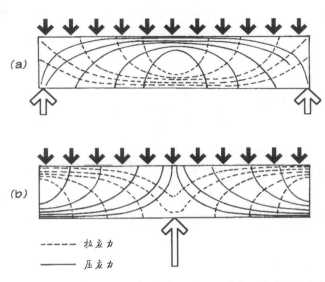

----- 拉应力
———— 压应力

图 8.4 梁的应力分布：（a）端部支承，（b）中心支承。注意：当主应力线相交时，它们总是垂直的；拉应力和压应力迹线对称；主应力迹线密集的地方表示应力相对集中。

间的距离很大（如在深梁中），那么这些力即使很小，仍然可以产生所需的抵抗力矩。

预应力和后张拉混凝土梁 | *Prestressed and posttensioned concrete beams*

即使在梁中加了钢筋，凸面上也会出现小的拉裂缝。这是因为钢筋只有在开始拉伸后才能产生拉力——事实上，必须先有少量的弯曲（和挠度），之后钢的拉力才能发挥作用。可以通过在浇筑混凝土之前将钢筋**预张**（prestressing）在梁模板上，并在混凝土硬化时保持这种张力来防止裂缝。当施加在钢筋端部的拉力被释放时，钢筋收缩使周围的混凝土处于压缩状态（图 8.6）。

另一种做法是，对安装在混凝土孔道中的钢筋进行**后张拉**（posttensioned），

使钢筋与混凝土之间没有黏结。混凝土硬化后，钢筋被张紧，产生后张力（类似于预应力的效果）（图 8.7 和图 8.8）。

梁的剪应力 | Shearing Stresses in a Beam

由于梁的上、下表面所受的拉应力和压应力是平行的，但方向相反，它们沿梁的长度产生剪切力。如前所述，为了使梁内的单元保持平衡，这种水平剪切作用必须由相应的竖向剪切力平衡（图 8.9）。

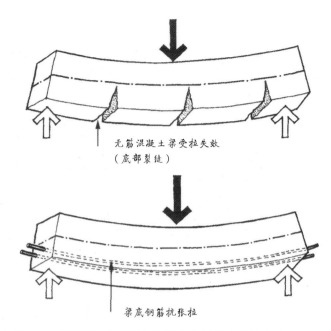

图 8.5　无钢筋和有钢筋加固的钢筋混凝土梁的弯曲。

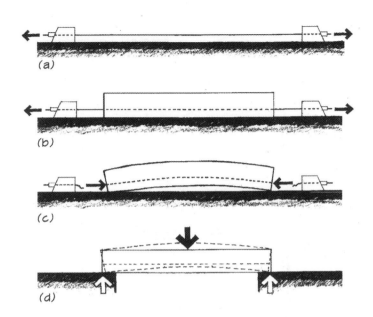

图 8.6　预应力混凝土梁：（a）采用液压千斤顶在台座之间预张拉高强钢筋；（b）预应力钢筋周围浇筑混凝土并硬化；（c）混凝土硬化后，钢筋被切断，如果钢筋在梁的下部，切断钢筋后相当于在这一水平面上对梁的两端施加一个压力，这导致梁向上弯曲，产生一个拱度；（d）当加载时抵消了梁产生的挠度。

这种抗剪切能力对梁的抗弯性能至关重要。将一根实心梁与一根由相同材料的薄片叠加而成的类似尺寸的组合梁进行比较。在相同荷载作用下，薄片往往会发生滑移，产生比实心梁大得多的挠度。这就是为什么由几层胶合在一起的木板构成的层压木梁比同样层数未胶合木板的梁要坚固得多的原因（图 8.10）。在现代黏合剂发明之前，通过使用**键**防止多层复合木材梁之间的剪切滑移，也达到了类似的效果（图 8.11）。

这些剪切力有将正方形截面扭曲成一个平行四边形的趋势，沿着平行四边形的对角线方向产生等效的拉应力和压应力。这将导致梁表现出桁架特性（图 8.12~图 8.14）。

梁的挠度 | Beam Deflection

影响简支梁挠度的因素包括**跨度**、**梁高**和**梁宽**、**材料**、**荷载位置**、**截面形状**和**纵向形状**。

跨度 | Span

梁的挠度以跨度的**立方**迅速增大。如果跨度增加 1 倍，挠度增加至 8 倍（图 8.15）。

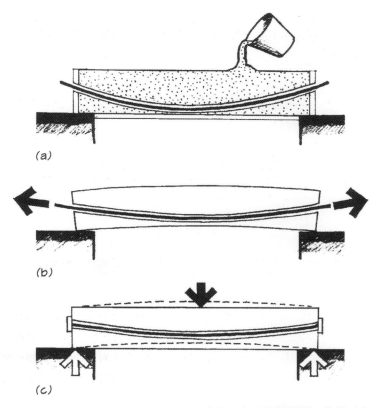

图 8.7　后张拉混凝土梁：（a）模板就位，将装有无应力钢筋的空心管搭到位，管周围浇筑混凝土；（b）混凝土硬化后，在梁端用千斤顶张拉钢筋；（c）在模板和千斤顶拆除后，钢筋由两端锚具固定。

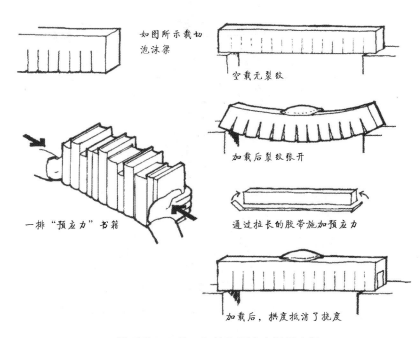

图 8.8　模型演示无筋、加筋和预应力混凝土梁。

梁宽和梁高 | Width and depth

　　矩形梁的挠度随截面尺寸而变化。挠度与梁宽成反比。梁宽加倍，挠度减半；将宽度增加至 3 倍，挠度将降低到 1/3。梁高的变化对挠度的影响更大，挠度与梁截面高度的三次方成反比。高度加倍可使挠度降低至 1/8。因此，增加梁高比增加梁宽更能有效地增强梁的刚度（图 8.16）。

材料强度 | Material strength

　　对于相同尺寸的梁，挠度与材料的弹性模量成反比（图 8.17）。铝梁的挠度是同等钢梁的 3 倍（钢梁的弹性模量是铝的 3 倍）。

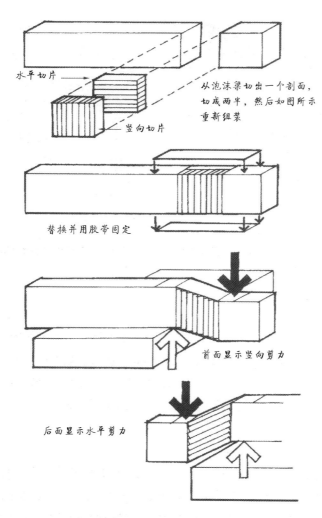

图 8.9　模型演示梁中的局部水平剪力和竖向剪力。

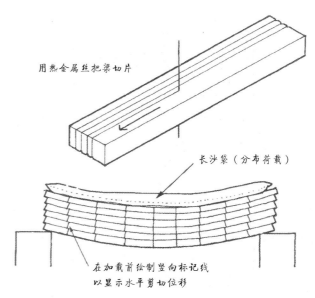

图 8.10　模型演示梁的水平剪力如何阻止层间滑动。

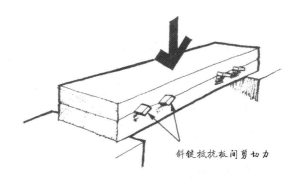

图 8.11　传统分层木梁。用木键来防止层与层之间的剪切滑移。

荷载位置 | Load location

跨中挠度受荷载位置的影响,随着荷载从支座向跨中心移动而增大(图 8.18)。

截面形状 | Cross-sectional shape

梁的一个问题是截面中心附近材料的内在应力不足。如前所述,梁在弯曲过程中最大的内部拉应力和压应力发生在最外层的纤维上,并在中心(中性轴)

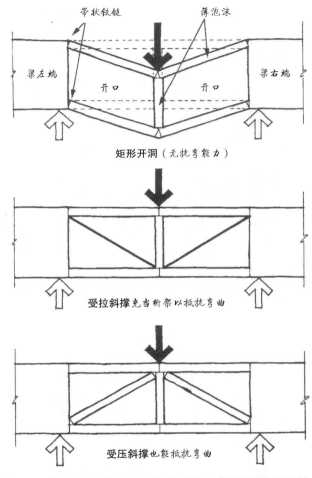

图 8.12　模型演示了梁中心部位的抗弯方式表现出桁架特性。

处减小到零。如果梁的截面是均匀的（例如矩形），这意味着这些外部纤维承受的应力最大，而梁的中心基本不受力。由于中心部分的强度没有得到充分利用，因此这种矩形梁的抗弯性能相对较差。在不影响梁整体抗弯性能的前提下，可以

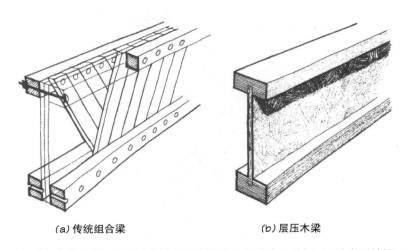

图 8.13　（a）组合梁为桁架结构，能够抵抗上下弦之间的水平剪切。这种类型的梁已被（b）层压木梁所取代。

去除中性轴附近的大部分材料。换句话说，随着实际抗弯强度的增加，梁的大部分材料分布在尽可能远离中性轴的位置。因此，使大多数材料尽可能远离中性轴的梁截面（箱形和"I"形）是利用率最高的。由于"I"形比箱形截面更容易制造，宽翼缘已成为现代钢梁结构的首选形状（图 8.19 和图 8.20）。

梁的纵向形状 | Longitudinal beam shape

　　就像梁的横截面可以通过使上下翼缘的材料最大化来优化一样，梁的纵向形状也可以做类似优化，方法是通过调整梁的截面高度，使其在沿梁长度方向弯矩最大的地方达到最大值（随着梁高的增加，较小的内部拉压应力可以产生相同的内阻力矩）。对于沿其长度均匀加载的简支梁，梁的最大高度位于跨中，然后到两端逐渐变小。端部支座弯矩为零（假设为铰连接和滚轴连接），不需要任何高度来抵抗弯矩；此时，梁高主要由剪力控制（图 8.21 和图 8.22）。

图 8.14 弗雷兹·维辛蒂尼（Franz Visintini，瑞士，1904）生产的预制混凝土格构梁。
这种大规模生产的桁架梁的顶部和底部弦的厚度可以根据预期的荷载而变化。

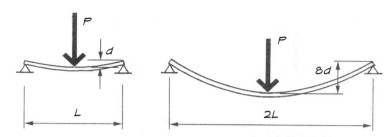

图 8.15 跨度对挠度的影响。挠度与跨度的三次方成正比。

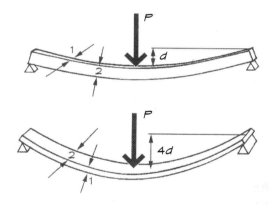

图 8.16 梁的高度和宽度对挠度的影响。挠度与宽度成反比，同时挠度和高度的三次方成反比。

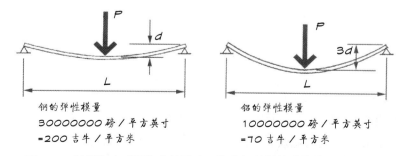

图 8.17 材料强度对梁挠度的影响。挠度与材料的弹性模量成反比。

空腹梁 | *Vierendeel beams*

　　减少梁中心材料的一种方法是使腹板更薄（图 8.19）；另一种方法是在腹板上开口，在顶部和底部翼缘之间留下连接支柱。如果这些开口是三角形的，梁就像桁架一样，使用三角形的几何形状不仅可以分离上下弦，还可以承受剪力。竖向杆件也可起到同样的作用，但为了抵抗上下弦之间的水平剪力，必须固定竖

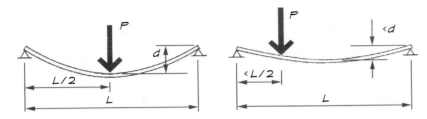

图 8.18　荷载位置对梁挠度的影响，随着荷载向中心移动，梁的挠度加大。

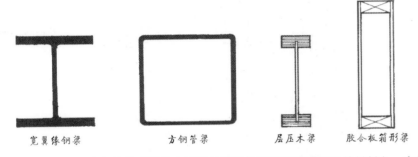

宽翼缘钢梁　　方钢管梁　　层压木梁　胶合板箱形梁

图 8.19　木梁和钢梁的有效截面形状（以及其他受拉和受压强度相近的材料）。在保持连接的情况下，当材料尽可能远离中性轴分布时，抗弯强度会增加。例如，宽翼缘钢梁腹板构件的作用是分离上部和下部翼缘（提供了大部分的抗拉与抗压能力），并且提供必要的水平剪切阻力，防止翼缘相互滑动。

向杆件与翼缘板之间的节点，以防止矩形受剪成平行四边形（因为三角形的几何稳定性，桁架节点可以是铰接的）。空腹梁［有时误称为"空腹桁架"（vierendeel truss）］，是一个相对低效的结构形式（与三角形桁架相比），梁中的直角开口可能更适合管道空间或通道等其他用途（图 8.23 和图 8.24）。

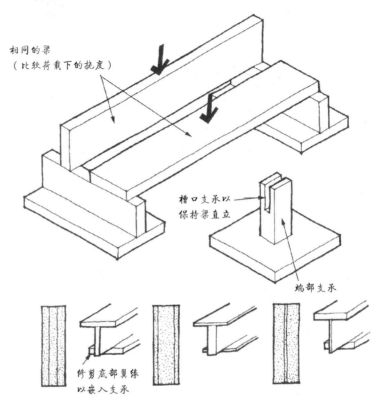

相同的梁
（比较荷载下的挠度）

槽口支承以
保持梁直立

端部支承

修剪底部翼缘
以嵌入支承

以不同的方式切割相同的聚砜梁，如图所示将切片黏合在一起（这样横截面面积相等）。比较相同荷载下的挠度。

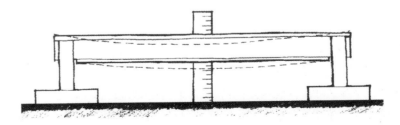

图 8.20　模型演示各梁截面相对抗弯能力对比。

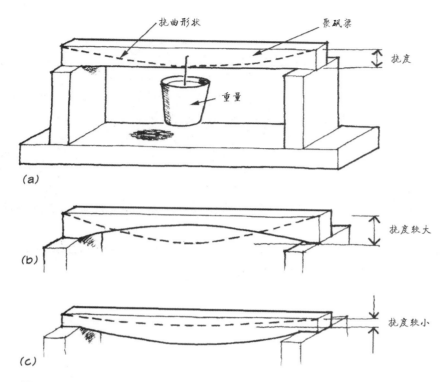

图8.21　模型演示不同形状纵向梁的抗弯能力对比。所有梁的总材料(包括材料种类、质量、体积)与施加的均布荷载相同。梁(c)的挠度最小,因为材料集中在跨中弯矩最大的地方。

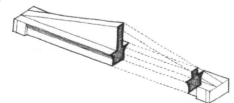

图8.22　锥形石梁,神庙(Hieron),萨莫色雷斯(Samothrace)(公元前4世纪晚期)。最大高度出现在跨中弯矩最大的地方。底部较厚,以弥补石头相对较小的抗拉强度。

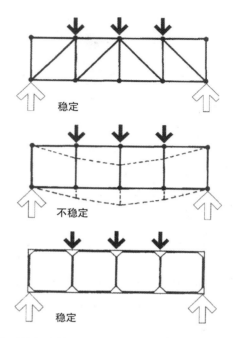

图8.23　模型演示三角形桁架(铰接稳定)与空腹梁(铰接不能使其稳定,必须采用固定节点)。

空腹梁案例研究:索克研究所 | *Vierendeel beam case study:Salk Institute*

　　在索克研究所[1965年;拉霍亚(La Jolla),加利福尼亚州;建筑设计:路易斯·康;结构设计:奥古斯特·爱德华·克曼登特(August Eduard Komendant)]中,康将深空腹梁用于实验室的楼板结构,因为在一个设有大量必需设备的研究实验室的整个使用寿命周期中,在不影响相邻楼层的情况下进行设备的重组是不可避免的,为适应这一需求,这种结构是必要的(图8.25)。在描

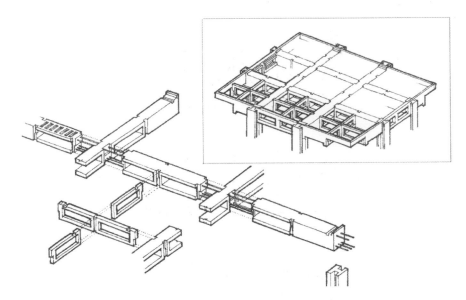

图 8.24　理查德医学实验室（Richards Medical Laboratory）使用的预制后张拉混凝土空腹梁，为管道和其他服务设备提供了可进入的空间（1964 年；费城；建筑设计：路易斯·康）。

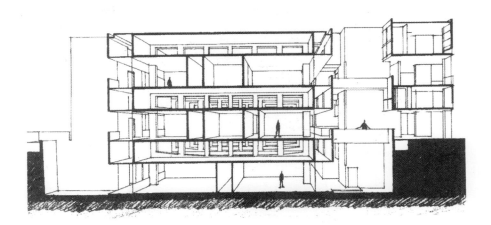

图 8.25　索克研究所，该截面展示了大型空腹框架，这使得实验室中可以不设柱子，同时提供一个可通行的"管道空间"。

述这种结构方法的设计过程时，康指出，"实验室被构想成工作层和设备层。三个工作层中每一个都有花园或能够看到花园的景色。每个实验室下面的空间实际上是一个管道实验室，维护人员可以在这里安装与实验相关的设备，并对管道系统进行改装。这解决了需要专用空间来满足实验设备特殊需求的问题。因为这些管道空间，实验室的建筑特点已经变得非常鲜明，以至于一个更吸引人、但从设计时就要考虑这种特点的建筑，已经被一个远不那么吸引人的建筑体系取代，但它能适应更多使用需求"（Ronner，et al.,1977）。

悬臂梁 | Cantilevers

> 梁、柱和拱是最简单的形式，也是最基本的命题。悬臂属于形态学范畴。
>
> ——路易斯·亨利·沙利文

悬臂梁是一端有固定支承的构件，其受力垂直于其轴线，从而引起弯曲。梁是一维悬臂；平板是二维悬臂。例如，一根固定在地面上并受侧向风荷载的柱子表现为竖直的悬臂梁。

应力分布 | Stress distribution

1638 年伽利略提出了一种认识悬臂梁弯曲属性的理论，进一步加深了对梁特性的早期认识。他错误地假设所有的纤维在拉伸时受力相同，压缩对弯曲没

图 8.26 伽利略对悬臂梁的研究。

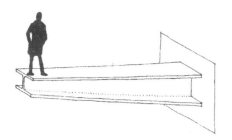

图 8.27 由于端部加载，悬臂梁的弯矩随着到端部荷载距离的增大而增大，因此在支座处需要最大的梁高，自由端处最小。这种锥形的形状对于悬臂梁来说是最有效的，弯曲应力沿长度保持相对恒定。

有任何影响（图 8.26）。大约 50 年后，法国物理学家埃德姆·马略特（Edme Mariotte）正确地推断出悬臂梁上半部分处于受拉状态，下半部分处于压缩状态（Elliott，1992）。可以发现，悬臂梁的应力分布与简支梁相似，只不过是倒置的。

最大力矩发生在支座（根部）附近，因为那里的力臂（到端部荷载的距离）最大。而且如果构件沿其长度截面不变，那么最大的弯矩即发生在支座处；随着与荷载的距离减小，弯矩逐渐减小。由于大部分悬臂梁截面上应力较小，等截面的悬臂梁比较低效。为了提高效能，梁高应是变化的，越靠近荷载端，截面越小，这样可以使得弯曲应力均匀分布（图 8.27~ 图 8.29）。

图 8.28 一棵棕榈树、一根旗杆、一艘帆船的无支承桅杆，都是底部刚性连接的竖向悬臂。注意，它们都是锥形的，这是最有效的悬臂。

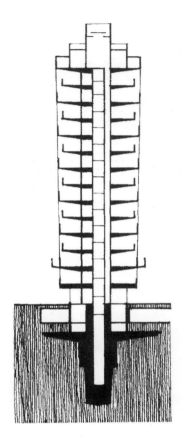

图 8.29 "研究塔"（Research Tower），约翰逊制蜡公司（Johnson's Wax Building）。唯一的竖向结构是由独特的"主梁"悬挑而成的钢筋混凝土核心，其设计是为了抵御侧向风荷载引起的倾覆力矩。

悬臂梁的挠度 | Cantilever Deflection

　　悬臂梁的挠度受长度、高度、宽度、材料和荷载位置、截面形状等因素的影响，与简支梁相似。悬臂梁的受力性能与倒立简支梁的一半相同（图 8.15～图 8.18）。

悬臂梁与悬挑梁的对比　Cantilevers versus Overhanging Beams

　　悬臂梁与悬挑梁有时容易混淆。悬挑梁有多个支承物，并延伸到最后一个简支（铰接）的支承物之外。它与悬臂梁的不同之处在于最后一个支座不是固定的，因此梁在通过柱的节点处可以自由旋转（图 8.30）。另一方面，如果悬挑梁的最后支承是固定的，则悬挑部分表现为一个真正意义上的悬臂。因此，最后一个支承的结构（简支的或铰接的，或固定的）决定了悬挑部分是否能称为"悬臂结构"。

　　中国的托架体系称为"斗拱"（tou-kung），它使用多层悬挑梁来分配荷载，从而减小了有效的梁跨，形成了一种视觉效果丰富的结构体系（图 8.31 和图 8.32）。

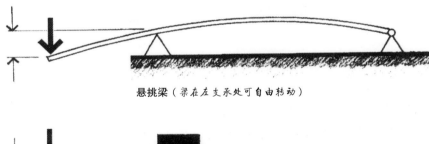

悬挑梁（梁在左支承处可自由转动）

悬臂梁（梁固定在左侧支承上）

图 8.30 悬臂梁和悬挑梁的比较。由于悬挑梁在简支支座处可转动，悬挑梁的挠度大于悬臂梁。如果悬挑梁支承是刚性的，则挠度与悬臂梁相同。

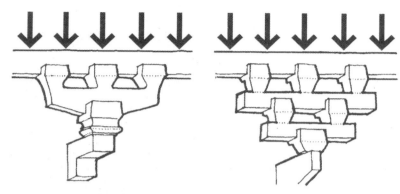

图 8.31　用于承担沿梁分布荷载的斗拱是一组连续的悬挑梁。

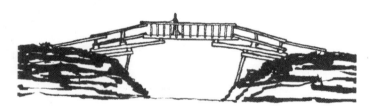

图 8.32　悬挑木桥［都得科西河（Dudh Khosi），尼泊尔］。悬挑木梁一端锚固在石下；悬挑端支承中心跨。

悬臂梁案例研究 | Cantilever Case Studies

巴里足球场 | *Bari Soccer Stadium*

悬臂结构的优势之一是，它能够提供支持，同时具有良好的视野，不受端部柱子的阻挡。巴里足球场（1989 年；巴里，意大利；建筑设计：伦佐·皮亚诺建筑事务所；结构设计：奥雅纳工程咨询公司）的结构使用悬臂作为主要设计元素（图 8.33 ～图 8.36）。为了举办 1990 年世界杯锦标赛，设计时需要关注的

图 8.33　巴里足球场，上层坐席之间的空间可容纳入口楼梯。

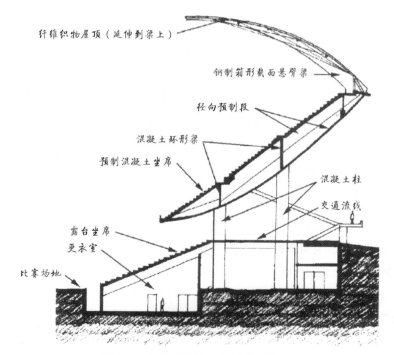

纤维织物屋顶（延伸到梁上）

钢制箱形截面悬臂梁

径向预制段

混凝土环形梁

预制混凝土坐席

混凝土柱

交通流线

露台坐席

更衣室

比赛场地

图 8.34　巴里足球场，看台剖面图。

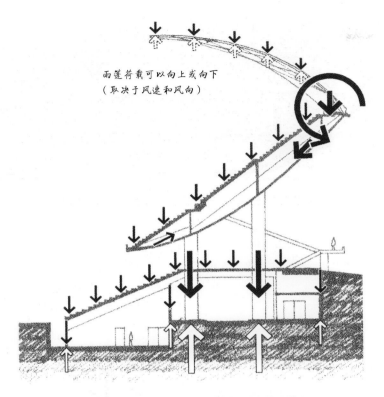

雨篷荷载可以向上或向下
（取决于风速和风向）

图 8.35 巴里足球场，荷载传递路径示意图。

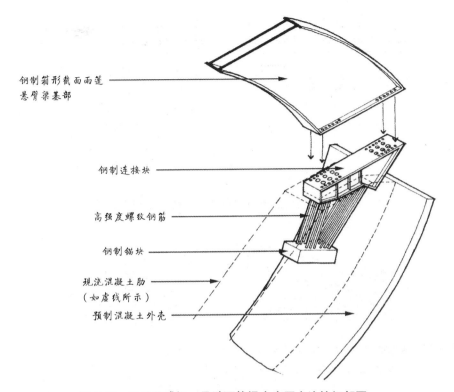

钢制箱形截面雨篷
悬臂梁基部

钢制连接块

高强度螺纹钢筋

钢制锚块

现浇混凝土肋
（如虚线所示）

预制混凝土外壳

图 8.36 巴里足球场，悬臂雨篷梁底座固定连接细部图。

一个重点是合适的观看距离和视线角度。坐席被分成上悬挑和下悬挑两层，既可以增加座位数量，又可以保持合适的观看距离。此外，该项目需要保证大部分座位在顶棚的遮蔽之下。大量的悬臂梁被用来支承悬挑的上层和顶棚，使得在坐席区没有任何阻碍视线的支承柱（Brookes and Grech，1992）。

上层坐席和顶棚由位于下层坐席后面的一对大型混凝土柱悬挑而成。每个柱的尺寸为 3.3 英尺 ×6 英尺（1 米 ×1.8 米）。上层坐席由两组弯曲的钢筋混凝土梁支承。这些弯曲的梁反过来支承混凝土"T"形梁（预制和现场施工组合制成），这些"T"形梁的悬臂超出了两端的支承。每个"T"形截面的梁由三个预制件在支承弯梁处连接而成。这种连接是通过使支承梁和"T"形截面的钢筋在连接处贯通形成的，从而形成固定连接。

顶棚是一种轻质钢结构和纤维织物结构。支承钢梁的截面是逐渐变小的箱形截面，梁由顶部的刚性螺栓固定并悬挑出来。随着与支座之间距离的增加，弯曲梁随着弯矩的减小而逐渐变细。这种钢结构覆盖着一层拉伸织物膜（玻璃纤维织物，有抗紫外线涂层）。

流水别墅 | *Falling Water*

最著名的悬臂结构之一是流水别墅［1936 年；康奈尔斯维尔（Connellsville），宾夕法尼亚州；建筑设计：弗兰克·劳埃德·赖特（Frank Lloyd Wright）］（图 8.37 和图 8.38）。该别墅位于一个树木繁茂的偏远地区，建在一条山间小溪上露出的一块引人注目的岩石上。赖特将它描述为"这是悬崖的一个延伸，几个露台就在山涧上，如果一个人真的爱这个地方，并且喜欢瀑布的声音，他一定会生活得很惬意"（Sandaker and Eggen, 1992）（图 8.37 和图 8.38）。

带有悬挑露台的建筑在空中看起来就像是在"拆解一个盒子"。
——弗兰克·劳埃德·赖特

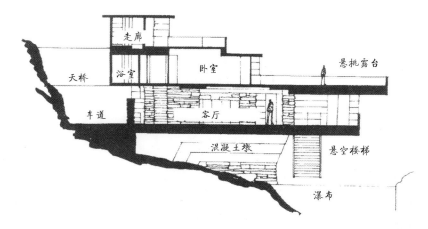

图 8.38　流水别墅，剖面图显示了悬挑的露台。

图 8.37　流水别墅，外部。

主体钢筋混凝土结构平台悬臂长度超过 16 英尺（5 米）。楼板梁和实心混凝土栏杆都有助于提高结构的抗弯性能。相比该结构在技术上的成就，更重要的是赖特使用悬臂的方式，利用独特的场地强调了水平线条，在视觉上创造出极其吸引人的效果，建筑似乎悬浮在下面的瀑布之上。

香港银行总部 | *Hongkong Bank Headquarters*

香港银行（1986 年；香港；建筑设计：诺曼·福斯特事务所；结构设计：奥雅纳工程咨询公司）共有 43 层（含 4 层地下室），总高度为 587 英尺（179 米）。不同楼层的入住率不同，一层是公共广场，三层是银行大厅，再往上是办公室，然后是经理室，接着是总部办公室，顶层是会议室和主席公寓。广场层的主要特色是一个 12 层的中庭空间，通过天窗和顶部的弧形反射镜采光。这种设计要求在地面区域的中心有一个大的空间，并且在每一端有服务空间和垂直交通（Orton, 1988）（图 8.39 ~ 图 8.42）。

图 8.39　香港银行总部立面结构清晰。"桅杆"支承着悬挑桁架，中间的楼层悬挂在桁架上。

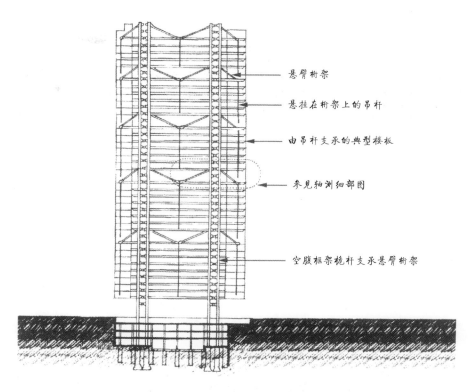

　　悬臂桁架

　　悬挂在桁架上的吊杆

　　由吊杆支承的典型楼板

　　参见轴测细部图

　　空腹框架桅杆支承悬臂桁架

图 8.40　香港银行总部，剖面图。

　　为了达到这个目的，建筑使用了 8 根类似"桅杆"的竖向结构。每根桅杆由 4 个圆管状柱组成，排列在一个正方形中，并与每层的箱体部分连接，形成一个三维的空腹框架。桁架从这些桅杆的 5 个不同高度悬挑出来，有效地划分成 5 个独立的结构。5 个区域的每一层都悬挂在上面的悬臂桁架上。这种结构组织在立面上得到了清晰的表达。这种组合重复了 4 次，并清晰地表现在立面上。根据福斯特事务所的说法"重力作用的路径——悬挂的楼板、倾斜的受拉杆和承重塔——在这个立面上得到了清晰的表达。"（Thornton,et al.,1993）。

连续梁 | Continuous Beams

　　连续梁是跨越多个支承端的单梁。它不同于每对支座之间的一系列简支梁（图 8.43）。当连续梁通过支承时，它在顶部受拉，在底部受压，并产生负向挠度（向下弯）。在跨中区域则相反，上部受压，下部受拉，产生正向挠度。最大弯矩发生在支座和跨中。然而，这两个位置的弯矩都小于简支梁的最大弯矩（跨

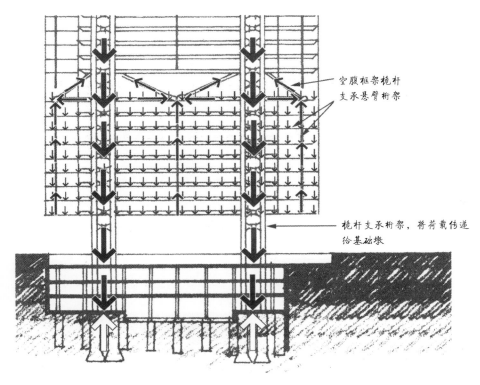

图 8.41　香港银行总部，荷载传递路径示意图。

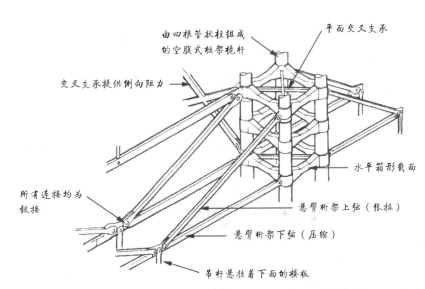

图 8.42　香港银行总部，外桅及悬吊桁架轴测图。

中弯矩）。由于这个原因，连续梁的横截面可以比类似的简支梁小，而且通常采用连续梁是为了节省施工成本。

格伯梁（悬臂连续梁）| Gerber beams

在连续梁（图 8.43）中，挠度曲率从负（在支承上向下弯）变为正（在跨中向上弯）。在曲率**拐点**处，弯矩减小为零，不发生弯曲。正因如此，在梁中这

个拐点可以设置铰接节点，结构效果没有变化。然后，连续梁变成由悬挑梁两端支承的短跨简支梁的组合。由于有效跨距较小，中心梁的截面可以比支承间的简支梁小得多。这种梁是以德国工程师海因里希·格伯（Heinrich Gerber）的名字命名的。福斯铁路桥（the Firth of Forth railway bridge）为格伯梁桁架实例（图 8.44 和图 8.45）。

托梁 | Joists

到目前为止，梁被认为是独立的单向支承构件。为了在一个区域（如楼板）上提供支承，梁之间通常是相互平行排列的。**托梁**是沿单一方向紧密排列的梁。由于梁的承载能力与跨度的平方成反比，因此布置托梁可有效减小跨度（通常也是最经济的）（图 8.46）。

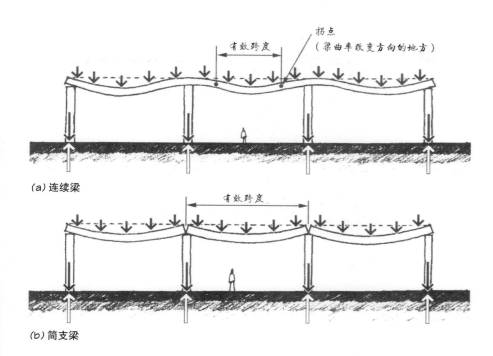

(a) 连续梁

(b) 简支梁

图 8.43 比较（a）连续梁与（b）大小相当的简支梁。在曲率最大的地方，弯矩最大。在连续梁中，正曲率（上凹）变化为负曲率（下凹）的拐点弯矩为零。

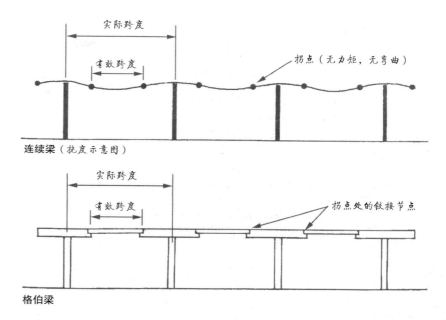

连续梁（挠度示意图）

格伯梁

图 8.44 在拐点铰接一根格伯梁，可有效地在两根悬挑梁的两端产生更短的跨度；该中心梁的截面可以大幅度减小。（a）在连续梁的挠度示意图中表示了拐点，（b）格伯梁在拐点处设置节点。

格栅梁 | Beam Grids

格栅梁是横跨两个方向的梁体系，每个方向上的梁都相互连接。格栅通常被支承在一个近似方形开间的四边上，梁的总高度可以小于体系中的单向梁。在格栅梁中，单个梁由与之垂直相交的其他梁部分支承，而与之垂直的梁又由其他相交梁部分支承。当一个点荷载作用于网格中两根梁的交点时，两根梁和附近的梁都会发生弯曲。除了弯曲，这种相互作用还导致相邻梁的扭转。这是由梁交叉处的固定连接造成的（图 8.47）。

格栅中的梁必然相交，它们之间的连续性对于这种两个方向的弯曲特性至关重要。这种连续性在某些材料中比在其他材料中更容易实现。混凝土很容易形成网格，只要钢筋在交叉处能够连续不断。箱形钢梁可以焊接在交叉处，以提供必要的连续性。另一方面，木梁在交叉处必然是不连续的（至少在一个方向上），因此不适合在格栅梁中使用。

新国家美术馆 | The New National Gallery

新国家美术馆［1968 年；柏林；建筑设计：密斯·凡·德·罗（Mies van

图 8.45 福斯铁路桥的巨型悬臂桁架具有格伯梁的作用。该桥建于 1890 年，中心跨度为 1708 英尺（521 米）。

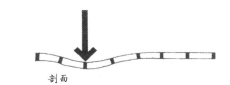

剖面

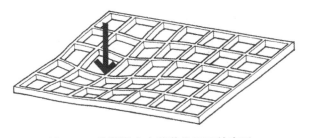

图 8.47 格栅梁在点荷载作用下的变形。

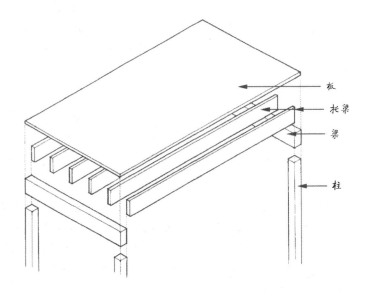

板

托梁

梁

柱

图 8.46 托梁是沿单一方向紧密排列的梁。它们在跨度较短时最有效。

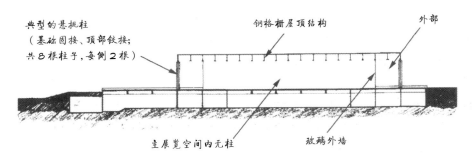

典型的悬挑柱
（基础固接、顶部铰接；
共 8 根柱子，每侧 2 根）

钢格栅屋顶结构

外部

主展览空间内无柱

玻璃外墙

图 8.48 新国家美术馆，剖面图。

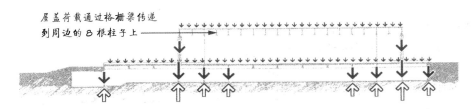

屋盖荷载通过格栅梁传递
到周边的 8 根柱子上

图 8.49 新国家美术馆，荷载传递路径示意图。

der Rohe）] 利用钢格栅实现了大的净跨度，这使得密斯成功找到了一种"通用的围壳来封闭通用空间"（universal envelop to enclose a universal space，图 8.48 和图 8.49）。大的净跨允许根据不同的展览需求配置非结构化分区。屋顶下的玻璃墙四面环绕着 26 英尺（8 米）高的大厅，值得一提的是除了 8 根外围柱子外没有任何支承构件。屋顶结构是一个 213 英尺（64.9 米）长的大型正方形钢格栅，每边由 2 根柱子支承。"I"形截面钢梁高 6 英尺（1.8 米），每个方向上的间距为 12 英尺（3.7 米）。钢柱从平台基座上悬挑出来，通过铰接支承屋顶结构。这些小尺寸的节点成就了该结构大的净跨度（Futagawa，1972）。

板 | Slabs

板是一种弯曲构件，它在一个平面内沿一个或多个方向水平分布荷载。虽然板的抗弯性能与梁相似，但它在两个方向上的连续性与一组类似的独立梁不同。如果一组独立的平行梁受到单一集中荷载，只有荷载作用下的梁才会发生偏转。

但是，由于构成楼板的梁是连接在一起的，并且协同受力，当施加一个荷载时，楼板的相邻部分受到作用，以增强它们的抗弯能力。由于受载部分与邻近区域之间的剪切抗力，荷载在板内横向分布。因此，集中加载会导致垂直于主跨方向的局部弯曲，导致楼板扭曲（图 8.50）。

楼板通常使用钢筋混凝土结构。然而，其他材料也可以实现板的性能，特别是木材。

板的类型 | Slab Types

通常根据支承结构对板进行分类，支承结构决定了板的弯曲形态（图 8.51）。

单向板和双向板 | One- and two-way slabs

单向板由两个平行支座（梁或墙）连续支承，主要在一个方向上抵抗弯曲。

双向板在四个侧面（梁或墙）连续支承，并能抵抗双向弯曲。双向板比同类的单向板更坚固（也可以做得更薄）。当开间大致为方形时，双向板的效率最高；随着结构开间形状的拉长，双向板的受力状态越来越像单向板。

无梁板 | Flat plates

只在某点上由柱子支承的板称为"无梁板"。虽然无梁板在外观上很简单，但在柱子周围会承受高度集中的剪应力，因为柱子往往会有冲穿楼板的趋势。因此，混凝土板必须增加钢筋。然而，较低的模板成本和较低的结构层高远远弥补了较高的钢筋成本，使其成为小跨度结构的首选结构体系。在一些建筑类型（例如酒店和公寓）中，底面只是简单地粉刷成天花板，成本非常低。另一个优点是无梁板适用于需要不规则柱位的建筑。

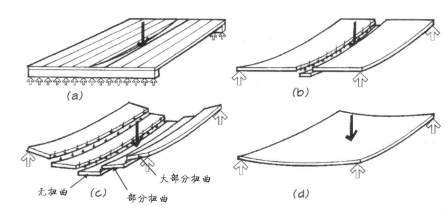

图 8.50 板与一组独立梁的对比，（a）承受点荷载的一组梁，只有承受荷载的梁（与相邻梁相互错动）才发生挠曲；（b）在板中，相邻区域与加载部分是连续的，并有助于增强它们的抗弯性能；（c）由于这种剪切作用，相邻部分被扭曲；（d）因此，板的弯曲发生在两个方向上，与类似的一组独立梁相比，具有更大的刚度（对于给定厚度）。

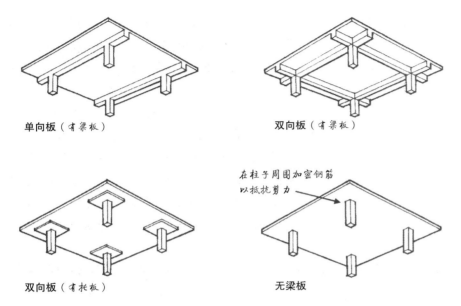

单向板（有梁板）

双向板（有梁板）

在柱子周围加密钢筋
以抵抗剪力

双向板（有托板）

无梁板

图 8.51　板的类型。

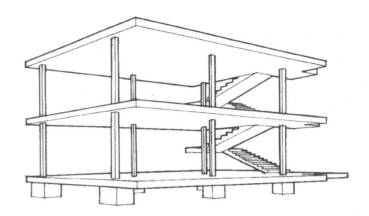

图 8.52　在勒·柯布西耶的"多米诺项目"（Domino project）（1914）中，混凝土楼板直接放在柱子上，形成了合理建造住宅的结构理念。这幅概念草图对住宅和办公楼中使用混凝土作为承重材料的发展产生了重大影响。

对于较大跨度或较大荷载，通常最好通过增加柱子顶部的面积而不是通过增加钢筋来抵抗柱子周围的剪应力。这是通过加宽柱子顶部以形成柱头或加厚板（"柱头板"）或两者结合来实现的（图 8.52）（这种结构仍被视为"板"；"无梁板"是指在板或柱中都没有加厚的由柱子支承的板）。

加肋楼板 | Ribbed slabs

板加肋可以减少材料、重量和成本。在钢筋混凝土板中，这种带肋结构将大部分混凝土放置在顶部（**翼缘**，对受压材料最有效的地方），大部分钢筋放置在**腹板（肋）**底部。加肋板按其跨度是单向（托梁）还是双向（华夫格板）进行分类。

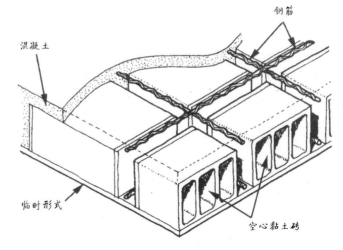

钢筋

混凝土

临时形式

空心黏土砖

图 8.53　使用空心砖形成的带肋板。

托梁 | Joists

混凝土托梁与顶部的楼板共同作用。托梁通常放置在较重的梁上；主梁布置在一个矩形开间的短跨，而托梁布置在沿长跨方向。

传统上，混凝土托梁是通过在平面上放置一排间隔的空心黏土砖而形成的（图 8.53）。在砖之间的空间底部放置钢筋；在砖之间的空间（形成加劲肋）和

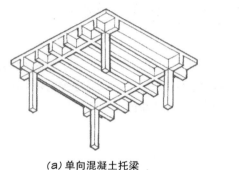

（a）单向混凝土托梁

（b）预制双"T"形托梁

（c）木托梁

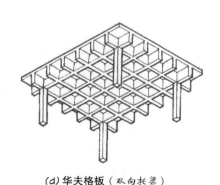

（d）华夫格板（双向托梁）

图 8.54 带肋板：（a）单向混凝土托梁，（b）预制双"T"形托梁，（c）木托梁，（d）华夫格板（双向托梁）。

砖顶部浇筑混凝土，形成上面的板。支承模板拆除后，轻质砖留在原地。这一过程产生了一种经济、轻型的替代方案（对比实心板结构），此时其底面尚未完工，通常还覆盖有天花板饰面材料（通常加以悬挂，从而留出机械和电气设备分布空间）。

当代混凝土托梁更经济地使用可重复使用的钢模板。"U"形模板与"盘"形模板交替排列。在支承梁旁边使用锥形模板，以便在必要时加厚托梁，以抵抗局部剪切应力。与空心砖一样，钢筋放置在面板之间，混凝土浇筑在模板之间和上方。混凝土硬化后，移除底部和面部的模板，露出混凝土。由于模板之间存在间隙，该体系通常会出现外观缺陷，并且在完工后很少暴露出来［图 8.54（a）］。预应力混凝土双"T"形构件是与现浇托梁相当的预制件，广泛应用于施工中［图 8.54（b）］。

木托梁结构是住宅楼楼面施工中常见的一种结构形式。胶合板底层被钉在（最好是胶合）密排托梁的顶部，这样有助于构件的抗弯性能［图 8.54（c）］。

华夫格板 | Waffle slabs

双向带肋混凝土板也被称为"华夫格板"［图 8.54（d）和图 8.55］。除了上方的连续板是结构体系的一个完整且连续的部分外，它们的受力性能与格栅梁相似。华夫格板为双向板，最经济的跨间比例为正方形。空隙通常是用方形玻璃纤维或聚丙烯腈纤维填充的，由此产生的混凝土外表非常美观，这种有趣的结构往往暴露在外。为了增加其抗剪强度，柱旁通常不设空隙。

等应力线托梁 | Isostatic joists

与华夫格板的方形图案不同，意大利工程师阿尔多·阿尔坎杰里（Aldo Arcangeli）首先提出优雅的弯曲肋，它沿华夫格板的等应力线（主应力线）分布（图 8.56）。皮埃尔·路易吉·奈尔维在一些建筑中使用了这种设计（Nervi, 1963；Huxtable, 1960）。因为与华夫格板相比，这种结构需要更多的模板（并且因为

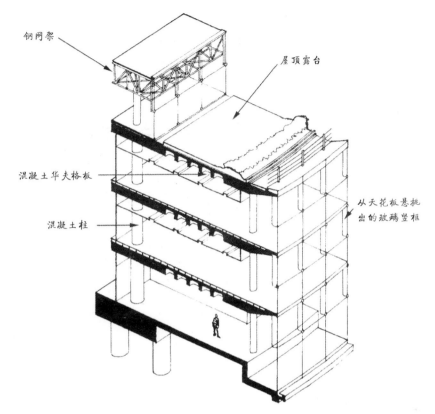

图 8.55 办公楼中的华夫格板施工 [（1974 年；伊普斯威奇（Ipswich），英国；建筑设
　　　　计：诺曼·福斯特事务所]，剖面图。

钢筋必须弯曲），所以其非常昂贵，并且只能在特殊模板可以多次重复使用时才
满足经济性要求。

图 8.56 楼板中沿等应力线的肋板，沿弯曲应力的主应力线分布 [1953 年；罗马；盖蒂
　　　　羊毛厂（Gatti Wool Factory）；结构设计：皮埃尔·路易吉·奈尔维]。由于
　　　　沿等应力线没有产生剪切力，因此在板上形成弯曲梁的网格，弯曲梁以直角相
　　　　交，但不会通过剪切作用将荷载传递给相邻的梁。因此，这种弯曲肋比类似的
　　　　华夫格板更高效，但其模板比高重复性的华夫格板更昂贵。

小结 | Summary

1. **梁**是受到垂直于长轴的荷载作用的线性构件，这样的荷载就是弯曲荷载。

2. **弯曲**是构件在垂直于其最长轴的荷载作用下弯曲的变形趋势。

3. **梁**的弯曲导致凸面受到拉伸应力，凹面受到压缩应力。

4. 混凝土梁必须用钢筋**加固**以防止受拉开裂。

5. 在浇筑混凝土之前将钢筋预张在梁模板上，并在混凝土硬化时保持这种张力，通过施加**预应力**，可以使钢筋变得更加有效。

6. 另一种做法是，对安装在混凝土孔道中的钢筋进行**后张拉**，使钢筋与混凝土之间没有黏结。

7. 通过将梁的大多数材料分布在尽可能远离中性轴的位置，可以增加梁的抗弯强度。因此，"I"形截面是材料利用率最高的截面形状。

8. **空腹梁**在腹板上有矩形开口。虽然这是一个相对低效的结构形式（与三角形桁架相比），梁中的直角开口可能更适合管道空间或通道等其他用途。

9. 可以通过在梁长度方向上的最大弯矩处增加梁高来优化梁的纵向形状。

10. **悬臂梁**是一端有固定支承的构件，其受力垂直于其轴线，从而引起弯曲。

11. 影响悬臂梁挠度的因素包括长度、高度、宽度、材料和荷载位置。

12. **连续梁**是跨越多个支承端的梁。

13. **格伯梁**由悬挑梁两端支承的短跨简支梁组合构成。

14. **托梁**是沿单一方向紧密排列的梁。

15. **格栅梁**是横跨两个方向的梁体系，每个方向上的梁都相互连接。

16. **板**是一种弯曲构件，它在一个平面内沿一个或多个方向水平分布荷载。

17. **单向板**由两个平行支座（梁或墙）连续支承，主要在一个方向上抵抗弯曲。

18. **双向板**在四个侧面（梁或墙）连续支承，并能抵抗双向弯曲。

19. **无梁板**只在某点上由柱子支承，支承处的板或柱都没有增厚。

20. **板加肋**可以减少材料、重量和成本。

21. 加肋板按其跨度是**单向**（托梁）还是**双向**（华夫格板）进行分类。

22. **等应力线托梁**是弯曲的板状肋，沿主应力线分布。

第 9 章　框架

Frames

当过梁被放置在两个支柱上时，建筑便产生了。

——路易斯·亨利·沙利文

梁、板、柱和承重墙组合形成正交（垂直）**框架**，这是建筑中最常用的支承体系。框架（通过梁）将荷载水平分配给能将竖向力（传递给支承基础）的柱子。这种结构通常被称为**"梁柱结构"**（post-and-beam construction）。梁可以被板代替，柱可以被承重墙代替，其性能是相似的。除了这些竖向和水平构件外，结构体系还必须包含侧向支承，以抵抗如风和地震作用产生的水平荷载（图 9.1）。

正交框架体系可按体系中水平构件的层数进行分类。一层体系通常由两面平行的承重墙和横跨其上的单向板组成。两层体系通常由板和其下的平行梁组成，这些梁支承在平行的两面墙或一排柱子上（每根梁下一个）。三层体系通常由板、板下的密集托梁、支承在托梁下的梁（垂直于托梁）及支承在最下方的柱子组成（图 9.2 和图 9.3）。

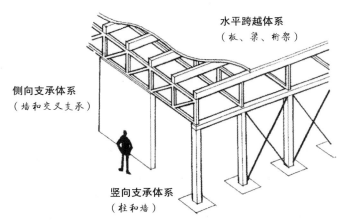

图 9.1　典型的框架体系包括水平跨越体系（板或梁）、竖向支承体系（柱或墙）及侧向支承体系。

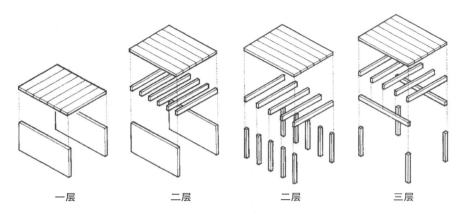

一层　　　　二层　　　　二层　　　　三层

图 9.2　按水平构件层数分类的框架体系。

侧向稳定性 | Lateral stability

正交框架要求有抵抗风和其他水平力的稳定性。一般来说，这是通过使用以下一个或多个原则来实现的：**三角化**（将框架分解为几何形式稳定的三角形）、**刚性节点**（在构件相交处创建刚性连接）和**剪力墙**（利用一个平面固有的抗剪能力，如墙，来改变其形状）（图 9.4～图 9.14）。

开间 | Bays

开间的定义是多榀框架结构内部柱子（或承重墙）的间距。简单结构的开间由沿着其四边的柱子组成（图 9.15）。虽然外观简单，但这种布局会导致中柱具有最大的荷载（整个开间的荷载），侧柱荷载为中柱的一半（半个开间的荷载），角柱的荷载仅为中柱的四分之一（四分之一开间的荷载）。为了平衡所有柱上的荷载，可以在周边创建半开间的悬挑梁。这样可以平衡所有柱上的荷载，并减少所需的柱（和基础）的数量。

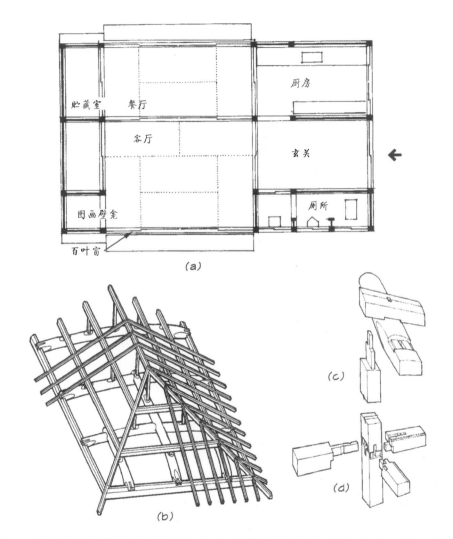

图 9.3　传统日本房屋的木制梁柱结构：（a）三人居房屋的典型平面图，（b）四坡屋顶结构，（c）屋顶梁上的柱梁椽对卯榫，（d）梁柱十字搭接榫。

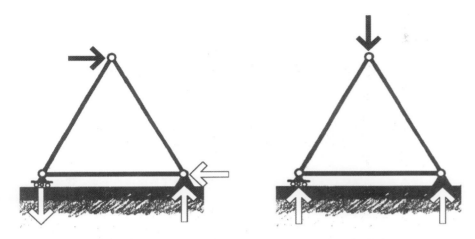

图 9.4　三角化的侧向稳定性：三角形框架的铰接节点具有稳定性。可以想象，如果不改
　　　　变三角形的一个或多个边的长度，三角形形状就不会改变。

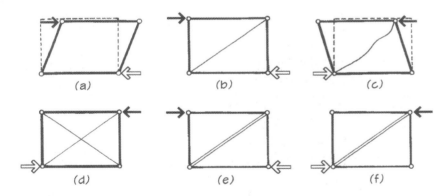

图 9.5　（a）矩形框架铰接节点不稳定；（b）添加一个斜拉索可在一个对角线方向上（当
　　　　拉索处于张拉状态时）提供稳定性；（c）　但不在另一个对角线方向上（拉索无
　　　　法抵抗压缩）提供稳定性；（d）添加第二个斜拉索可在两个方向上提供稳定性；
　　　　（e）一个对角撑杆可在两个方向上都提供稳定性，因为它可以抵抗张拉和（f）
　　　　压缩。

图 9.6　侧向稳定性由建筑外部的交叉支承提供，约翰·汉考克中心（John Hancock
　　　　Center，1966 年；芝加哥；建筑设计兼结构设计：SOM）。该结构的设计是为
　　　　了让细长的建筑物能够抵抗侧向风荷载。该体系的建筑表现是基于结构的需要。

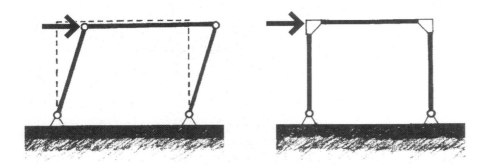

图 9.7 刚性节点的侧向稳定性：顶部刚性节点形成一个刚性板。一个顶部刚性节点（框架就像一个稳定的三角形）可以实现稳定性。一个以上的刚性节点增加了框架的刚度，但使体系变为非静定的。

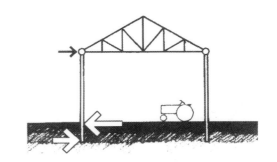

图 9.9 刚性节点的侧向稳定性：从地下伸出的柱子形成了底部刚性节点。该体系广泛应用于"杆仓"结构（"pole barn" construction）中。底部的一个刚性节点（框架就像一个稳定的三角形）可以使体系达到稳定。同上所述，多个刚性节点增加了框架的刚度，但使体系变为非静定的。

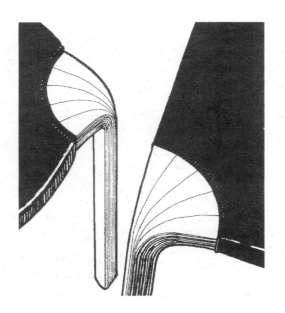

图 9.8 刚性节点的侧向稳定性：芬兰建筑师阿尔瓦·阿尔托（Alvar Aalto）设计的层压板家具细部。

刚架 | Rigid Frames

当梁—柱节点变为刚性时，简易梁—柱框架（顶部铰接）的性能会发生非常大的变化，如图 9.16 的模型演示。如果柱与梁刚性连接，则组合体为刚性框架。如果柱子支承在梁端（柱子可自由转动），并在梁的长度方向均匀加载，梁将发生偏转，柱子会张开。柱底为滚轴支承的刚性框架也会有类似的表现。如果柱腿无法张开（柱底是铰接），则它们会发生弯曲偏转，从而增加整个框架的抗弯强度，减少顶梁的挠度。

图 9.17 中的虚抛物线显示了这种均匀荷载下的最佳拱形。如果框架是这个形状，就不会发生弯曲。弯曲量（弯矩）与框架发生的位移直接相关。位移最大的地方（跨中和柱梁刚性连接处），弯矩最大，框架梁的高度也最大。在位移最小的地方（柱底和梁的四分之一跨处），弯矩为零，框架可以采用铰接节点。但由于这将导致一个不稳定的四角铰接框架，因此通常由上面的节点来提供一定的刚度。

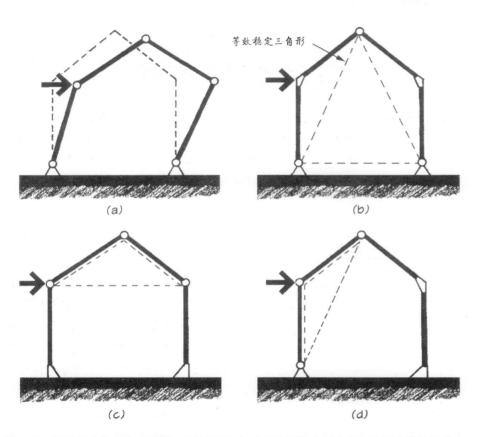

等效稳定三角形

(a)

(b)

(c)

(d)

图 9.10 刚性节点的侧向稳定性: 三铰框架。(a) 五角框架有四个或四个以上的铰接节点,
因而不稳定。(b) 固定两个"膝关节"使框架稳定, 就能表现出三角形(如图所示)
的特性。(c) 同样, 固定两个底部节点也可以达到稳定。(d) 作为一般规则,
为了稳定, 开放的框架不可以有超过三个铰接节点。换言之, 为了维持稳定,
这种框架必须可以简化为三角形。

图 9.11 刚性节点的侧向稳定性: 三铰木框架结构, 帕托卡自然中心 [Patoka Nature
Center, 1980 年; 伯德西 (Birdseye), 印第安纳州; 建筑设计: 富勒·摩尔],
室内。层压木结构在加厚的梁腋上形成刚性节点, 从而形成稳定的三角形。

图 9.12　刚性节点的侧向稳定性：刚性框架混凝土结构，里奥拉教堂［Riola　Church，
　　　　1975 年；里奥拉（Riola），意大利；建筑设计：阿尔瓦·阿尔托］。

图 9.13　剖面图展示出隐藏的刚性框架，公寓大楼（l'Unité d'Habitation，1952 年；马赛，
　　　　法国；建筑设计：勒·柯布西耶）。

多层刚架 | Multibay rigid frames

　　当重复使用刚性正交框架时，刚性节点传递弯矩，并且在任何一跨中产生的挠度（由于施加的荷载）会影响周围各跨。邻跨之间的这种相互作用意味着，几个跨度的抗弯能力结合在一起，形成了一个刚度更大的结构。这也意味着一个框架内的挠度传递到整个结构。图 9.18 所示的模型演示了框架的连接条件（无论是刚接还是铰接）决定了多框架结构中弯矩的分布。虽然刚架在材料的使用上

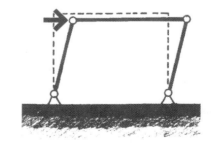
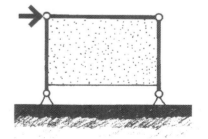

图 9.14　使用剪力墙的侧向稳定性。添加填充墙与添加交叉支承具有相同的效果，因为
　　　　在不张拉或压缩填充材料的情况下，填充墙的形状不会改变。

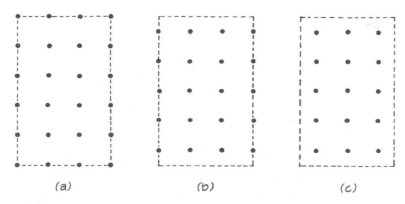

图 9.15 结构开间：（a）普通，需要 24 根柱；（b）两边悬挑，需要 20 根柱；（c）四边悬挑，需要 15 根柱。

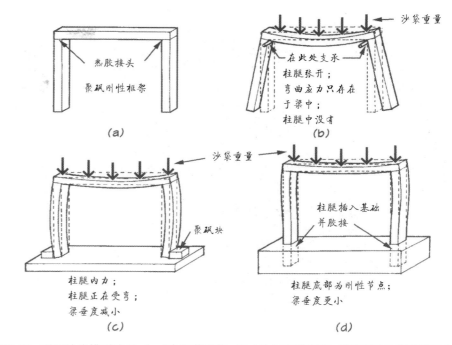

图 9.16 刚架性能模型演示：（a）未加载刚架；（b）均匀加载刚架，柱顶简支（柱腿张开）；（c）均匀加载刚架，底部铰接（柱发生弯曲，梁挠度减小）；（d）均匀加载刚架，底部刚接（柱向两个方向弯曲，梁的挠度更小）。

效率更高，但确保节点刚度所需的额外人力工作量抵消了部分效率。决定框架是否为刚性这一过程是复杂的，需要大量的分析和试验（图 9.19）。

轻型框架结构 | Light-frame Construction

轻型框架木结构的墙体由单独的墙体龙骨（充当柱子）组成，这些墙体龙骨与构成顶部和底部的连续板以及墙体的附加保护层的紧密间距使该结构成为连续承重墙，而不是独立的柱子（类似地，用胶合板覆盖的间距很近的托梁其性能类似板，而不是离散的梁）。**过梁**（lintel，短而重的承重梁）横跨开口上方，将连续墙的荷载传递到开口的两侧，其中多个墙体龙骨将增加的荷载传递到下面的基础。侧向稳定性通常由刚性覆盖层的抗剪能力（隔板作用）提供（图 9.20）。

历史 | History

由于工业革命带动的两项成果——大量生产的铁钉和**规格木材** [2~4 英寸（51~102 毫米）厚，宽度 2 英寸或更宽]，轻型框架结构得以实现。在这些成果之前，木结构由使用木栓和手工钉组装的沉重的木柱和梁组成。

最早的轻型框架体系是**轻型木质龙骨框架**（balloon frame，图 9.21），其中墙体龙骨从地基一直延伸到屋顶；中间楼板和托梁被钉在墙体龙骨一侧。这个体

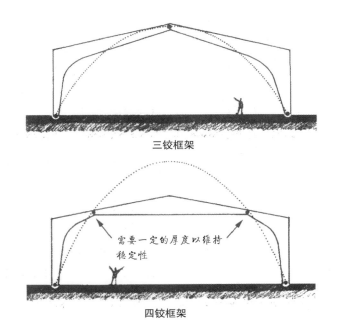

三铰框架

四铰框架

图 9.17　刚性框架中任意点的弯矩由框架形状不同于最佳拱形（本例中为抛物线）的量
　　　　决定。框架离抛物线越远，弯矩越大，构件所需的厚度越大。在抛物线与框架
　　　　交点处，弯矩为零，可使用铰接节点。在四铰框架中，为保证结构的稳定性，
　　　　节点需要一定的厚度。

系需要非常长而且直的墙体龙骨，这使得在两层楼中的施工十分不便，因为高大
的墙体必须在没有使用中间楼层作为工作平台的情况下建造。最后，墙体龙骨之
间的空隙形成了管槽，在发生火灾时加速了火势的蔓延。

　　轻型木质龙骨框架实际上已经被**平台框架**（platform frame）所取代（图 9.22），
在平台框架中，施工以分层的方式进行：地板的施工建立在基础之上，形成一个
倾斜的起临时支承作用的平台。如果需要第二（或第三）层，则重复地板—墙的

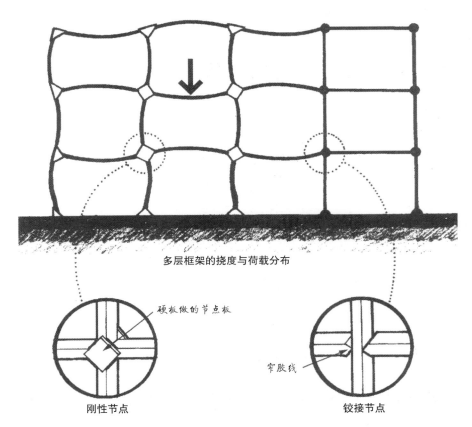

多层框架的挠度与荷载分布

硬板做的节点板

窄胶线

刚性节点　　　　　　　　　铰接节点

图 9.18　多层框架中荷载分布的模型演示。框架的左半部分有刚性节点，注意弯矩是如
　　　　何通过节点传递的，使相邻构件发生偏转，从而使它们的抗弯性能受荷载的影
　　　　响。框架的右半部分有铰接节点，注意弯矩如何保持对局部相邻构件产生的影
　　　　响最小。因此，受力构件是影响抗弯能力的唯一构件。

顺序。最后，在最后一面墙上安装屋顶和天花板托梁（或者是现在更常见的桁架
橼条）。

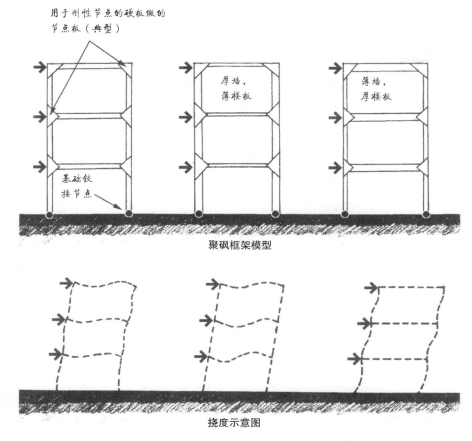

图 9.19　模型演示梁和柱的刚度对框架横向承载性能的影响。

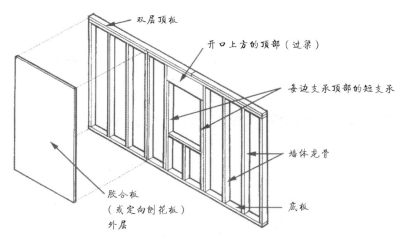

图 9.20　轻型框架木结构中常用的柱墙由密集的墙体龙骨和连续的顶、底板组成，在结构上类似承重墙。胶合板外层（或等效物）可以提高承载力和抗剪强度。

木框架结构简洁，加上种类丰富的建筑规格级别的软木材和胶合板，其成为美国和加拿大独户住宅建筑的首选体系。它提供了极大的设计灵活性，可以适应各种风格（图 9.23 和图 9.24）。最后，墙体龙骨之间的空间用于布置隔热材料，从而提升了能效。

梁柱案例研究 | Post-and-beam Case Studies

凯迪城堡森林小屋 | *Keldy Castle Forest Cabins*

这些小屋［1979 年；克罗普顿（Cropton），英格兰；建筑设计：赫德与布鲁克斯（Hird and Brooks）；结构设计：查普曼和斯马特（Chapman and Smart）］是由 58 个单位组成的森林开发项目的一部分。它们是一个值得注意的梁柱结构的例子，因为它们简单暴露的结构却有着讲究的节点，让人联想到传统的日本房屋建筑。每个小屋的建筑面积为 100 平方英尺（9 平方米），拥有可容纳 5 人的生活空间和床。小屋由木构件和面板制成，这些构件和面板是预制的，以便在现场快速安装。地基完成后，每个小屋的建筑结构在一天内由四人完成。这是将木材用作工业建筑材料的一个很好的例子（Orton，1988）（图 9.25 和图 9.26）。

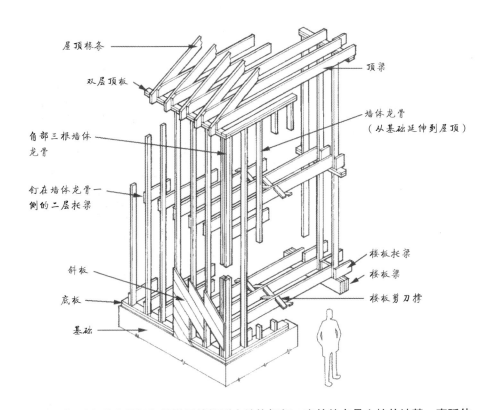

图 9.21　轻型木质龙骨框架是最早的轻型木结构框架。它的特点是立柱从地基一直延伸
　　　　到屋顶，地板嵌在墙体立柱两侧。

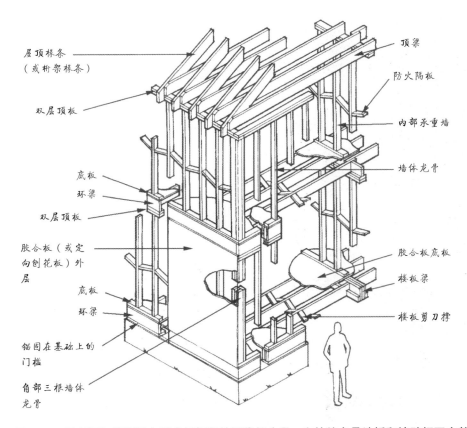

图 9.22　平台框架是轻型木质龙骨框架的现代衍生品。它的特点是地板和墙壁相互交替，
　　　　每层楼都提供了一个平台，用于建造该层的柱墙。

　　小屋由 4 英寸 × 12 英寸（102 毫米 × 305 毫米）的木梁支承，木梁位于混凝土梁或混凝土柱基础的木柱上，使小屋立在斜坡上，同时提供横向稳定性。所有连接均为铰接。屋顶、地板和墙壁作为剪力板，提供了风荷载的横向抵抗力。

舒立茨住宅 | Schulitz residence

　　舒立茨住宅［1978 年；比弗利山（Beverly Hills），加利福尼亚州；建筑设计：赫尔穆特·C. 舒立茨（Helmut C. Schulitz）］是一个很好的例子，在住宅建设中

图 9.23　库珀住宅 [Cooper residence，1968 年；奥尔良（Orleans），马萨诸塞州；建筑设计：查尔斯·格瓦斯梅（Charles Gwathmey）] 展示了轻型框架木结构承重墙的灵活性。

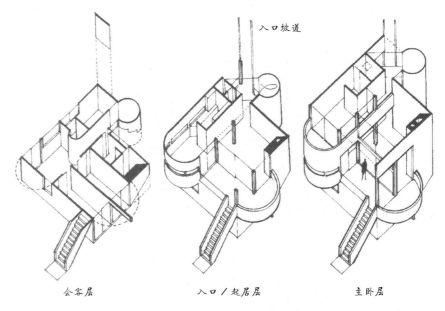

图 9.24　库珀住宅，轴测图。

使用钢制构件。就像 1949 年查尔斯·埃姆斯（Charles Eames）在太平洋沿岸帕利塞德(Palisades)附近的创新性住宅一样，本设计采用柱梁式布置的轻型钢桁架，为木格板条、遮阳板、百叶窗和其他材料的不同填充结构提供了安装空间（Orton，1988）（图 9.27~图 9.29）。

　　由于位于地震区，其结构不仅必须能抵抗重力和风荷载，而且必须能抵抗地震活动产生的非常大的地面加速度。建筑结构自身的重量轻，因而惯性力得以最小化。交叉的斜撑能够抵抗侧向荷载，使得梁、桁架和柱可以采用铰接连接。这使施工更加经济，并允许较大的安装误差。

　　房子坐落在陡峭的山坡上，有三层，顶部与街道齐平。钢框架结构由 6 英寸 ×6 英寸（152 毫米 ×152 毫米）的管柱组成，用于支承两侧的两根主槽梁。它们的末端延伸到立面的柱子之外，从而在视觉上强调连接。槽梁上部支承着间距 4 英尺（1.2 米）的轻型钢桁架（作为开口腹板的托梁），托梁上部支承着带

图 9.25 凯迪城堡森林小屋，外部。

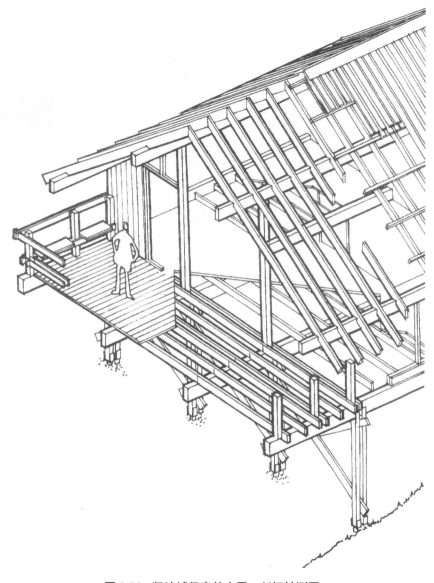

图 9.26 凯迪城堡森林小屋，剖切轴测图。

有金属底板的轻质混凝土楼板。四排钢柱由三排混凝土短柱和上层街道的混凝土
挡土墙支承。这些混凝土支座通过在倾斜地面上浇筑的钢筋混凝土梁连接在一起。

西岸浴场更衣室 | *West Beach Bathhouse*

这座单层预制混凝土建筑 [1977 年；切斯特顿（Chesterton），印第安纳州；
建筑设计：霍华德，尼德尔斯，塔姆姆和伯根多夫设计公司（Howard, Needles,
Tammem & Bergendoff Corporation）] 为附近海滩的沐浴者提供了更衣设施。它

图 9.27　舒立茨住宅，外部。

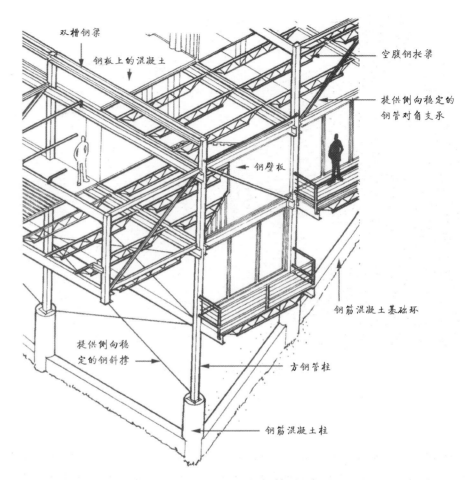

图 9.28　舒立茨住宅，剖切轴测细部图。

的设计目的是融入沙丘环境，并尽量减少施工期间对沙丘的干扰。特色建筑构件是连接梁与柱子的预制混凝土柱头。柱头位于地面和屋顶，为现浇圆柱和预制梁的连接提供了充足的空间。梁用来支承预制空心板。地板用 2 英寸（51 毫米）的混凝土面层覆盖；屋顶板用刚性绝缘的组合式屋面覆盖（Orton，1988）（图 9.30 和图 9.31）。

　　外部非承重砌体墙在转角处形成 45° 的斜面，与柱子区分开来，并在视觉上突出了它们的重要性。预制的柱头在转角处十分突出，因为它们在四面都有凹槽以便于梁拼装；角柱上外露的沟槽清楚地表达了结构其余部分的连接方式。

　　由于柱子是从地面悬挑出来，因此楼板和屋顶梁的连接方式为铰接。在每个梁端的套管孔内都有一个埋入柱头的锚栓；螺母固定了梁的位置，但允许其收缩和热膨胀。如果结构较高，则需要增加额外的侧向支承（例如通过交叉支承或剪力墙）。

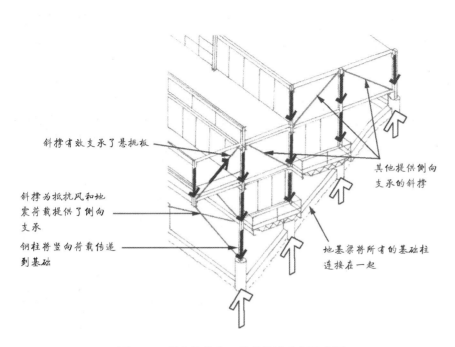

斜撑有效支承了悬挑板

其他提供侧向
支承的斜撑

斜撑为抵抗风和地
震荷载提供了侧向
支承

钢柱将竖向荷载传递
到基础

地基梁将所有的基础柱
连接在一起

图 9.29　舒立茨住宅，荷载传递路径示意图。

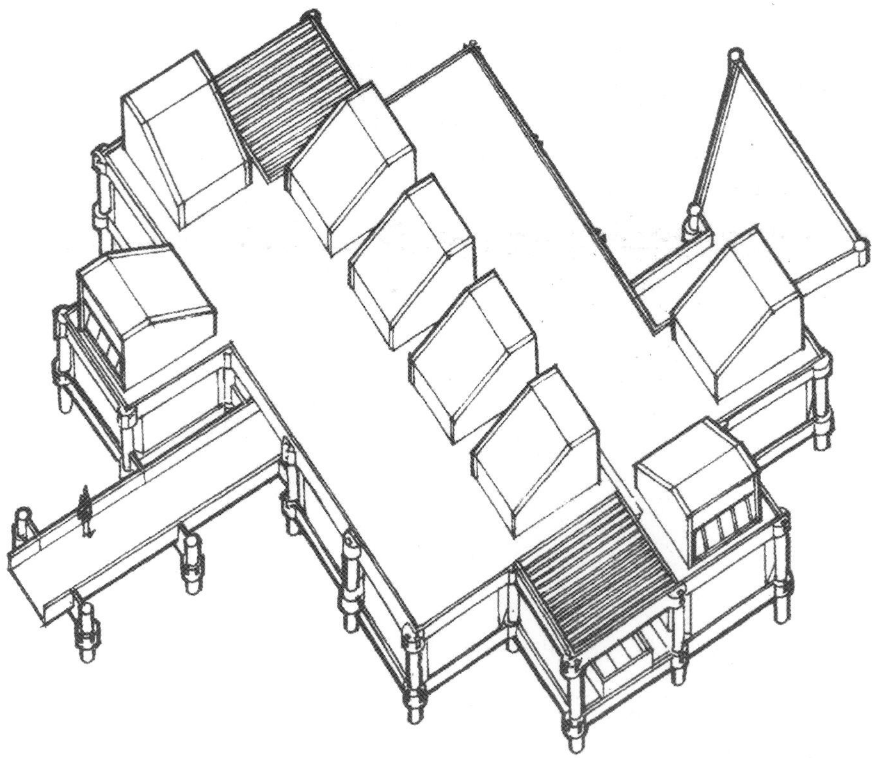

图 9.30　西岸浴场更衣室，轴测细部图。

波士顿市政厅 | *Boston City Hall*

波士顿市政厅［1969 年；波士顿；建筑设计：卡尔曼，麦金奈尔和诺尔斯设计公司（Kallmann, McKinnell, and Knowles）；结构设计：威廉·拉梅雪事务所（William LeMessurier Associates）］是一个吸引世界各地著名建筑师的设计竞赛的获胜作品，这座建筑扭转了主要城市资源向郊区转移的趋势。它作为这座重要城市中的政府所在地，这个获奖作品是如此严肃而完整，而不仅仅是功能、技术或立面效果的熟练运用。作为一座公民纪念碑和城市活力的象征，这座建筑有着明确的目的性（Orton，1988；Editor，1969b）（图 9.32 ~ 图 9.34）。

它位于一个巨大的砖砌广场上，离邻近的建筑物足够远，可以从远处看到它，同时在北侧和西侧主要入口有宽敞的步行空间。在内部，两个入口连接宽敞的大厅，大厅由巨大的楼梯和自动扶梯连接。此外，从广场西侧的室外台阶可到达 4 层的开放空间，使公众更易进入建筑。这一空间还将上层办公室与下层公共空间分隔开。第 5 层为市政府会议厅、各办公室、市长办公室、览厅和图书馆；每一

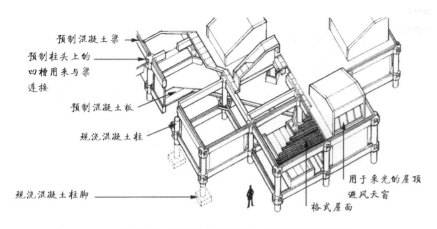

图 9.31 西岸浴场更衣室，剖切轴测细部图。

预制混凝土梁
预制柱头上的四槽用来与梁连接
预制混凝土板
现浇混凝土柱
现浇混凝土柱脚
格式屋面
用于采光的屋顶避风天窗

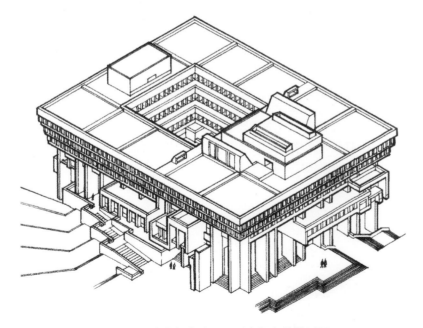

图 9.32 波士顿市政厅，西南视角的轴测图。

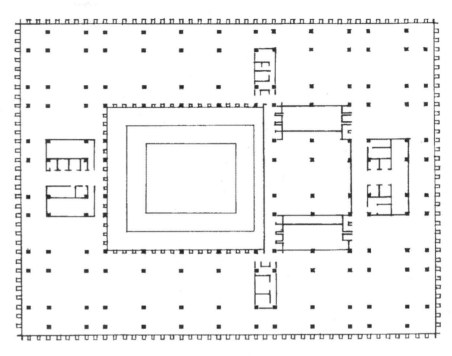

图 9.33 波士顿市政厅，第九层平面图展示花格状柱网。

个房间都在外部立面上凸显出来。上面三层的办公室立面由三层阶梯状紧密排列的预制混凝土翼板覆盖，并与建筑物顶部的檐口连接在一起。

地板设计成一个统一的单元，由 32 英寸（813 毫米）见方的大型现浇混凝土块组成。它们被布置成网格状（窄开间与宽开间交替），间距为 14 英尺 4 英寸（4.37 米）或是其两倍的距离。这些开间用来组织平面功能区，通常，活动室和办公室位于大的开间内，而服务系统和流线在较窄的开间内。

成对的预制混凝土空腹梁高 5 英尺（1.5 米），长 11 英尺 8 英寸（3.6 米），距中心 14 英尺 4 英寸（4.37 米），与柱子对齐，并在柱子上方连接（这里没有柱子，

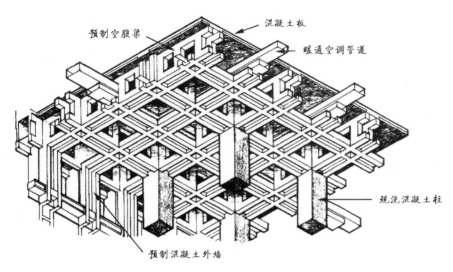

预制空腹梁　　　　　　　　　　混凝土板

　　　　　　　　　　　　　　　暖通空调管道

　　　　　　　　　　　　　　　现浇混凝土柱

预制混凝土外墙

图 9.34　波士顿市政厅，内部楼层构造轴测细部图。

在同一平面区域采用现浇连接）。这些开间被天花板上中间十字形的预制混凝土梁进一步细分。5 英寸（127 毫米）的楼板是现浇的。空调管道和其他服务管道在预制空腹梁开口内经过。重力荷载通过双向跨度的梁组成的网络横向传递。

小结 | Summary

1. **框架**（通过梁或板）将荷载水平分配给能将竖向力传递给支承基础的柱子（或承重墙）。

2. **一层体系**通常由两面平行的承重墙和横跨其上的单向板组成。**两层体系**通常由板和其下的平行梁组成，这些梁支承在平行的两面墙或一排柱子上（每根梁下一个）。**三层体系**通常由板、板下的密集托梁、支承在托梁下的梁（垂直于托梁）及支承在最下方的柱子组成。

3. 框架的侧向稳定性可通过**三角化**、**刚性节点**或**剪力墙**提供。

4. **开间**的定义是多榀框架结构内部柱子（或承重墙）的间距。

5. **刚架**将弯矩从梁传递到支承柱，使柱与梁共同承担弯矩（和挠度）。邻跨刚架之间的相互作用意味着，由施加荷载引起的弯矩（和挠度）由这几跨共同承担。

6. **轻型木质龙骨框架**是一种早期的轻型框架体系，其中墙体龙骨从地基一直延伸到屋顶。

7. **平台框架**是轻型木质龙骨框架的替代者；在平台框架中，每一层都单独建造，地板作为平台来建造该层的柱墙。

第 4 部分　缆索体系
Funicular Systems

缆索结构 ［也称为 **"形态作用体系"** （form-active）］受荷载作用产生变形，使结构内部产生直接的拉力或者压力。例如考虑一个横跨两支点并承受荷载的缆索。缆索因其底部所承受的荷载而成 "V" 形，整体处于静止状态。如果继续增加一个荷载，缆索的形状会因每个荷载的位置和大小不同而被分成三段。继续增加荷载数量，缆索的段数也随之增加，最终缆索接近下垂弯曲形状。但无论在何种情况下，缆索均只受拉力（图 IV.1）。

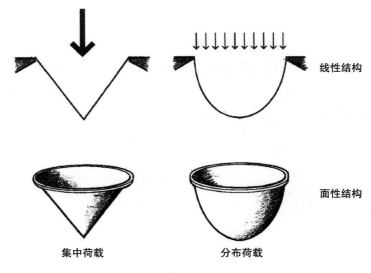

线性结构

面性结构

集中荷载　　　　　分布荷载

图IV.1　悬索结构。

第 10 章　悬索结构
Catenary Cables

动物界最优秀的工程师是蜘蛛。她的网，像水一样温柔，像树一样灵活，
这是一个复杂的建筑奇迹。

——霍斯特·伯格 | Horst Berger

悬链曲线 | Funicular Curves

悬链线（catenary）是一种无荷载的缆索形式，它的形状完全由绳索的自重（自重与绳索长度成正相关关系）决定。当荷载均匀分布在缆索水平跨度上，不考虑缆索的自重，悬索的悬吊形状为抛物线。当垂跨比大于 5 时，两种绳索结构的形状基本相同，因此，通常使用更为简单清晰的抛物线进行分析（图 10.1）。

在实际工程应用中（本书中），"悬链线"一词也被更广泛地用于指代所有荷载沿其长度分布的弯曲悬索构件，一般情况下，可不考虑其精确的荷载分布。例如，尽管其弯曲形状更接近抛物线，悬索桥的主索却为悬链线形式。

索的拉力 | Catenary Thrust

在给定荷载条件下，悬索结构的下垂深度决定了其水平方向的（向内的）推力；下垂深度越小，推力越大（图 10.2）。

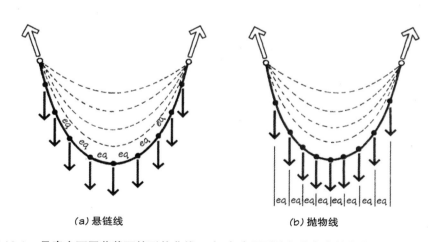

（a）悬链线　　　　（b）抛物线

图 10.1　悬索在不同荷载下的形状曲线：（a）当承受均匀分布在整个弯曲长度范围内的荷载时为悬链线，（b）当承受竖向均布荷载时为抛物线。当垂跨比大于 5 时，两种形状基本相同。

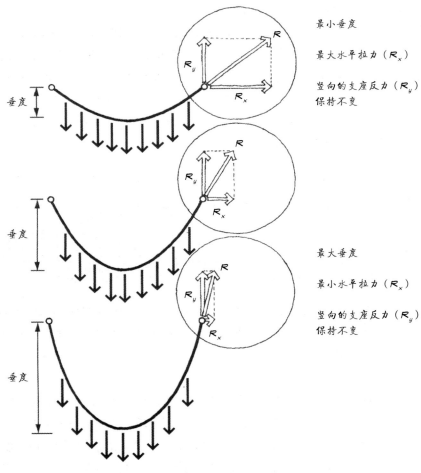

图 10.2　支座反力与索的垂度成反比。

悬索结构一般跨度较大，在给定的跨度与荷载条件下，其垂跨比是主要的结构设计考虑因素，悬索的内力、长度和直径皆取决于垂跨比。同时，垂跨比也

决定了结构的支座高度、所受的压力以及抵抗悬索内部拉力的方式。

通常，悬索的应力与其垂度成反比；换言之，悬索的长度越短，所需的直径越大。通过运用这种关系，可以使悬索的总用钢量达到最少，结构得到优化。垂度小的索，因其应力较大，所以需要较大的直径；相反，垂度大的索应力较小，即所需的直径较小，但同时会增加索的长度。当在跨中施加一个集中荷载时，最佳的垂度为 50%（下垂量为跨度的 1/2）；当承受均布荷载时，最佳垂度为 33%。但是在实际工程运用中，其他因素（例如索可达到的垂度与支座的设计等）会大大降低这个比例。大多数用于建筑屋顶结构的悬索，其垂跨比为 1:8～1:10。

悬索结构可分为三大类：单曲率悬索结构、双层悬索结构以及双曲面交叉索网结构（图 10.3）。

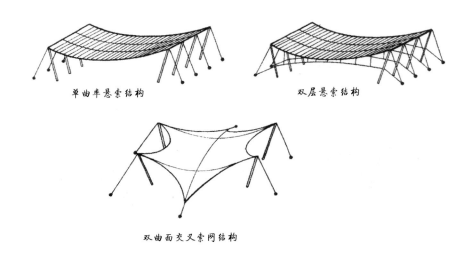

图 10.3　悬索结构类型。

单曲率悬索结构 | Single-curvature Structures

单曲率悬索结构是由跨越主支承的两条或多条平行悬索组成的。它们可以**直接**支承面板（例如曲面屋顶）或者**间接**支承面板（例如利用二级竖向拉索支承平面屋顶或者桥面）。

桥 | Bridges

古代的悬索桥（例如在中国、印度和南美洲发现的古桥）可以被视作单曲率悬索结构的先例。例如，在印度的偏远地区，曾发现一座全长 660 英尺（201 米），由单根竹绳缠绕而成的滑索。旅客将自己悬吊在套环中滑下，即可到达另一端。另外的例子是在较高处布置两条用作扶手的绳索。随着技术的发展，桥的底面和侧面由许多绳索绞合而成，桥的整体成"U"形，形似吊床（图 10.4）。

图 10.4 原始的吊桥。

芬德利加劲桥面 | *Findley's stiffened deck*

这种柔性吊桥存在一个固有问题，那就是随着旅客的移动，桥的形状会随着荷载的变化而变化。詹姆斯·芬德利（James Findley）于 1801 年发明的加劲桥面桥梁是悬索桥发展进程中的一个重大突破。芬德利的第一座加劲桥面桥全长 200 英尺（61 米），横跨宾夕法尼亚州尤宁顿（Uniontown）的雅各布斯河（Jacobs Creek）。加劲的桥面通过在桥面一段较大的跨度内将荷载分散，防止了支承铁链在移动荷载的作用下产生位移（Brown，1993）（图 10.5）。

图 10.5 链桥（The Chain Bridge，1801 年；尤宁顿，宾夕法尼亚州；设计师：詹姆斯·芬德利）是第一个采用加劲桥面将一段长度内的荷载分散到支座的桥梁，从而大大减小了桥梁的位移。

芬德利的桥使用了与后期所有悬索桥相同的基本几何结构：吊索连接承载路面荷载的桥面板，两个或者更多的索塔支承一组主缆，主缆与吊索相连。主缆始终锚固在两端的大型混凝土支柱（"dead men"）上，由此来平衡塔顶的横向反作用力。除了要求的竖向刚度（以便传递荷载）外，桥面板在侧向必须是刚性的，以便抵抗由风荷载引起的变形（图 10.6）。

在 1823 年芬德利的创新成果公布后，悬索桥迅速相继建成，其中包括托马斯·泰尔福德（Thomas Telford）的梅奈海峡桥［Menai Straits Bridge，1826 年，威尔士，跨度为 577 英尺（176 米）］、詹姆斯·罗布林（James Roebling）的辛辛那提桥［Cincinnati Bridge，1866 年，跨度为 1057 英尺（322 米）］、罗布林

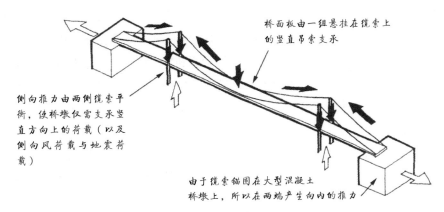

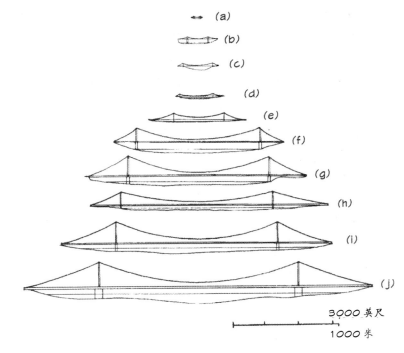

桥面板由一组悬挂在缆索上
的竖直吊索支承

侧向推力由两侧缆索平
衡，使桥墩仅需支承竖
直方向上的荷载（以及
侧向风荷载与地震荷
载）

由于缆索锚固在大型混凝土
桥墩上，所以在两端产生向内的推力

图 10.6　悬索桥的荷载传递路径示意图。

3000 英尺

1000 米

的布鲁克林桥 [Brooklyn Bridge，1883 年，跨度为 1268 英尺（386 米）]。虽然
与 20 世纪的悬索桥相比，这些 19 世纪建成的悬索桥跨度相对较小，但它们仍产
生了非常深刻的影响（图 10.7）。

　　随着设计水平的不断提高，悬索桥的跨度逐渐加大，索塔与桥面板的重量
也变得越来越轻。金门桥初建于 1937 年，它采用了桁架桥面板以提高刚度，深
跨比达到 1:168，比先前的任何一座桥梁都小得多。即便一个偶然的横向波纹
效应（在中等风速下）作用在桥体，桥梁本身也需要在其总长度范围内额外增
加 4700 短吨（4264 公吨）的横向支承。尽管如此，设计师们还是一直致力于减
轻桥梁的自重。在追求低自重和美观造型的过程中，布朗克斯—白石桥 [Brobx-
Whitestone Bridge，1939 年；纽约；结构设计：奥瑟玛·赫尔曼·安曼（Othmar
Hermann Ammann）] 将桥体的深跨比降低到了 1:209。

"奔驰的马驹" | "Galloping Gertie"

　　塔科马海峡大桥 [1940 年；塔科马（Tacoma），华盛顿州；结构设计：里昂·莫
伊塞弗（Leon Moisseiff）] 虽然几经波折，但它拥有了世界上重量最轻的桥面板。

图 10.7　悬索桥的净跨演化过程：（a）詹姆斯·芬德利的链桥 [1911 年；210 英尺
（64 米）]；（b）梅奈海峡桥 [1826 年；威尔士；577 英尺（176 米）]；
（c）大吊桥 [Grand Pont Suspendu，1834 年；瑞士弗里堡（Fribourg）；
896 英尺（273 米）]；（d）惠灵桥 [Wheeling Bridge，1849 年；惠灵（Wheeling），
西弗吉尼亚州；1010 英尺（308 米）]；（e）布鲁克林大桥 [1883 年；布鲁
克林；1268 英尺（386 米）]；（f）乔治·华盛顿桥 [George Washington
Bridge，1931 年；纽约市；3500 英尺（1067 米）]；（g）金门桥 [Golden
Gate Bridge，1937 年；旧金山；4200 英尺（1280 米）]；（h）亨伯桥 [Humber
Bridge，1981 年；亨伯河口（Humber Estuary），英格兰；4624 英尺（1409 米）]；
（i）东桥 [East Bridge，1997 年；斯普罗岛（Sprogo），丹麦；5328 英尺（1624
米）]；（j）明石海峡大桥 [1998 年；日本淡路市；6529 英尺（1990 米）]。

虽然该桥的设计目的是疏解交通压力，而且只有两条车道与一条人行道，但它的跨度仍达到了 2800 英尺（853 米），比布朗克斯—白石桥还要长。大桥的支承梁只有 8 英尺（2.4 米）深，导致深跨比仅为 1∶350。不久之后，大桥就被当地居民戏称为"奔驰的马驹"，因为轻度的风就可以导致大桥来回摇摆。在它侧向晃动时，沿其长度方向也会产生较大幅度的摆动。

1940 年 11 月 7 日，每小时 42 英里（每小时 68 千米）的中等风速造成了桥面严重的侧向扭曲并沿其长度方向上产生了强烈波动。桥面的剧烈抖动很快就拉起了大桥的钢缆，随着越来越多的钢缆断裂，剩余部分很快无法支承整座大桥。在快速的连锁反应中，其余钢缆也被拉断，桥中心的很大一部分坍塌后沉入水中（Brown，1993）（图 10.8）。

虽然这座桥的设计初衷是为了使桥具有部分柔性，但工程师未能预料到，最终导致失败的正是由此带来的气动弹性颤振。当桥面板向一侧倾斜时开始产生扭矩，进而发生扭曲变形，将路基倾斜成为一种"爬升"的翼状板条（桥面的一端上升，另一端下降），直到扭转变形，最终坍塌沉入水中。在某些特殊的风力条件下，这种振动变得不稳定，桥面的竖向振动（和扭曲变形）逐渐加重。之后的风洞实验表明，大桥的实心梁结构较开放式桁架结构而言更容易受到这种空气动力效应的影响，因为开放式桁架结构可以将风分解为较小的湍流涡旋，从而减轻其对结构的影响。

自从塔科马海峡大桥坍塌以后，空气动力学特性便成为全世界悬索桥设计者关心的问题。有些工程师倾向于依靠开放式桁架来减少气动弹性颤振（图 10.9），而另外一些工程师则更倾向于将桥面板设计成翼形，通过引导气流方向来增加升力，并减小大幅度振动产生的涡流。与美国设计的同类型桥梁相比，运用这种形式设计的桥梁可减轻 50% 的重量（图 10.10）。

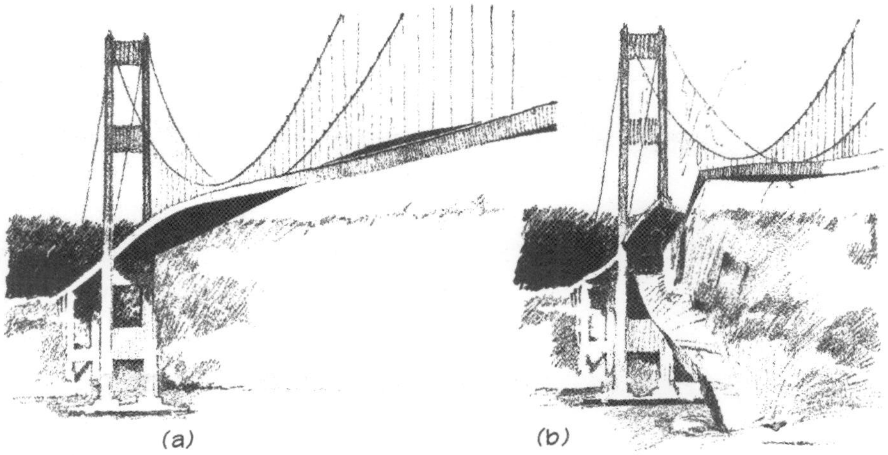

图 10.8　塔科马海峡大桥：（a）大桥坍塌前的几秒钟，桥面板产生扭曲变形导致（b）大桥最终坍塌。

图 10.9　第四公路大桥 [Forth Road Bridge，1964，苏格兰，全长 3300 英尺（1006 米）]，该桥使用开放式桁架结构，最大程度地减少了结构的颤振。

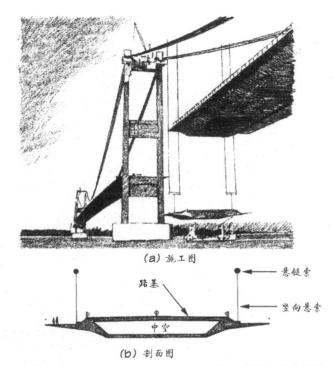

（a）施工图

路基

悬链索

竖向悬索

中空

（b）剖面图

图 10.10　塞文河桥［Severn River Bridge，1966 年，英国，结构设计：弗里曼，福克斯事务所（Freeman, Fox, & Partners）］将桥面做成类似机翼的形状，来增加结构的空气动力稳定性，深跨比为 1:324，与坍塌的塔科马海峡大桥相似（1:350）。（a）建造过程中桥面正在抬升；（b）剖面图显示了深度为 10 英尺（3 米）的桥面中心部分。

单曲率悬索结构案例研究 | Single-curvature Suspension Case Studies

布尔格造纸厂 | Burgo Paper Mill

　　这座桥式屋顶结构建筑物［1962 年，曼图亚（Mantua），意大利，建筑设计兼结构设计：皮埃尔·路易吉·奈尔维］建成之初占地 86000 平方英尺（7990

图 10.11　建设中的布尔格造纸厂悬挂式屋顶结构。

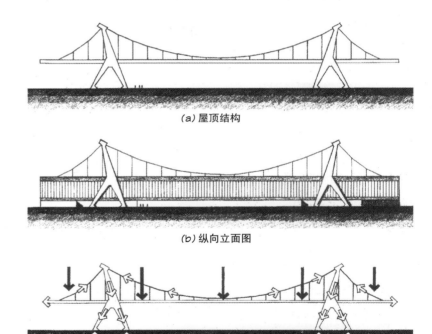

（a）屋顶结构

（b）纵向立面图

（c）荷载传递路径示意图

图 10.12　布尔格造纸厂：（a）屋顶结构剖面图，（b）纵向立面图，（c）荷载传递路径示意图。

平方米），用于放置造纸机械。该建筑在长度方向上采用了桥式屋顶结构（一般来说，在建筑宽度方向上采用该结构更为经济），以便将来可以增加生产线数量，并使新增生产线与原生产线平行，同时确保中心区域没有柱子遮挡（Nervi，1963）（图 10.11 和图 10.12）。

该结构的主体部分跨度为 535 英尺（163 米），由 4 根主吊索组成，平屋顶的钢制面板由竖向的辅助吊索支承，每端悬挑伸出 140 英尺（43 米）。屋顶结构的自重可以用来抵消由风荷载产生的向上推力。其中，混凝土支承为刚性构件，以满足垂直于跨度方向的横向稳定性。整个屋顶结构靠 4 个高 164 英尺（50 米）的大型钢筋混凝土柱支承。

虽然悬索结构与悬索桥的结构相似，但二者在处理水平推力的方式上各有不同。悬索桥的主缆锚固在岸边的大体积混凝土岸墩中（半埋于地下），利用混凝土块的自重抵抗拉力。但是布尔格造纸厂屋盖结构中的吊索没有锚固在地基中，而是锚固在屋顶钢梁的悬臂端上，由此产生的水平推力很大程度上对屋顶面板造成了挤压。

美国明尼阿波利斯联邦储备银行 | *Minneapolis Federal Reserve Bank*

这座高层建筑［1973 年；明尼阿波利斯市；建筑设计：古纳·柏克兹事务所（Gunnar Birkerts and Associates）；结构设计：斯基林，赫尔，克里斯蒂安，罗伯逊公司（Skilling, Helle, Christiansen, Robertson）］被设计成了超长跨度的结构，从而使下方的市民广场没有障碍物，并且通过这种方式省去了那些会妨碍广场下方地下建筑物布局的立柱。建筑物大体可分为两个部分：地下部分为银行的安全区域，如银库和保险柜等都建造在地下（用于接收和处理大量的钱款）；地上部分是 10 层的办公和管理区，每层楼面积为 16800 平方英尺（1561 平方米）；在入口大厅与端部支承之间是一个开放式广场。正如柏克兹所说："一方面它想要不透明并受到保护，但另一方面又希望变得透明与高效"（McCoy，1973）（图 10.13～图 10.16）。

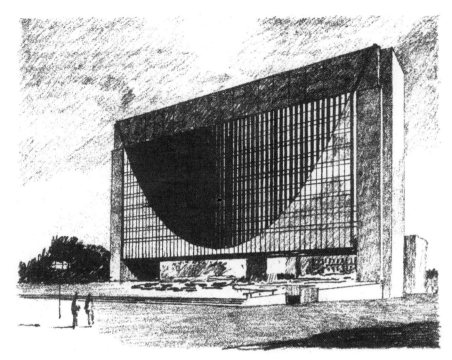

图 10.13　联邦储备银行，外部。

美国明尼阿波利斯联邦储备银行是一座著名的悬挂式建筑，两塔横跨整个广场，跨度为 270 英尺（82.3 米）。广场两端用于提供服务的高塔（包括楼梯、卫生间、客用电梯和其他机械设备用房）为整座办公大楼提供所有竖向支承，并保障了其横向稳定性。终端高塔表面为花岗岩，每个终端高塔都有一个"H"形的钢筋混凝土承重结构，从地面竖直向上直到悬臂处。

两个基础索塔的"悬索"部分由焊接钢板组成，平均厚度 3 英尺（0.91 米），并包含 4 英寸（102 毫米）直径的后张钢丝索。实际上，因为悬索部分的荷载在水平方向上是均匀分布的，所以其形状更接近抛物线。每一组悬索的顶部有 8 根

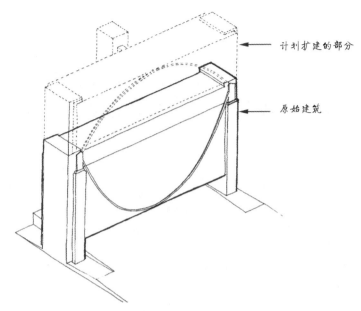

图 10.14 联邦储备银行，轴测细部图展示了计划扩建的部分（以点线表示）。

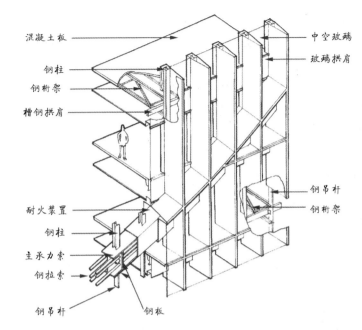

图 10.15 联邦储备银行，办公室墙体的等轴剖视细部图。

缆索，向下减少到 6 根，然后是 4 根，最后是底部的 2 根缆索。

顶部悬索产生的内部水平推力由穿过建筑物楼顶的箱形桁架抵消，桁架高 28 英尺（8.5 米），宽 60 英尺（18.3 米），长 270 英尺（82.3 米）。索塔、桁架和悬索线的作用线在端点相交。在建筑物的每个角落都有一个重达 92 短吨（83 公吨）的钢锚，用来连接这三个主要构件。

缆索之上的楼层由柱子支承（位于缆索顶端），下面的楼层悬挂在凸棱钢管上。玻璃与悬索下的表面平齐，上面向内凹，强调建筑视觉上的韵律感。

由轻型混凝土制成的地板位于中心部位高 10 英尺（3 米）的轻型钢制桁架的钢板上。办公室内的桁架跨度为 60 英尺（18.3 米），而且整个办公室内没有柱子。地板通过蒙皮作用，将受到的风荷载传递到端塔底部。

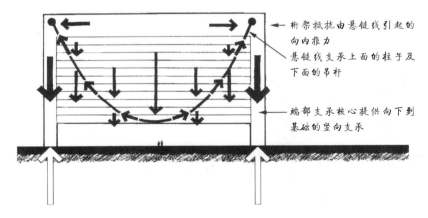

图 10.16 联邦储备银行，荷载传递路径示意图。

杜勒斯机场航站楼 | *Dulles Terminal Building*

杜勒斯机场航站楼［1962 年；华盛顿特区；建筑设计：埃罗·沙里宁事务所（Eero Saarinen and Associates）；结构设计：安曼和惠特尼公司（Ammann and Whitney）］，是一个将巧妙的规划与丰富的表现力相结合的建筑。该建筑因其紧凑的布局以及便捷的流线型（通过提供移动的旅客休息室使旅客的步行距离达到最小）而闻名于世。其跃然凌空、优雅夺目的悬挂式穹顶轮廓和大型支承塔架使其成为现代建筑最杰出的范例之一（Saarinen，1963；Editor，1960a；1963a）（图 10.17～图 10.19）。

屋顶每侧设有一排 40 英尺（12.2 米）的混凝土塔架，用以支承整个屋顶结构，外侧塔架高 65 英尺（19.8 米），场内侧塔架高 40 英尺（12.2 米）。塔架由间距为 10 英尺（3 米）、直径为 1 英寸（25 毫米）的平行悬索组成，悬链之间铺设有预制混凝土面板，整体形似悬挂在混凝土"大树"之间的巨大吊床。屋顶的外边缘是现浇混凝土，由此形成了建筑物的边梁，以支承塔架之间的三组悬索。

施工过程中，通常采用在预制面板上临时布置沙袋的方法，达到悬索的设计垂度。一旦达到设计垂度，便会在悬索周围灌注混凝土并对其进行养护，待其

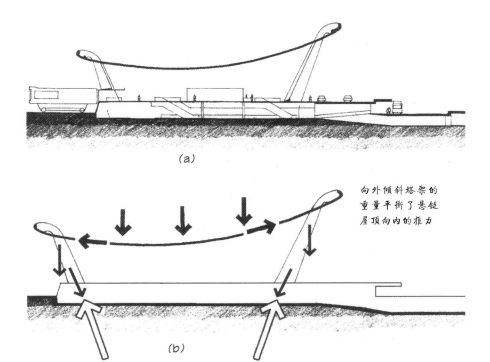

图 10.18　杜勒斯机场航站楼：（a）剖面图，（b）荷载传递路径示意图。

图 10.17　杜勒斯机场航站楼，外部。

硬化后形成倒拱，（与面板上的恒荷载一起）用来抵抗风荷载形成的上升推力。混凝土桥塔采用大型倾斜悬臂柱形式，16 个高架塔均配有 20 短吨（18.1 公吨）的钢筋，以抵抗悬索产生的内部推力。

双层悬索结构 | Double-cable Structures

双层悬索结构类似于单曲率悬索结构，区别是在主要承重索下方加置一系列稳定索，以抵抗风荷载产生的向上推力（图 10.20）。如果每对承重索和稳定

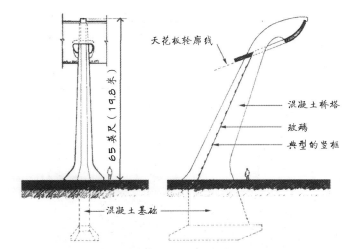

图 10.19　杜勒斯机场航站楼：塔架立面图。

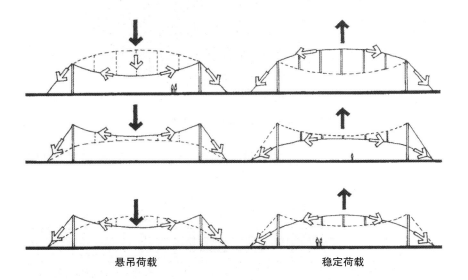

悬吊荷载　　　　　　　　　稳定荷载

图 10.20　三个双层悬索结构实例，下凹的承重索（左侧）与上凸的稳定索（右侧）荷载示意图。

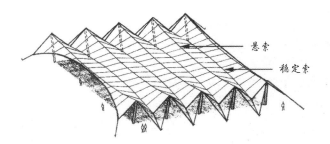

图 10.21　不同平面上的悬索与稳定索。

索位于同一竖直平面内，则需要增加连系杆（连系杆垂直于该平面）以保证结构的侧向稳定性（图 10.21）。

双层悬索结构案例研究 | Double-cable Suspension Case Studies

丹佛国际机场航站楼 | Denver International Airport Terminal

　　丹佛国际机场航站楼的特别之处在于其采用了双层悬索结构的加强钢骨架屋顶，它的南航站楼候机大厅是拥有世界上最大的全封闭整体抗拉覆面材料结构的建筑物［1995 年；丹佛，科罗拉多州；建筑设计：芬特雷斯，布拉德伯恩事务所（Fentress，Bradburn，and Associates）；结构设计：塞韦鲁事务所（Severud Associates）］。整个屋顶包含 34 个起伏的"山峰"，这些"山峰"由 34 个相隔 150 英尺（46 米）的钢质桅杆构成，每组桅杆之间相距 60 英尺（18.3 米）。半透明的特殊材料制成的覆面材料自峰顶垂下，横跨 240 英尺（73 米）的候机大厅。之所以选择这种特殊的覆面材料，是因为其轻盈、美观以及装配快捷的特点。顶部和底部的缆索承载了大部分的拉力，并对覆面材料起到了加固作用。承重索支承由雪荷载和自重引起的重力负荷，稳定索则抵消了由风荷载引起的向上推力。第三组缆索间隔 40 英尺（12.2 米），连接承重索与稳定索，并加固覆面材料（Landeker，1994；Stein，1993；Blake，1995）（图 10.22～图 10.25）。

图 10.22　丹佛国际机场航站楼，象征白雪皑皑落基山脉的帐篷式屋顶。

图 10.24　丹佛国际机场航站楼，候机大厅内部。

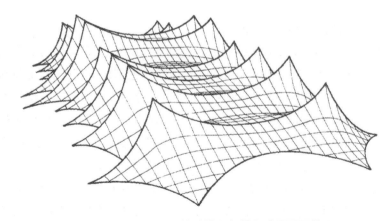

图 10.23　丹佛国际机场航站楼，钢骨架式屋顶网格图。

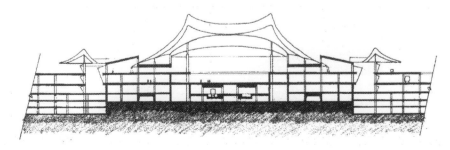

图 10.25　丹佛国际机场航站楼，候机大厅剖面图，每侧均有五层停车场。

　　屋顶由带有覆面材料聚四氟乙烯涂层的双层玻璃纤维制成，外层厚 0.28 英寸（7 毫米），是主要的结构层；内层为内部空间提供隔声屏障，并创造出一个空腔以减少内部空间的热量损失。

　　建筑物的一个关键细节在于上方柔性覆面材料屋顶与下方刚性墙体之间的连接。售票大厅上方是一个巨大的三角形玻璃天窗，使人们在大厅内就可以看到外面的天空。天窗的上边缘与屋顶覆面材料相连，随着覆面材料的移动，压缩空气管道随之膨胀和收缩，屋顶也随之产生 3 英寸（76 毫米）的位移。

　　覆面材料与缆索通过钢制桅杆相连，锚固在每侧的建筑维护结构中。这些锚固构件会抵消双层悬索屋顶产生的内部推力，桅杆只提供竖向支承，并与基础铰接。

尤蒂卡礼堂 | *Utica Auditorium*

　　类似丹佛国际机场航站楼的平行布置的双层悬索结构的缺点之一就是必须要抵抗悬索结构产生的内部推力。对于碟形悬索结构，这些应力通过中心内环梁来平衡，因此避免了设置钢缆或者大型悬臂塔架（如杜勒斯机场航站楼使用的索

塔）。尤蒂卡礼堂［1962 年；尤蒂卡，纽约州；结构设计：列维·莱特林事务所（Lev Letlin Associates）］（图 10.26）就是采用这种形似"自行车车轮"的碟形悬索屋顶结构的例子。在该礼堂中，悬索按辐射状布置，一端锚固在直径为 240 英尺（73 米）的受压外环梁上，另一端锚固在中心的受拉内环上，以承担重力荷载。类似于稳定索的结构位于受压的外环梁和受拉的内环梁间，以此来平衡上拔力。承重索与稳定索之间和两个环梁之间通过竖直的支柱分隔开来。受压的外环梁通常为混凝土材质，并由周边柱支承。

双曲面交叉索网结构 | Double-curvature Structures

　　双曲面交叉索网结构由两组**曲率相反**的拉索交叉组成（结构整体呈马鞍形，下凹的一组为承重索，上凸的一组为稳定索），**承重悬索**横跨一个方向并支承构件，同时将**稳定索**沿垂直方向拉紧，以抵抗风荷载形成的推力（图 10.27）。

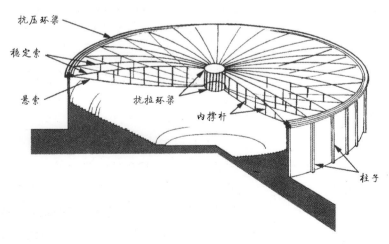

图 10.26　尤蒂卡礼堂，剖切轴测图。

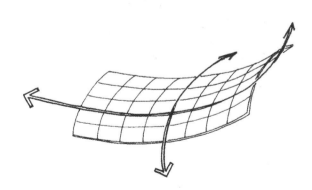

图 10.27　反曲率结构是一种典型的双曲面网状悬索结构，可防止由风的上拔力引起的振动。

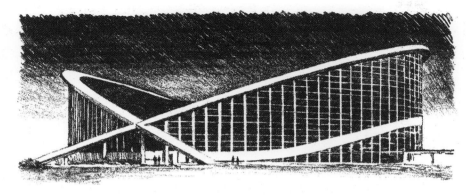

图 10.28　美国罗利市牲畜展赛馆，外部。

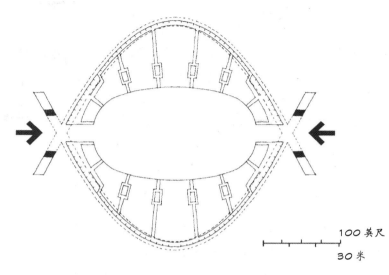

图 10.30　美国罗利市牲畜展赛馆，平面图。

100 英尺
30 米

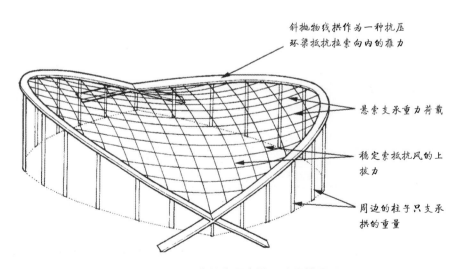

斜抛物线拱作为一种抗压
环梁抵抗拉索向内的推力

悬索支承重力荷载

稳定索抵抗风的上拔力

周边的柱子只支承拱的重量

图 10.29　美国罗利市牲畜展赛馆，结构轴测图。

双曲面交叉索网结构案例研究 | Double-curvature Suspension Case Studies

美国罗利市牲畜展赛馆 | Raleigh Arena

美国罗利市牲畜展赛馆是为牲畜比赛而设计的 [1952 年；罗利（Raleigh），北卡罗来纳州；建筑设计：德特里克和诺维茨基事务所（Deitrick and Nowicki）；结构设计：西弗鲁德，埃尔斯塔德和克鲁格公司（Severud, Elstad, and Krueger Associates）]，是早期马鞍形悬索结构的著名实例之一。受压的支承拱与受拉的被支承屋顶之间有较明显的区别（图 10.28～图 10.30）。

鞍形悬索结构屋顶不仅满足了结构本身的内力条件，还满足了可容纳 5500 人的封闭看台的空间需求；与穹顶结构不同，它为最高层看台的观众和最低层看台的观众提供了尽可能多的行动空间，而且还可以在坐席上方安装大量的玻璃，十分有利于建筑物的天然采光（Editor, 1954a）。

该赛馆的两倾斜交叉拱间距 298 英尺（90.8 米），沿赛馆纵向布置承重索，缆索直径介于 0.75~1.3 英寸（19~33 毫米）之间，索网网格宽 6 英尺（1.8 米）。稳定索沿赛馆横向布置，主要用于减少风荷载对建筑的影响，稳定索直径介于 0.5~0.75 英寸（13~19 毫米）之间，索网网格间距与承重索相同。通过施加预应力使承重索与稳定索相互张紧，以防止在气温较高时承载力减弱。索网上方铺设波形钢板屋面，并覆盖有 1.5 英寸（3.8 厘米）的刚性绝缘层和装配式屋面卷材（Editor，1953）。

主要支承构件由两个相对斜放的钢筋混凝土拱组成，交叉拱为槽形断面，高度为 90 英尺（27.4 米）。交叉拱的高度是变化的，从交叉点附近的 15.1 英尺（4.6米）到顶端的 12 英尺（3.7 米）不等，厚度为 30 英寸（76 厘米）。其底部四周用钢柱支承以便减少结构自重并保持结构的平衡，因此可以使缆索的拉力作用线位于交叉拱的平面上。这样，屋顶上的荷载可以通过拱顶直接传递到钢柱上。当荷载持续通过两拱交叉点传递到地面上时，基础与交叉拱之间采用铰接连接，以此来防止基础处产生巨大的弯矩。为了减小支座向外的推力，支架的基础相互间用一根基础拉杆连接起来，以平衡其水平分力，减小结构的水平位移（Voshinin，1952）。

钢柱兼作结构竖框，只用来支承交叉拱结构的重量，并不支承屋顶结构，所以它们的柱距比结构要求的更小，只受采光需求的影响。

耶鲁大学冰球馆 | *Yale Hockey Rink*

耶鲁大学冰球馆形似一艘停泊的维京大划艇（1958 年，纽黑文，康涅狄格州；建筑设计：埃罗·沙里宁事务所；结构设计：西弗鲁德，埃尔斯塔德和克鲁格公司），在形体设计上综合考虑了建筑物的功能性、美观性及稳定性等因素（图 10.31~ 图 10.33）。作为冰球场，其椭圆形的形体可以最大程度地使 2900名观众靠近场地中间。一般来说，在穹顶和其他拱形结构中存在反射声聚焦的固有问题，而凸侧曲率结构则大大减少了反射声聚焦对观众的影响。与其他冰球馆

图 10.31 耶鲁大学冰球馆，外部。

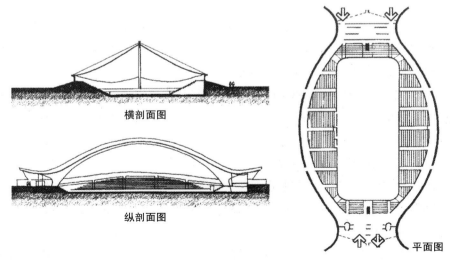

横剖面图

纵剖面图

平面图

图 10.32 耶鲁大学冰球场，剖面图和平面图。

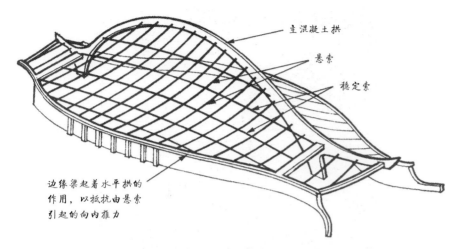

图 10.33　耶鲁大学冰球场，剖视图。

主混凝土拱

悬索

稳定索

边缘梁起着水平拱的
作用，以抵抗由悬索
引起的向内推力

相比，这个位于校园中心优越位置的冰球馆，被赋予了最为实用的拱形建筑结构。在沙里宁看来，这样充满戏剧性和雕刻感的造型对于建筑物来说是必要而且合理的（McQuade，1958；Saarinen and Severud，1958）。

冰球馆采用了跨度为 240 英尺（73 米）的大型混凝土拱形中脊，这也是采用椭圆形结构的主要决定因素。在拱的末端，由曲率相反的悬臂支承每侧的穹顶式入口，悬臂长 40 英尺（12.2 米）。悬索自中脊拉向四周的弧形墙身，间隔大致为 6 英尺（1.83 米）。除主缆之外（包含在屋顶结构中），在每侧增设三条缆索（改造时增设），以此来增强混凝土拱的横向稳定性。周边混凝土墙倾斜，并在顶部形成一个 7 英尺（2.1 米）深、18 英寸（46 厘米）宽的水平拱门，用来抵抗悬索产生的内部推力。

2 英寸（51 毫米）厚的木质企口屋顶板向反方向延伸。除了抵抗横向缆索之间的弯曲外，木质企口屋顶板还在张力作用下与每侧的九根纵向稳定索一起抵

抗风的上拔力。

慕尼黑奥林匹克体育场 | Munich Olympic Stadium

慕尼黑奥林匹克体育场［1972 年；慕尼黑；建筑设计：贝尼施事务所（Behnisch and Partner）；结构设计：弗雷·奥托，莱茵哈特和安德拉（Frei Otto，and Leonhardt & Andrae）］的屋顶是一个双曲面悬索结构，这种结构的特性和外观形似帐篷。该建筑是为 1972 年奥林匹克运动会设计的，主要为田径类比赛、足球和马术比赛提供场所，奥运会结束后一直作为比赛及休闲场所使用（图 10.34~图 10.38）。

实际上，设计师甘特·贝尼施（Günter Behnisch）设计的帐篷式屋顶还和能

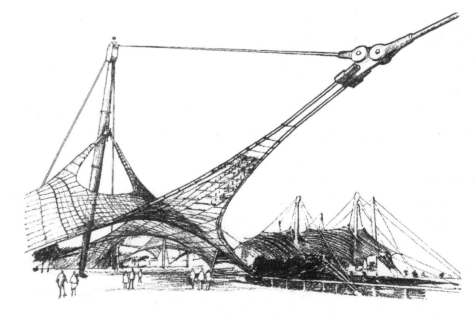

图 10.34　慕尼黑奥林匹克体育场，外部。

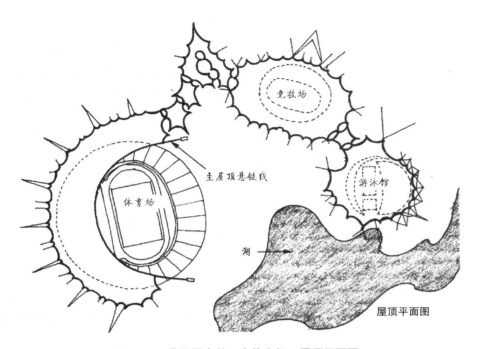

图 10.35　慕尼黑奥林匹克体育场，屋顶平面图。

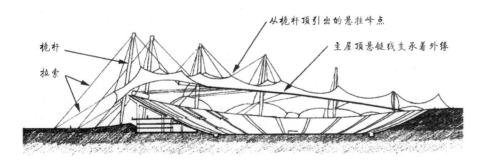

图 10.36　慕尼黑奥林匹克体育场，剖面图。

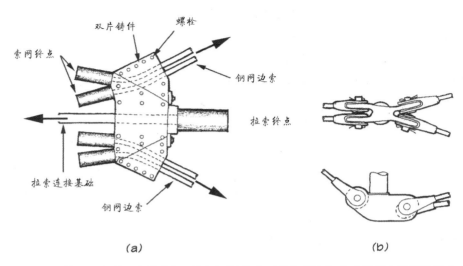

图 10.37　慕尼黑奥林匹克体育场，节点细部图:（a）边缘缆索与基础缆索之间的连接节点，
（b）体育场屋顶下支承一个小型公用设施塔的铸钢节点。

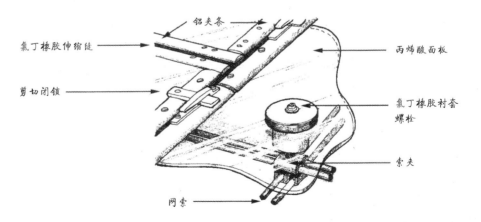

图 10.38　慕尼黑奥林匹克体育场，索网之间的连接节点采用氯丁橡胶衬套来连接丙烯酸
（塑料）板，丙烯酸板之间采用氯丁橡胶接缝。

容纳 1.4 万人的体育馆（用于举办体操、手球、篮球比赛及其他室内活动）及容纳 8000 人的游泳馆（用于游泳和跳水）相连。这些建筑都建在地面上，但所有的公共设施和辅助设施都在地面以下或看台下方。悬索屋顶是建筑的主要结构，并且覆盖了整个西看台和大部分比赛区［80 万平方英尺（74322 平方米）］，成为当时世界上最大的张拉膜结构（图 10.35）。在弗雷·奥托的书中记录，慕尼黑奥林匹克体育场的帐篷式悬索屋顶是张拉结构发展过程中的一个巅峰（Otto，1954）。

屋顶采用双曲面预应力悬索结构，可防止风荷载引起的颤振。整个屋顶采用了三种不同直径的钢制缆索，较宽网格的屋顶采用直径为 1 英寸（25 毫米）的缆索，承重索与稳定索之间的间距为 2 英寸（51 毫米），网格在每个方向上的边长均为 30 英寸（76 厘米，在交点处以索夹固定）。索夹同时用来连接丙烯酸（塑料）板，总量达到 13.7 万个。边缘缆索直径为 3.1 英寸（79 毫米）；缆索最大直径为 4.7 英寸（119 毫米），用于连接边缘缆索与基础支座，或者放置于顶端，用于连接桅杆顶部。主缆长达 1440 英尺（439 米），用于支承前缘。主缆承受的荷载高达 5000 短吨（4536 公吨），由 10 根最大直径的缆索结成一捆构成（Editor，1971a；1972）。

12 根管状钢制桅杆构成主要的竖向支承，高度 165~262 英尺（50~80 米）不等，直径为 11.5 英尺（3.5 米），壁厚可达 3 英寸（76 毫米）。这些巨大的桅杆位于看台后方，以防观众视线受阻。缆索自每根桅杆顶端斜拉，以支承网格悬索的顶部。主缆索束锚固在体育馆的两端，主缆将悬索网格自桅杆顶端拉向主看台。这种做法使帐篷式的悬索屋顶覆盖了看台，好像盘旋在半空，没有明显的支承。整个屋顶结构横跨看台，并向看台后方的几个相邻空间延伸，平衡了主悬索产生的巨大推力。

但是，在施工过程中出现了两个在规划和设计阶段没有预见到的问题。最初的设计方案是在悬索网格下悬挂聚氯乙烯覆盖的聚酯覆面材料（类似于蒙特利尔世界博览会的德国馆），然而为了满足彩色屏幕的照明需求，网索屋顶上镶嵌了浅灰棕色丙烯酸面板，并用氯丁橡胶将玻璃卡在铝框中。

第二个问题则是基础，在设计之初，结构工程师坚持认为承重的主缆应该锚固于地下，这是永久性结构的公认惯例。但是当地的建筑部门要求使用更加昂贵和烦琐的刚性基础——长 60 英尺（18.3 米）、宽 20 英尺（6.1 米）的巨型混凝土基台。

但是这些困难并没有阻止这座建筑物在外观与工程上取得巨大成就。正如一位评论家所言："从远处看，奥林匹克体育馆的屋顶是一个优美的、形似鲸鱼背部的结构，它巨大的皮肤像大块的明胶一样在太阳下闪闪发光，它的八个巨型塔架承受着巨大的压力。在跑道上可以欣赏到所有优美的景色。抬头望去，轻盈的巨型透明天棚仿佛飘浮在头顶，但运动员们会有时间去看吗？"

卡尔加里马鞍形体育馆 | *Calgary Saddledome*

卡尔加里马鞍形体育馆［1983 年，卡尔加里（Calgary），阿尔伯塔省，加拿大；建筑设计：格雷厄姆·麦考特（Graham McCourt）；结构设计：扬·伯布朗斯基

图 10.39　卡尔加里马鞍形体育馆，东南侧外部。

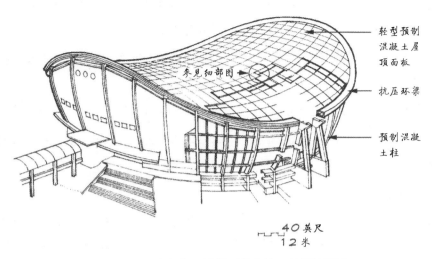

图 10.40　卡尔加里马鞍形体育馆，剖切轴测图。

轻型预制混凝土屋顶面板

抗压环梁

预制混凝土柱

参见细部图

40 英尺
12 米

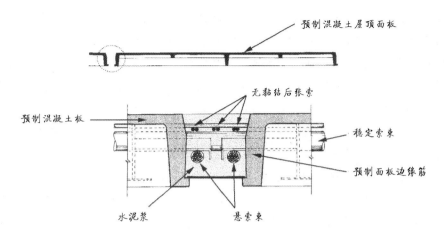

预制混凝土屋顶面板

无黏结后张索

预制混凝土板

稳定索束

预制面板边缘筋

水泥浆

悬索束

图 10.42　卡尔加里马鞍形体育馆，现浇板连接件细部剖面图。

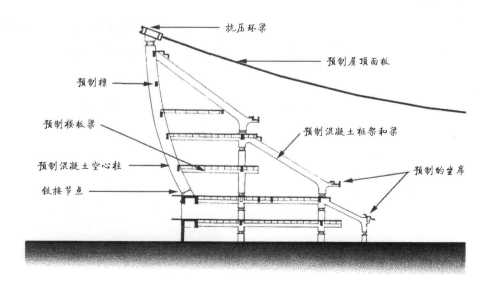

图 10.41　卡尔加里马鞍形体育馆，屋顶最高点剖面图。

抗压环梁

预制屋顶面板

预制檩

预制楼板梁

预制混凝土框架和梁

预制混凝土空心柱

铰接节点

预制的坐席

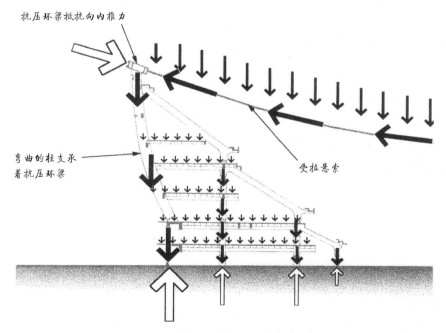

图 10.43　卡尔加里马鞍形体育馆，荷载传递路径示意图。

抗压环梁抵抗向内推力

弯曲的柱支承着抗压环梁

受拉悬索

事务所（Jan Bobrowski and Partners）］的屋顶为双曲面交叉索网结构，在混凝土结构外围悬挂钢制悬索网格。球形的屋顶表面与外墙之间通过马鞍形的边缘连接。钢制索网承载着预制混凝土板，形似一个扭曲变形的网球拍。选择这种几何形状并不只是为了追求新颖的外观，而是因为结构的要求，这种结构形式可以将荷载直接传递给基础（Orton，1988；Editor，1983c）（图 10.39～图 10.43）。

屋顶结构的主要组成部分为受压的混凝土环梁，在竖直方向上由两个较低的点支承，横向稳定性由一组剪力墙维持（在这些剪力墙的每一端都有一个"A"形框架支承），周边柱仅用于支承受压环梁。屋顶形状接近一个完美的双曲抛物面，使承重索（曲率向上）与稳定索（曲率向下）在竖直方向上具有抛物线的形状。悬索最大跨度为 443 英尺（135 米）。悬索网格尺寸为 20 英尺 ×20 英尺（6 米 ×6 米），每组双层承重悬索配有 12 根 0.6 英寸（15 毫米）的预应力钢筋束，单根的稳定索配有 19 根 0.6 英寸（15 毫米）的预应力钢筋束。

轻型预制混凝土板为正方形，边长为 18.6 英尺（5.67 米），厚度为 14 英寸（356 毫米），在三个方向上由未互相结合的缆索支承。这些后张稳定索的空隙由现浇的轻质混凝土填充。随着混凝土填充的完成，屋顶部分地承担了壳体的作用。实际上，屋顶以两种方式承担荷载：作为缆索网和作为壳体。

在建造过程中，屋顶是一个由受压环梁支承的柔性索网，所有的恒荷载都以这种方式支承。当屋顶建设完成时，其作为一个刚性壳体对进一步的荷载做出反应，这种刚性壳体是由承重索和后张的稳定索加固的。所有的活荷载都由壳体承担。

小结 | Summary

1. 当荷载均匀分布在缆索水平跨度上，不考虑缆索的自重，悬索的悬吊形状为**抛物线**。

2. **悬链线**是一种无荷载的缆索形式，它的形状完全由绳索的自重决定。

3. "悬链线"一词被更广泛地用于指代所有荷载沿其长度分布的弯曲悬索构件。例如，尽管其弯曲形状更接近抛物线，悬索桥的主索却为悬链线形式。

4. 悬索结构的下垂**深度**决定了其水平方向的（向内的）推力；下垂深度越小，推力越大。

5. 大多数用于建筑屋顶结构的悬索，其垂跨比为 1:8～1:10。

6. 悬索结构可分为三大类：**单曲率悬索结构**、**双层悬索结构**以及**双曲面交叉索网结构**。

7. **单曲率悬索**结构是由跨越主支承的两条或多条平行悬索组成的。

8. **双层悬索**结构类似于单曲率悬索结构，区别是在主要承重索下方加置一系列稳定索，以抵抗风荷载产生的向上推力。如果每对承重索和稳定索位于同一竖直平面内，则需要增加连系杆（连系杆垂直于该平面）以保证结构的侧向稳定性。

9. **双曲面交叉索网**结构由两组**曲率相反**的拉索交叉组成，**承重悬索**横跨一个方向并支承构件，同时将**稳定索**沿垂直方向拉紧，以抵抗风荷载形成的推力。

第 11 章　帐篷结构

Tents

船帆和船索属于张拉结构，没有人比水手更了解它们的特性。

——霍斯特·伯格

帐篷是一种通过受压拱或者桅杆支承的、轻薄且抵抗弹性的张拉膜结构。它是双曲率悬索结构的一种变体，在这种结构中，缆索之间的空间减少至无，表面变成连续的张拉膜。在帐篷结构中，绷紧的膜承受大部分乃至全部的张力。完全由张拉膜构成的小型帐篷结构，通常由桅杆（或柱）或拱支承（图 11.1）。随着结构跨度的增加，薄膜所承受的张力随之增加，必须分区域用悬索将薄膜张挂起来，由悬索承担主要的张力。

如果帐篷的边缘是柔性的（未与其他结构相连），它通常会被塑造成凹曲线形状，以确保结构始终处于拉紧状态。由于结构边缘通常为高应力区域，通常由与锚固点相连的缆索进行加固。这些锚固点可能会与钢制缆索相连（这样可以将张力传递给基础），或者由桅杆或受压混凝土柱支承（可以将压力传递至地面）。

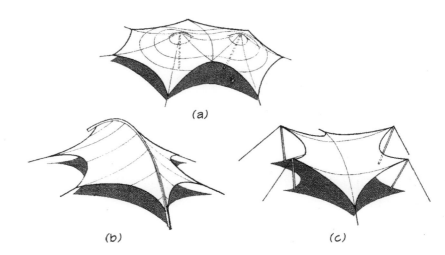

图 11.1　由不同受压构件支承的帐篷结构：（a）内部桅杆，（b）内部拱，（c）外部桅杆。

帐篷结构的设计 | Designing Tent Structures

参与过许多帐篷结构设计的工程师霍斯特·伯格曾写道："尽管近年来材料和技术水平有了长足的进步，但大多数建筑师仍对帐篷结构的设计与性能普遍缺乏足够的了解。"**薄膜**和**帐篷**普遍具有临时性与易损性，这掩盖了帐篷结构比许多传统的结构形式更为安全与可靠的事实——薄膜十分轻巧，还可以提供一个连续的柔性防水面。薄膜结构在三维空间内的复杂性，通常会掩盖其在结构上的简易性，薄膜结构通常仅凭张力和曲率就可以实现结构的稳定性和承载的能力。这一特性，使薄膜结构成功应用于实际。

"对于薄膜结构来说，建筑形式和结构功能是完全统一的。因此，结构设计和建筑设计是密不可分的，对于结构的理解也是一个非常重要的设计工具。外观与结构之间关系密切，这并不难理解，所以观察这些结构是一种非常有效的启发设计的方式。"（Berger，1985）

另一种直观理解帐篷结构适宜形状的方法是，使用等比例缩放的由拱、桅杆或缆索支承的薄膜结构模型进行实验。从建筑规模的角度看，最小程度的拉伸是最为理想的；事实上，之所以选择帐篷结构是因为它可以抵抗拉伸所产生的荷载（与其他结构形式相比）。模型中的三维形态由拉伸构造表现，这种构造是通过在组装前调整薄膜的形状和位置来等比例建造的。这种技术也被应用于船帆的设计和建造，以确保正确的空气动力学形状。在现有帐篷结构中，设计师利用三维计算机模型来规划帐篷结构的形状及其各个面板，并计算其内部的拉应力，最终得出结论，就结构的风稳定性（以及寿命）而言，帐篷结构采用双曲面结构是非常必要的（图 11.2）。

支承构件 | Supports

帐篷结构是中心支承结构（如悬索桥和双臂斜拉桥）的一种。结构最容易实现的支承方式为桅杆支承，但由于非结构性的原因，在功能方面此种支承方式

图 11.2　大多数帐篷结构的鞍形特征可以通过将弹性材料的四个角延伸出其平面来产生和研究。需要注意的是，由于边缘自然呈现凹形轮廓，因此它们始终保持张力状态（直线边缘易于颤动）。在帐篷结构中，这些边缘都是高应力区域，应用钢索加固。

并不受欢迎。我们还可以使用拱形或更复杂的受压结构来提供竖直方向上的支承（图 11.3）。悬索可悬挂在侧面的柱子上，连接薄膜顶端不同的点进行支承（图 11.4）。在使用中心支承的地方，可以通过使用环辐式悬索柱头将荷载分配到较大区域上，从而减小薄膜的应力（图 11.5）。

图 11.3　展馆，海洋世界（Sea World，1980 年；圣迭戈，加利福尼亚；结构设计：霍斯特·
伯格）。在此建筑中，通过压杆来支承帐篷结构的各个屋脊，从而避免了使用
中心桅杆。而且，帐篷下方的水平受压撑杆可以抵消推力，因此无须布置超出
结构周边的钢制拉索。

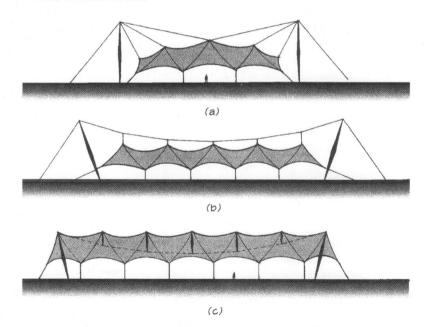

图 11.4　悬挂在桅杆上的缆索可以用来支承帐篷峰顶：（a）外部桅杆，（b）带悬索的
外部桅杆，（c）带悬索的内部桅杆，支承在撑杆上。

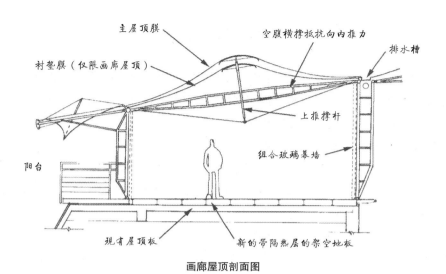

画廊屋顶剖面图

图 11.5　想象力建筑［Imagination Building，1994 年；伦敦；建筑设计：海伦事务所
（Herron Associates）］：通过环辐形的撑杆支承帐篷屋顶的中心。

材料 | Materials

　　传统上，帐篷被视作只适用于临时性的结构，因为面料长时间暴露在日光
下会使其性能恶化。覆面材料的改进（尤其是玻璃纤维）以及可最大限度减少日
光造成材料变质的涂层（例如杜邦特氟龙）的发展，将帐篷薄膜面料的使用寿命
延长至 20 年以上，使其可用于永久性结构。

边界 | Boundaries

　　如果帐篷的边缘是柔性的，它们通常由缆索加强。膜的应力模式和结构的
支承体系使其呈现出特定的凹形。刚性边缘（如墙、梁和拱）可采用任何形状，
只要其沿膜的边缘产生有利的曲率并能抵抗由此产生的应力。

帐篷结构案例研究 | Tent Case Studies

朝觐航站楼，阿卜杜勒阿齐兹国王国际机场 |
Haj Terminal, King Abdul Aziz International Airport

　　朝觐航站楼［1982 年；吉达，沙特阿拉伯；建筑设计：斯基德摩尔，奥茵斯和梅里尔（Skidmore, Owings, and Merrill）；结构设计：盖格·伯格事务所（Geiger Berger Associates）］，在设计之初计划容纳预计在 1985 年访问麦加的 95 万名朝圣者。航站楼在 18 小时的抵港时间段内可容纳乘客 5 万人，在 36 小时的离港时间段内可容纳乘客 8 万人（图 11.6～图 11.8）。

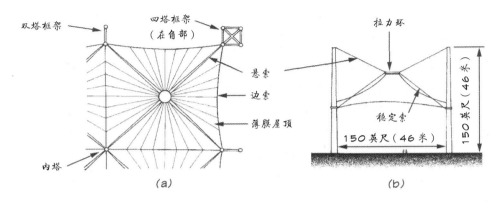

图 11.7　朝觐航站楼，（a）平面图，（b）剖面图。

图 11.6　朝觐航站楼，外部。圆锥形的帐篷顶部通过缆索和周围四个桅杆相连。

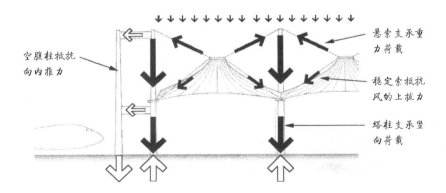

图 11.8　朝觐航站楼，双侧悬索荷载传递路径示意图。四角的撑杆和边缘的两框架柱用来抵抗帐篷向内的推力。因帐篷向内的力被各侧面的构件分担，所以内部可设置独立桅杆。

在设计航站楼时，建筑师们将目光转向了该地区传统游牧建筑的结构——贝都因人的帐篷。航站楼的设计也呼应了麦加附近米纳山谷（valley of Meena）中为朝圣周建造的临时帐篷群。在参观这个帐篷群的时候，设计师们了解到当地人长期以来的共识，炎热的沙漠中，在雨伞的阴凉下要好过被封闭在一幢闷热的建筑中。他们还意识到，如果只依赖于人工空调系统和照明系统，航站楼的运行成本会非常昂贵，特别是每年的使用高峰时期较短。综合考虑各种因素，设计师们选择了半透明覆面材料材质的帐篷式屋顶，这样可以使整个航站楼获得足够的天然光。在夜间，屋顶就变成了塔顶聚光灯的反射面。为了使建筑物得到有效的通风降温，帐篷的形状与高度的设计考虑到了热对流因素，通过中心开口向上并向外引导通风（Editor，1979）。

这些帐篷的面积超过 460 万平方英尺（43 万平方米），是世界上面积最大的帐篷式屋顶。基本模块是一个方锥形帐篷，每边长为 150 英尺（45.7 米）。21 个模块为一组，风景园林式商场将 10 组模块分为两部分，每部分 5 组（共 210 个帐篷模块）。全封闭并装有空调系统的航站楼被巨大的帐篷式屋顶笼罩，屋顶的外边缘平行于机场的停机坪（Editor，1983b）。

每个模块包含一个半圆锥形的覆面材料帐篷，帐篷的一侧连接到开放式的中心顶峰一个直径为 13 英尺（3.96 米）的钢制抗拉环梁上，另一侧通过四周的缆索固定在四周桅杆的中间高度处。这种聚四氟乙烯涂层的玻璃纤维覆面材料的寿命为 20 年左右。屋顶由 32 根钢索加固，钢索由抗拉环梁向周边缆索呈辐射状分布，这些缆索承担大部分张力，而玻璃纤维覆面材料覆盖于缆索之上。一旦钢索到位并张紧，覆面材料整体呈半椭圆鞍形，其双曲面可以抵抗由风荷载引起的颤动（Editor，1980）。

桅杆（或塔架）由高度为 150 英尺（46 米）的钢管组成，钢管底部直径为 7.4 英尺（2.3 米），顶部直径为 3.3 英尺（1.0 米）。内部的桅杆支承着四个相邻帐篷模块的角，内部产生的推力相互制约抵消，并且风荷载是这些悬挑构件上唯一的横向荷载。在每组帐篷模块的边缘处，由于没有相邻的帐篷模块，故缺少相应

的固定拉索（中间高度处）和环形抗拉缆索（顶部）使得内部推力无法被抵消。所以边缘处的桅杆两两一对并与剪切板相连，形成二维空间上的空腹桁架形式，以抵抗无法平衡的侧向荷载。在每组模块的角部，两个方向上存在此类推力，所以将四个桅杆聚集组成一个三维的框架。

总而言之，该建筑受到了众多褒奖，用评审委员会的话来说，这座建筑代表了一种文化的纪念性。这个像海市蜃楼一样的建筑物，飘浮在沙漠之上，呼应了朝圣者们的飞行经历，并反映了他们虔诚的品性（Editor，1983b）。

利雅得体育场 | *Riyadh Stadium*

霍斯特·伯格设计的朝觐航站楼促进了帐篷结构的发展，并促成了他接手沙特的这个项目［1986 年；利雅得，沙特阿拉伯；建筑设计：弗雷泽，罗伯茨

图 11.9 利雅得体育场，遮篷入口外部。

图 11.10 利雅得体育场，内部中心环索细部图。

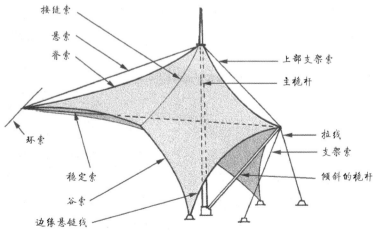

接缝索
悬索
脊索
上部支架索
主桅杆
环索
拉线
支架索
倾斜的桅杆
稳定索
谷索
边缘悬链线

图 11.11 利雅得体育场，单体模块模型（24 个之一）。

事务所（Fraser，Roberts，and Partners）；结构设计：霍斯特·伯格事务所（Horst Berger Partners）］。该建筑由 24 个相同的帐篷模块组成，围绕成一个圆形，形成覆盖主看台的环形天篷。比赛场的正中是露天的。像慕尼黑奥林匹克体育场一样，建筑的桅杆位于座椅之后，以保证看台 60000 个坐席的视野通畅。帐篷总面积为 500000 平方英尺（46452 平方米）（图 11.9~ 图 11.11）。

　　覆面材料在脊索、谷索与边缘悬索之间延伸。屋脊处悬索与主桅杆相连，并且在平面上径向分布。在脊索之间的谷索呈放射状布置，并锚固在地面上，以保持结构稳定并抵抗风荷载引起的上升推力。脊索的外边缘与边缘悬索的外边缘固定在同一点，该点由倾斜的桅杆和两个三角状分布的拉线交汇而成。薄膜的内侧与中心环索相连，以平衡倾斜的桅杆与拉线产生的向外推力。为了使结构具有可装配性、超静定性和额外的刚度，又增加了附加缆索体系。这其中包括一条悬索、一条稳定索和一条上部支架索，并与每个模块的脊索对齐。这个缆索体系和桅杆、后方支架索以及中心环索一起构成了稳定体系，不需要薄膜增加稳定性（Editor，1985）。

　　该结构还包含一个屋顶清洁系统，旨在保持薄膜 8% 的透光率和 75% 的太阳光反射率。较高的太阳光反射率和开放式顶棚的自然对流通风大大提高了观众的舒适度。雨水通过倾斜的屋顶流向较低处，汇集后排出。中心环索同时支承着室内扬声系统和照明系统，在夜间，通过顶棚对灯光的反射将观众区照亮。

土墩看台，罗德板球场 | Mounds Stands，Lord's Cricket Field

　　霍普金斯在设计罗德板球场新的土墩看台［1987 年；伦敦；建筑设计：迈克尔·霍普金斯事务所（Michael Hopkins，and Partners）；结构设计：奥雅纳工程咨询公司］时，使用薄膜创造了一个优美的帐篷式屋顶，这一 19 世纪建在草坪上的临时性建筑被用于举办周六下午的板球比赛。霍普金斯与工程师合作，在现有体育场的上方设计了一个钢结构的上层建筑，以容纳两层新的座位，优美的屋顶成为该建筑的一大特色（Davey，1987；1988）（图 11.12~ 图 11.14）。

图 11.12　土墩看台，罗德板球场，外部。

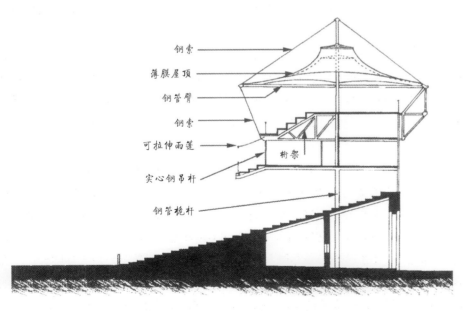

钢索

薄膜屋顶

钢管臂

钢索

可拉伸雨篷

桁架

实心钢吊杆

钢管桅杆

图 11.13　土墩看台，罗德板球场，剖面图。

图 11.14　土墩看台，罗德板球场，球场内部帐篷顶的抗拉环梁细部图。

在结构上，屋顶独立于现有的砖结构，由 6 个直径为 16 英寸（406 毫米）的管状钢柱支承，这些钢柱同时支承钢梁屋脊。由屋脊悬挑出的横梁构成了顶层的地板和观景台上方的天花板。在建筑后方，横梁由板梁连接，这些板梁将荷载传递到柱廊的拱门之间间距为 59 英尺（18 米）的竖向受拉钢杆上。

顶层的座位由薄膜帐篷覆盖，由钢框架和悬索支承。在设计之初计划采用聚四氟乙烯涂层的玻璃纤维覆面材料，但考虑到防火因素，最终采用了 PVC 聚酯涂层。这种薄膜是按照电脑生成的图案进行切割的，并用超声波焊接六个桅杆之间延伸出的七个部分。每个桅杆周围的钢制环梁张开，薄膜形成一个圆锥形帐篷形状（Editor，1987）。

小结 | Summary

1. **帐篷**是一种通过受压拱或桅杆支承的、轻薄且抵抗弹性的张拉膜结构。

2. 如果帐篷的边缘是柔性的（未与其他结构相连），它通常会被塑造成凹曲线形状，以确保结构始终处于拉紧状态。

3. 就结构的风稳定性（以及寿命）而言，帐篷结构采用双曲面结构是非常必要的。

4. 覆面材料的改进（特别是玻璃纤维）以及可最大限度减少日光造成材料变质的涂层（例如杜邦特氟龙）的发展，将帐篷薄膜面料的使用寿命延长至20年以上。

第 12 章　充气膜结构
Pneumatics

充气膜结构通过充气薄膜来分担荷载，并对结构提供支持。像悬索结构一样，它们通过薄膜表面传力，而且仅能传递拉力。此外，由于充气膜结构的形状受施加荷载的直接影响，所以充气膜结构也属于形态作用结构体系。

理解空气压力如何作用于膜结构是设计和分析充气膜结构的基础。原理很简单：空气压力施加均布荷载，垂直作用于膜表面的各处。

充气膜结构可分为**气承式**（air-supported）膜结构和**气囊式**（air-inflated）膜结构两大类（图 12.1）。气承式膜结构屋顶为单层膜结构，壳体四周密闭，建筑内部压力高于空气大气压，以此保证结构的支承能力。因此要不断地向建筑物内增加压力。

气囊式膜结构是将空气充入由薄膜制成的气囊后形成结构构件（如拱或柱），使构件内部压力大于外部空气压力，令构件变得坚硬以便支承结构，但建筑内部没有加压。

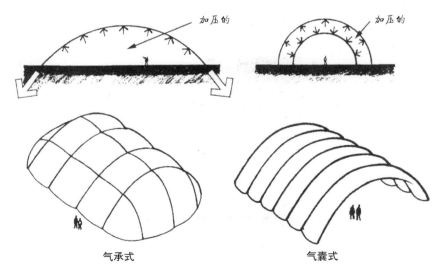

图 12.1　充气膜结构的不同类型。

气承式膜结构 | Air-supported structures

气泡 | Soap Bubbles

气泡是一种天然的气承式膜结构，由水膜两侧的压力差形成。水表面的张力起到了限制气泡无限膨胀的作用。当表面张力达到水的拉伸强度极限（其表面张力）时，气泡就会爆裂。因为气泡的内部压力在各个方向上都是相等的，所以薄膜倾向于呈现具有最小表面积的形状。对于空气中的气泡，一般会呈球体状；对于形成在水平表面上的气泡，则是半球形的（图 12.2）。在任何时候，气泡内压力的作用方向都是垂直于其表面的。如果一个表面上的气泡底部被约束成一个非圆形的形状，那么气泡将会自然地形成与周界形状和内部压力有关的最小面积的形状（更高的压力会导致气泡增大）。

多个紧邻的气泡几何形状十分有趣，并且与较大的充气结构有关。如果两个具有相同尺寸（相同压力）的浮动气泡相遇，它们将结合在一起，而其表面薄膜将会以 120° 的角度相连，并由隔膜分隔（在等尺寸且等压的情况下分割面是平面）。因分隔面两侧压力相同，故分隔面为平面。若气泡的大小不同，则其内部压力不同，分隔面为曲面。但是气泡外表面与内部分隔面之间的夹角始终为120°（图 12.3）。任何数量和大小的气泡均符合这个 120° 的分隔定律（Dent，1971）。

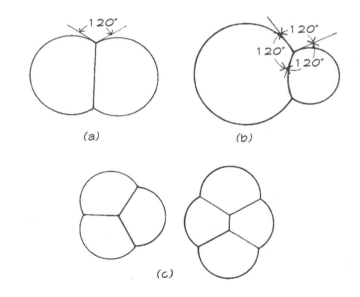

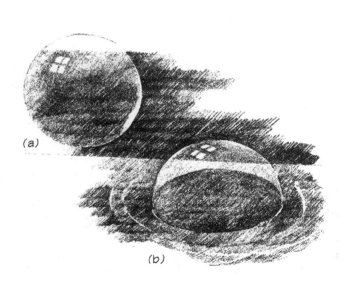

图 12.2　气泡：（a）飘浮在空中为球体，（b）在水平面上为半球体。

图 12.3　相邻气泡的 120° 几何形状定律：（a）大小相同的气泡分隔面为平面，（b）大小不等的气泡分隔面为曲面，（c）三、四个气泡相邻时仍遵循本定律。

形状 | Shapes

所有的气承式膜结构均倾向于呈现为半球形。其曲率至少在一个方向上是上凸的（例如鞍形结构），但在所有方向上均为上凸的情况更为常见。一般来说，线绕轴旋转而成的大多数形状均可以通过气承式膜结构实现，而这些形状至少在一个方向上是上凸的。膜边界转角处若采用直角形式会导致转角处应力高度集中，所以通常采用这种倒圆角的形式（图 12.4 和图 12.5）。

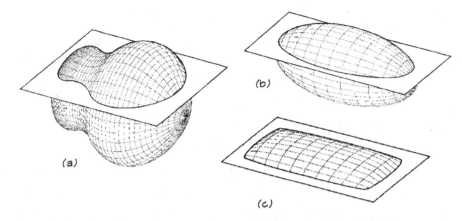

图 12.5　非球形气承式结构：（a）旋转而成的鞍形，（b）旋转而成的椭圆形，（c）矩形转角处选择倒圆角形式以减小应力。

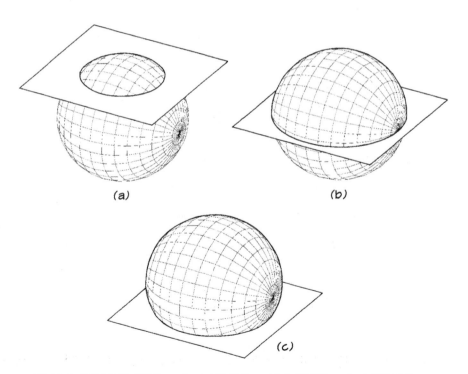

图 12.4　球形气承式结构：（a）1/4 球体，（b）半球体，（c）3/4 球体。

荷载条件 | Load Conditions

与其他结构一样，气承式充气膜结构受恒载（膜自重和悬挂在膜上的永久荷载）和活载（雪、雨、风和临时施加的荷载）的影响。而且，该结构受到加压荷载的作用，以保持膜处于张拉状态，并以此支承恒载和活载。

恒荷载 | *Dead loads*

对于柔性膜（例如覆面材料）气承式结构，与其他荷载相比，结构的自重可以忽略不计。从过去到现在，几乎所有气承式结构都是这种类型，但是若未来的结构中使用较重的材料（例如，为了提高隔热能力或延长结构寿命等），那么结构的自重则必须考虑。

一般来说，应避免集中恒荷载，因为集中恒荷载会造成偏转扭矩和较大的局部应力。在必要的地方，应将荷载分布在尽可能大的区域，并加强隔膜结构。

活荷载 | *Live loads*

　　雪荷载是气承式膜结构需要面临的重大问题，建筑高度较小（建筑跨度较长）时，该问题尤为突出。除了相对可预测的较为均匀的积雪荷载之外，移动的积雪会以相对不可预测的方式破坏薄膜结构。因此，制定了各种清除积雪的策略以防过度积雪。

　　风荷载也是气承式膜结构需要考虑的重要因素之一。在较为陡峭的结构中，风荷载压向迎风侧的穹顶下部，以抵消内部支承压力。因为压力在每一侧都是相等的，因此风荷载最终可能会导致结构向内侧塌陷。结构内部的压力必须足够大才能避免此种情况。在较为低矮平缓的结构中，当空气经过结构时，结构上方空气速度增大，产生空气升力（类似于飞机机翼）。在薄膜上方产生的吸力会使结构内部支承压力增大，最终增大了薄膜张力（图 12.6）。

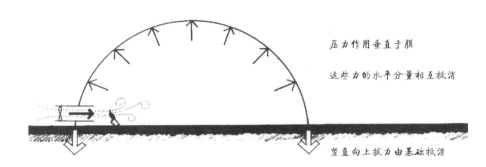

图 12.7　加压荷载传递路径示意图。

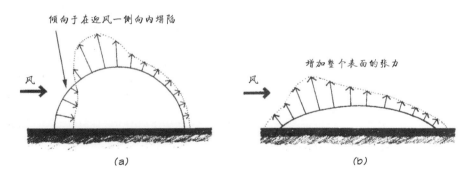

图 12.6　风荷载：（a）较为陡峭的结构，（b）较为低矮平缓的结构。

加压荷载 | *Pressurization loads*

　　加压荷载垂直作用在薄膜内表面，并且分布均匀。在无雪荷载的条件下，支承此类轻型结构所需的实际压力较小［通常为 0.03 磅 / 平方英寸（10.5 牛 / 平方米）或大气压的 1/ 500〕（图 12.7）。这仅相当于建筑物的第一层到第六层之间的气压差。

　　加压通常是通过加压送风的机械风扇来实现的。支承结构所需的送风量与结构体积无关，送风量只是为了补偿泄露的空气。风机的运行成本大约等于所处气候条件下空调系统的成本（Hamilton et al., 1994）。一些研究人员尝试用自然风来加压（图 12.8），但最终因自然风无法控制的特性而放弃。

　　另一种加压策略是利用结构内部与外部之间的自然温差（由被动太阳能热量来增加或者内部热源产生），这使内部空气更多浮于结构上方。因此这种增压方式仅适用于内外温差较大而且跨度较大的结构。

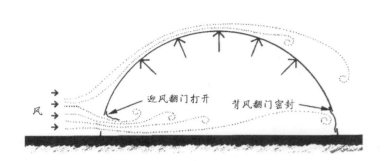

图 12.8　风压式穹顶。四周带有向内侧折翼的开口，空气自迎风面进入；在背风侧，内部压力与外部吸力将挡板封闭，形成密闭空间以防压力损失。随着不同的门扇自然打开和关闭，系统会自动调整风向的变化。图示模型为一个 60 英尺（18 米）直径的半球穹顶，由俄勒冈大学（University of Oregon）建筑系学生和唐纳德·佩廷教授（Professor Donald Peting）制作，薄膜材料为聚乙烯，此模型在俄勒冈州的一个海滩成功地进行了测试。

结构开口 | Access openings

气承式膜结构的一个固有问题是，在维持内部压力的同时，要保证正常的室内外空气交换。传统的合页门并不合适，因为它们即使在相对较低的气压差下，当合页向外摆动时，它们也很难向内打开且无法控制。此外，在客流量较大的情况下，门基本处于敞开状态，会导致大量的空气损失。气闸门（门厅带有两组门）解决了门很难打开的问题，通过一次只打开一侧的门，降低了空气流量。此类双组门还被广泛应用于需要车辆通行的地方。

一些结构使用了"空气屏障"，在门打开的时候，合页门两侧的大风扇可以提供强大的气流来防止减压。然而，由此产生的湍流对于公共建筑来说过大。旋转门可提供必要的空气控制，并被广泛应用于高交通流量的气承式结构。

泄气控制 | Deflation Control

气承式膜结构发生泄气并不意味着设计上的失败，因为结构本身在设计时就是允许充放气的。只有当屋顶发生损坏或者超出服役期限时，才会出现问题。造成意外泄气的原因有三个。一是因为薄膜撕裂或者割破造成压力迅速下降。改进后的结构和薄膜材质已经将这种可能降到最低。而且，极少会发生结构被故意割裂的情况，即使发生，也非常容易修复。

二是由于机械故障或电力故障造成的加压设备故障，可以通过备用鼓风机和备用发电机来应对。

第三个原因则是因积雪造成的结构坍塌。这一因素曾多次造成大型气承式膜结构的坍塌［例如 1981 年和 1982 年明尼阿波利斯大都会穹顶屋（Metrodome）、1982 年南达科他州弗米利恩（Vermillion）的达科他穹顶大厦（Dakota Dome）、1985 年密歇根州庞蒂亚克（Pontiac）的银色穹顶大厦（Silverdome）的塌陷］。在大多数情况下，这些都是由于安装的除雪系统失效或操作不及时。为防止积雪造成的结构坍塌，通常通过安装除雪系统或通过融化来清除屋顶积雪。此外，还可以通过增加室内压力来抵抗屋顶的额外荷载。最后，在容易积雪的地区，该结构还可以通过释放部分空气减压来避免严重积雪。位于纽约州雪城（Syracuse，又译"锡拉丘兹"）的凯利穹顶体育馆（Carrierdome）正是如此设计的，并有意放气两次（在 1982 年和 1992 年），屋顶没有损坏，在清除积雪之后很快重新充满空气（Hamilton et al.，1994）。

寿命周期成本 | Life-cycle Costs

自 20 世纪 70 年代中期以来，由于加压或融化冰雪等操作导致建筑能源成本不断攀升，建筑的运营成本也不断升高。而且，相关运营和维修人员的费用也远高于预期。建筑在到达其预期寿命（通常为 20 年）后，屋顶薄膜也必须进行更换。由于种种原因，大跨度气承式膜结构的寿命周期成本远远高于预期（Hamilton et al.，1994）。

材料 | Materials

尽管在模型研究中使用弹性膜非常有用，但是所有大型膜结构均使用在荷载下拉伸程度最小的材料。结构最终的形状是由薄膜制成前划分的形状决定的，这一点与帐篷结构非常类似。而且，与帐篷一样，从 1974 年起，几乎所有的大型气承式膜结构都由聚四氟乙烯涂层玻璃纤维织物制成。因为这种材料不仅耐火、耐太阳光直射，而且寿命超过 25 年。

薄膜张力随着跨度的增加而增大，随高度增加而减小。在大跨度低高度的结构中通常用悬索来减少薄膜中的应力，薄膜的有效跨度取决于悬索的间距（图 12.9）。

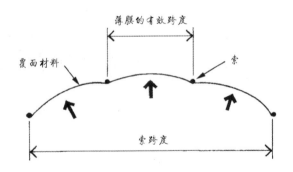

图 12.9　大型气承式圆穹顶剖面图：用悬索来分担薄膜的应力，膜的有效跨度减小到缆索的间距。

锚固 | Anchorage

由于气承式膜结构仅传递拉力（在薄膜平面上），会产生相当大又必须被抵消掉的内部推力。水平推力与跨度成正相关关系，与高度成反相关关系（高度越小，内部推力越大）。除水平推力外，所有气承式膜结构都会产生一个数值上等于其占地面积乘以内部压强的升力。

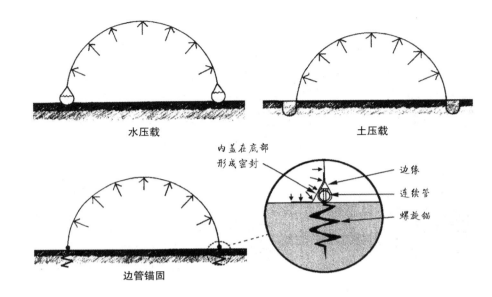

图 12.10　气承式膜结构的锚固系统。

对于小型气承式膜结构，将结构锚固到周边地面上是可行的（图 12.10）。而对于大型气承式膜结构，通常采用钢筋混凝土中心环梁（相当于连续锚固）来抵抗内部推力。因此，在平面上气承式膜结构通常被设计成圆形或者椭圆形。因为有直线段的环梁会受到很大的弯曲应力，所以必须设计为水平加载的梁。

气承式膜结构案例研究 | Air-supported Case Studies

1970 年世博会美国馆 | United States Pavilion，Expo 70

1970 年世博会美国馆［1970 年；日本大阪；建筑设计：戴维斯，布罗迪，邦德设计公司（Davis Brody Bond）；屋顶结构设计：盖格尔·伯格事务所］是第一个由几个大跨度悬索气承式膜结构组成的建筑物。该建筑被设计为椭圆形

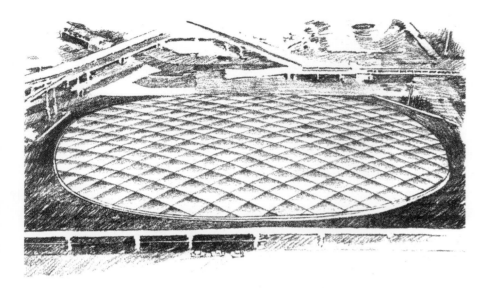

图 12.11 1970 年世博会美国馆，外部。

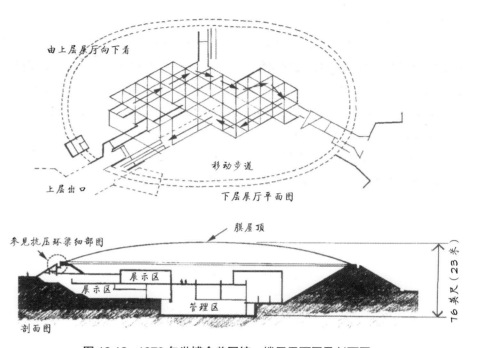

图 12.13 1970 年世博会美国馆，楼层平面图及剖面图。

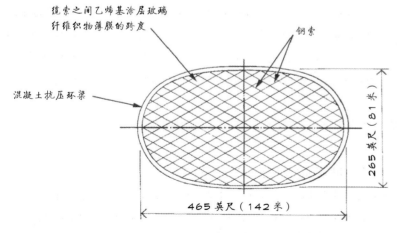

图 12.12 1970 年世博会美国馆，屋顶设计。

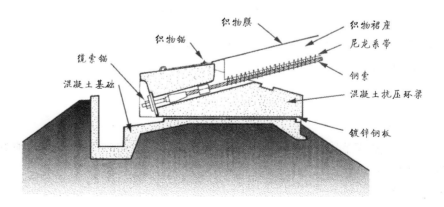

图 12.14 1970 年世博会美国馆，钢筋混凝土中心环梁细部图。

（具体来说，是介于椭圆和长方形之间的一个瘦长形椭圆）且高度较小的形状，长 465 英尺（142 米），宽 265 英尺（81 米）。该形状由矩形场地条件决定，并且需要一个连续弯曲的中心环梁来抵抗内部推力。低高度使该建筑能够抵抗 125 英里 / 小时（201 千米 / 小时）的风和地震（Dent，1971；Villecco，1970；Geiger，1970）（图 12.11 ~ 图 12.14）。

　　屋顶薄膜是一层有乙烯基涂层的玻璃纤维覆面材料，由菱形排列的钢索固定，外观形似被子。缆索的间距为 20 英尺（6 米），最小直径为 1.5 英寸（38 毫米），最大直径为 2.25 英寸（57 毫米）。菱形排列的钢索大大节约了钢材用量（减少了 25% 的钢材），不仅改善了排水性能，还减少了钢索接头数量，并且提供了比其他选择更好的空气动力学截面（例如钢索通过使用中心抗拉环梁呈放射状分布，或者呈类似于网球拍的矩形网格状分布）。

　　结构中的钢筋混凝土受压环梁用以抵抗薄膜结构的内部推力，环梁的横截面高 4 英尺（1.2 米），宽 11.5 英尺（3.5 米），位于护坡顶部的混凝土基础上。环梁的设计是为了使结构可以在地基上伸缩，以此满足由于荷载变化和热胀冷缩引起的位移。考虑到约束缆索的形式，环梁的形状有利于使荷载均匀分布（由于加压和重力而产生的荷载），也不会导致因压缩应力而产生弯曲。不对称的荷载（例如风荷载）会引起结构弯曲，并受到环梁内钢筋的抵抗。而环梁自身的重力荷载足以抵抗由于加压和风造成的结构隆起。

　　结构内部由四台风机加压至 0.03 磅 / 平方英寸（10.5 牛 / 平方米或大约大气压的 1/500），每台风机的鼓风量为 8000 立方英尺 / 分钟（3.78 立方米 / 秒）。两台类似的备用风机可供使用，并且在发生电源故障时还可以提供应急发电。人行通道入口处布置多道旋转门，内部设有独立的支承装置，用以在发生意外泄气的时候支承整个结构。

银顶体育馆 | Silverdome

　　建筑师戴维·盖格尔在设计银顶体育馆［1974 年；庞蒂亚克市，密歇

根州；建筑设计：欧代尔 / 休利特和卢肯巴赫设计公司（O'Dell/Hewlett & Luckenbach）；结构设计：盖格尔·伯格事务所］时，首次引进了很多新元素：低矮的穹顶、气承式结构、菱形加固索网以及边界环。圆形穹顶的尺寸几乎是以前建筑圆形屋顶的两倍：长 722 英尺（220 米），宽 522 英尺（159 米）；屋顶距中心游乐场地 202 英尺（61.6 米）（Editor，1976）（图 12.15 和图 12.16）。

　　建筑的边界环呈不规则的八角形，而不是狭长的椭圆形。因此，结构在对称（加压以及重力）荷载作用下会发生弯曲，表现得像一根梁而不是连续的拱。结构为 "H" 形截面，由钢筋混凝土制成。

　　因为要容纳足够多的坐席，因此屋顶必须被抬高，边界环则由钢柱和斜撑制成。

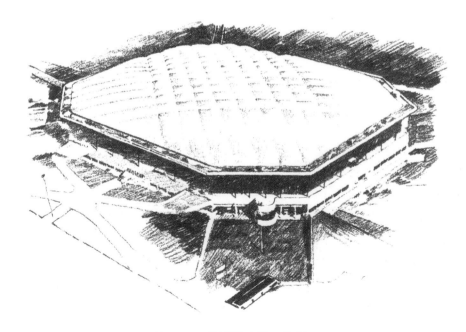

图 12.15　银顶体育馆，外部。

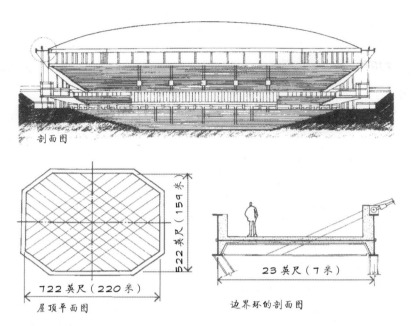

剖面图

522 英尺（159 米）

722 英尺（220 米）

屋顶平面图

23 英尺（7 米）

边界环的剖面图

图 12.16　银顶体育馆：（a）剖面图，（b）屋顶平面图，（c）边界环的剖面图。

气囊式膜结构 | Air-inflated Structures

与气承式膜结构对整个建筑空间加压不同，气囊式膜结构仅在建筑构件内部充入空气，将充气后膨胀的结构构件（例如拱、梁、墙、柱）组合在一起，形成了建筑围护结构。因此，在气囊式膜结构中，只有结构构件是加压的，建筑内部并未加压。

这种加压方式具有两个明显优势。第一，气囊式膜结构不需要气承式膜结构中必需的气闸门；第二，即使个别部件发生漏气（例如破裂），其余的部件也可以支承结构，防止坍塌。

气囊式膜结构有两种主要的形式：**气肋式结构**（inflated-rib structure）和**双壁式结构**（dual-wall structure）。气肋式结构通常用一系列加压充气管组成框架以支承受拉膜，形成外围护结构。双壁式结构是在双层薄膜之间充入空气，两层薄膜用线或隔膜连接起来（图 12.17）。

支承（而不像大阪世博会的美国馆一样搁置在连续的基础上）。这些构件以及承载集中重力荷载所需的基础，都大大增加了建筑成本。

屋顶薄膜由带聚四氟乙烯涂层的玻璃纤维覆面材料组成，与以前的乙烯涂层薄膜相比，这是一个相当大的改进。这种材料除了具有更强的抗太阳光降解能力外，由于表面非常光滑，可以最大限度地减少污垢的产生，因此它具有自洁功能。材料透光率为 8%，最大限度地减少白天对人工照明系统的需求。薄膜由 100 块嵌板组成，用直径为 3 英寸（76 毫米）的钢缆加固，而这些钢缆被锚固在周边的梁上。

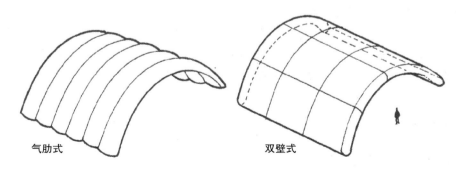

气肋式　　　　　　　双壁式

图 12.17　气囊式膜结构。

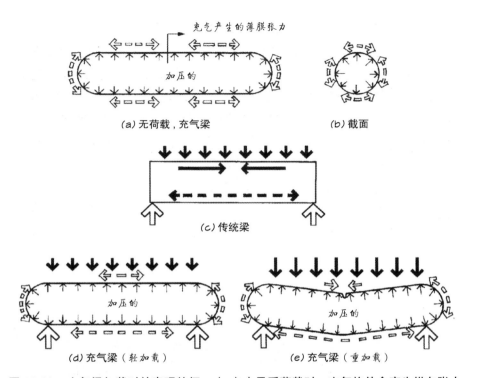

（a）无荷载，充气梁　　　　　　（b）截面

（c）传统梁

（d）充气梁（轻加载）　　　　　（e）充气梁（重加载）

图 12.18　充气梁加载时的表现特征：（a）未承受荷载时，充气构件会产生纵向张力以平衡底端压力，还会产生沿圆形截面的张力以平衡侧向压力；（b）呈现径向张力的圆形横截面；（c）在传统梁中端部支承导致顶部受压，底部受拉；（d）对于气囊式膜结构，在较小的荷载条件下，比起弯曲引起的压应力，会产生更多压力引起的拉应力，而且结构较为稳定；（e）在较大的荷载条件下，比起压力引起的拉应力，会产生更多弯曲引起的压应力，因此，结构会发生折叠和屈曲变形。

结构特性 | Structural Behavior

虽然气囊式膜结构内部只需要轻微的压力就可以直接支承整个屋顶薄膜，

但充气构件内部压力必须远大于大气压，才能使其足够坚固来支承整个结构。

以气囊式管构件为例（图 12.18），当其充气膨胀（但未加荷载）后，内部产生的压力用以抵抗结构底端引起的薄膜中的纵向张力。与此同时，侧壁上的内部压力将薄膜压成圆形，在薄膜中产生径向张力。

如果该气囊构件在两端均受到支承，并作为梁在其上施加均布荷载，所产生的弯曲作用会导致构件顶部受压，底部受拉。如果构件顶部的弯曲压应力小于构件薄膜表面的纵向拉应力（由端部压应力引起），那么构件顶端的薄膜则会保持张紧状态，此构件则可用来支承荷载。

若气囊构件内部压力减小，致使构件顶部的弯曲压应力大于构件薄膜表面的纵向拉应力，那么构件就会发生屈曲并导致结构坍塌。过高的荷载同样会引起结构的坍塌。与传统梁结构慢慢偏转直至坍塌不同，气囊式膜结构会发生突发式坍塌。因为一旦气囊式构件的顶端开始发生压缩和扭曲，就会导致构件的有效高度减小并且弯曲应力增加，这样会进一步加重构件的弯曲程度，直至结构坍塌。由于所有其他空气支承构件（如柱、墙、板和拱）也会因屈曲而失效，所以其结构特性与充气式梁十分相似。

高度的影响 | Effect of depth

充气梁高度的增加将会通过两种方式增大梁的承载力。一方面，由于充气梁端部面积的增加，压力引起的纵向张力随之增加。另一方面，由于顶部和底部之间的距离增加，顶部弯曲引起的压应力成比例减小。相反，在相同的荷载条件下，如果梁高度减小，则内部压力必须增加。在一般情况下，气囊构件（如横梁、拱等）的尺寸必须大于类似的传统组件（图 12.19）。

分布荷载的重要性 | Importance of distributing loads

垂直于薄膜的集中荷载会导致构件的局部挠曲变形，减小构件的有效高度，进而使气囊构件的强度成比例减弱。因此，集中荷载和支承构件必须着重设计，

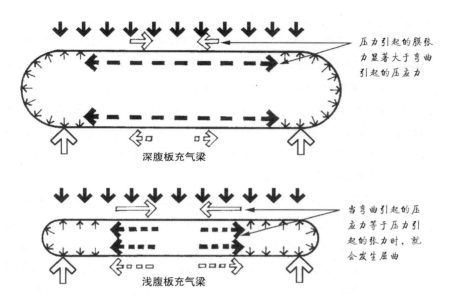

深腹板充气梁

压力引起的膜张力显著大于弯曲引起的压应力

浅腹板充气梁

当弯曲引起的压应力等于压力引起的张力时，就会发生屈曲

图 12.19　增加充气梁的高度会增加压应力引起的纵向张力，同时减小弯曲引起的压应力。

以便在大面积上分配荷载以尽量减少局部挠曲。

薄膜失效 | Membrane failure

由于构件的过度膨胀或墙体和柱子上的过度负荷，薄膜有可能因为张力过度而发生破裂，这个过程十分迅速，以至于构件来不及发生屈曲变形。其他有可能导致薄膜失效的因素还有太阳辐射、反复弯曲磨损导致的材料疲劳和薄膜割裂。

气囊式膜结构案例研究 | Air-inflated Case Studies

在日本大阪举办的世博会上，有数个创新的充气式膜结构，但现存的较少。

1970 年世博会富士馆 | Fuji Pavilion，Expo 70

1970 年大阪世博会富士馆（1970 年；大阪，日本；建筑设计：村田丰；结构设计：川口卫）是一个直径为 164 英尺（50 米）的圆形气囊式结构。建筑物由 16 个直径为 15.2 英尺（4.6 米）的充气拱组成，拱高度为 256 英尺（78 米）。最中间的拱为半圆形，而两侧的拱底部宽度逐渐减小。这种结构将拱的顶部向上推，并使其向前突出。结构端部为薄膜墙，使用充气柱对其加固（Editor，1969c；Dent，1971）（图 12.20 ~ 图 12.22）。

游客通过东侧的斜坡进入建筑上层的展示空间，在展示空间内，将图像投影到大型充气屏幕以及周围的膜壁上。餐厅、洗手间和控制设备都安放在建筑中心的一个大型旋转平台上。一条可移动的坡道将游客带到较低的展览层，从西端离开建筑。

图 12.20　1970 年大阪世博会富士馆，外部。

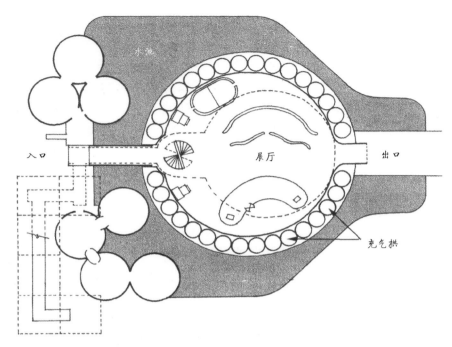

图 12.21　1970 年大阪世博会富士馆，平面图。

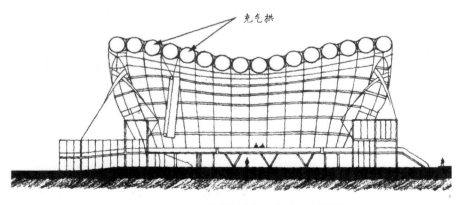

图 12.22　1970 年大阪世博会富士馆，剖面图。

大直径拱形气囊由涂有明亮的红色和黄色聚乙烯的纤维覆面材料制成，外部具有防水涂层，内部涂有 PVC 涂层以减少空气渗透。拱形气囊被锚固在钢筋混凝土基础上。每个拱形气囊周围都有空气管道对构件进行加压。为了满足风荷载的要求，气囊内部的气压范围控制在 23~71 磅 / 平方英寸（8000~25000 牛 / 平方米）之间；较高的内部压力可以使结构能够抵抗超过 125 英里 / 小时（201 千米 / 小时）的风。

1970 年世博会浮动剧场 | Floating Theater，Expo 70

浮动剧场（1970 年；日本大阪；建筑设计：村田丰；结构设计：川口卫）是 1970 年大阪世博会中最具创新性的气囊式建筑，剧场设置在一个圆形钢架上，由 48 个漂浮在湖上的浮力袋支承。每个浮力袋的充气量都会进行自动调整，以适应剧场中观众移动引起的重量分布变化。在 20 分钟的表演过程中，浮动剧场会缓慢地在湖面上旋转（Editor，1969d；Dent，1971）（图 12.23 ~ 图 12.24）。

该剧院屋顶为 PVC 涂层聚酯纤维织物，由三个大的充气拱支承，拱直径为 75 英尺（23 米），断面直径为 10 英尺（3 米）。与富士馆相似，拱形气囊的压力也随着风力条件的变化而变化。

天花板的膜是一层薄的聚酯膜，附着在拱的下面。天花板和屋顶薄膜之间保持负压以支承天花板，增加屋顶薄膜的张力，并增加结构的整体稳定性。负压的使用是气囊式结构的一项重大创新，并且证明这种结构不仅局限于简单的结构形式上。由于川口卫在气动领域的开创性贡献，他获得了由日本政府科技部颁发的一枚特别奖章。

充气式结构的未来 | Future of Pneumatics

充气式结构的未来目前还不确定。美国馆在 20 世纪 70 年代建成后，气承式膜结构在 20 世纪 70 年代很长一段时间内，都是体育场建筑的首选结构形式。

图 12.23　1970 年世博会浮动剧场，外部。

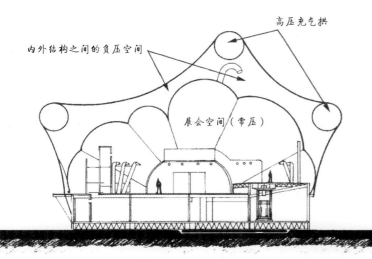

图 12.24　1970 年世博会浮动剧场，剖面图。注意：天花板和屋顶膜之间为负压。

但是，在发生几次意外泄气事件之后，公众对这些建筑物可靠性的信心逐渐减弱，而对于现代的体育场馆而言，张拉式悬索屋顶已经成为新的趋势（例如佐治亚穹顶和佛罗里达州圣彼得堡的阳光海岸穹顶）。

　　与气承式膜结构相比，气囊式膜结构的跨度要小得多，因此并不适用于大跨度结构。因其具有安装速度快、重量轻、放气后体积小、易运输的优点，所以最适用于需要移动的结构。

小结 | Summary

1. **充气膜**结构通过充气薄膜来分担荷载。

2. 空气压力施加均布荷载，垂直作用于膜表面的各处。

3. **气承式**膜结构屋顶为单层薄膜结构，壳体四周密封，建筑内部压力高于空气大气压。

4. **气囊式**膜结构是将空气充入由薄膜制成的气囊后形成结构构件（如拱或柱），使构件内部压力大于外部空气压力，令构件变得坚硬以便支承结构，但建筑内部没有加压。

5. 气承式膜结构通过气闸门来封闭空间。

6. 气囊式膜结构的构件内部压力必须远大于大气压，才能使其足够坚固来支承整个结构。

第 13 章　拱结构
Arches

拱在所有结构形式中最富有情感。它具有各种可能性，并且极富创造力。

——路易斯·亨利·沙利文

一个拱形是两条试图坠落的曲线。

——安迪·鲁尼 | Andy Rooney

突拱 | Corbeling

突拱（突出于立面的一种假拱）介于简单的悬臂结构与真正的拱结构之间。它由开口两侧的连续砖石砌筑，逐渐彼此接近直至贴合。早在公元前 2700 年，苏美尔人和埃及人就已经学会应用这种技术。在古埃及和美索不达米亚地区，古埃及人和美索不达米亚人运用真正的拱形结构（将石头切成楔形并堆砌成半圆形）的时间几乎和突拱一样。为了保证结构的稳定性，突拱的斜度必须大于

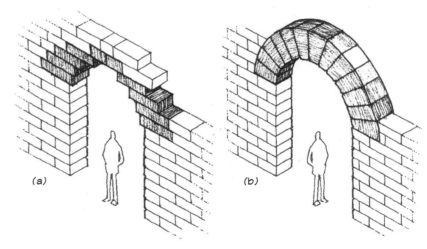

图 13.1　砖石砌筑洞口：（a）突拱结构，（b）楔块拱。

45°（图 13.1）（Brown，1993）。

古希腊（约公元前 1500 年，迈锡尼）的"蜂巢"墓葬（"beehive" tomb）

图 13.2　克吕泰涅斯特拉墓的突拱。

图 13.3　驮马桥［Packhorse Bridge，坎布里亚郡（Cumbria），英格兰］是一个原始的石拱桥，桥体呈现出中心辐射状的楔形拱结构。

就是突拱结构的著名实例。在克吕泰涅斯特拉墓（Tomb of Clytemnestra）的门厅里（图 13.2），突拱结构被用在一个二维平面的入口处。同样的原理也适用于从圆锥形蜂巢"穹顶"到内部的三维空间。

砖石砌筑拱 | Masonry Arches

　　如果你问砖块想变成什么样子，它们会说想被砌成拱形。然后你说，拱形太困难了，会花费很多钱。砖块认为你也可以使用混凝土。但砖块说，哦，我知道，我知道你是对的，但如果你问我喜欢什么，我喜欢拱。

——路易斯·康

　　在第 10 章中已经表明，悬索的形状与施加在悬索上的荷载有关。索状拱是一种相当于倒置悬索的受压结构，仅受轴向压力。换句话说，在特定荷载条件下，与悬索结构形状相同（但方向相反）的索状拱，将仅处于受压状态而不受任何弯曲应力的影响，无论其受到的分布荷载或集中荷载的大小和位置如何（图 13.4）。

　　与悬索一样，如果荷载均匀分布在整个水平跨度上，索状拱的形状为抛物线；如果荷载沿拱的曲线均匀分布，则拱的形状为悬链线（图 13.5）。砖石墙索状拱开口的形状介于抛物线和悬链线之间。与悬索一样，在给定的荷载条件下，拱的高度越小，产生的横向推力越大（图 13.6）。

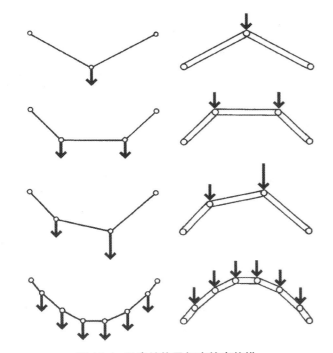

图 13.4　悬索结构及相应的索状拱。

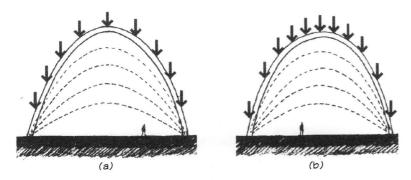

图 13.5　均布荷载下索状拱的形状：（a）沿拱的曲线均匀加载时为悬链线；（b）沿水平跨度均匀加载时为抛物线。

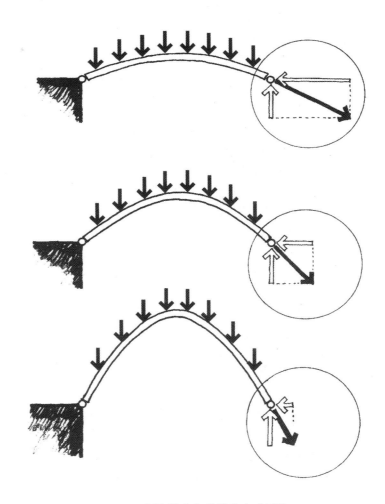

图 13.6　侧向推力与拱的高度成反比。

结构特性 | Structural Behavior

拱从不会休息。

——印度谚语

与通过砌筑受弯的悬臂（结构受拉）而建成的突拱不同，一个真正的砌筑拱是通过楔形砌块受压来传递所有的横向荷载（图 13.7 和图 13.8）。

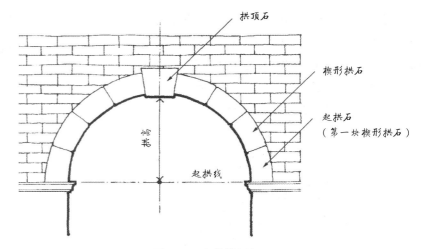

图 13.8 砌筑拱局部。

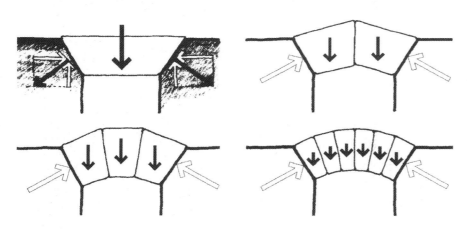

图 13.7 楔形块结构仅通过结构的压缩就可以将竖向荷载传递到每一侧。楔形砌块通常会因其竖直方向上的重力荷载作用而导致支承面分离。这会导致每个侧面上的反作用力垂直于楔形砌块的交接面（如果这些反作用力的作用方向不垂直于交接面，则交接处会发生滑动）。这些反作用力是由竖向荷载（重力引起）和水平荷载（推力引起）组成的。

推力作用线 | Line of thrust

在索状拱中，上侧的楔形砌块因其重力以及砌块间的压力，会对其下侧的

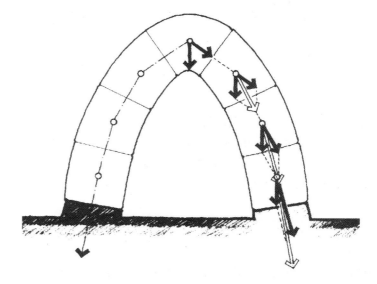

图 13.9 上侧的楔形砌块因其重力及砌块间的压力，会对下侧的砌块产生推力。

砌块产生推力，而索状拱的形状通常与它的**推力作用线**相吻合。若要完全消除索状拱中的弯曲应力，推力作用线必须与拱的轴线重合（图 13.9）。然而，即使受压砌块拱的推力作用线与拱的轴线有细小偏差，也不会产生张力裂缝。三等分法则表明，如果推力作用线位于拱（或承重墙、基础）的中间三分之一范围内，则只存在压力，不会产生张力（图 13.10）。

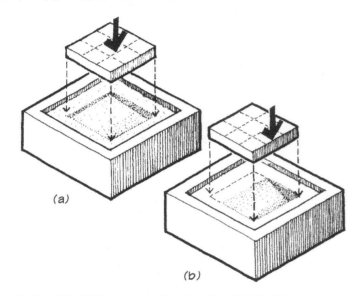

图 13.10　三等分法则的模型演示：（a）若基础上的力作用在基础中心的三分之一范围内，则下方的支承土壤只受到压力；（b）若基础上的力作用在中心三分之一范围外，则会在部分支承土壤区域产生拉力（上拔力）。因此只要推力作用线位于中心三分之一范围内，就可以防止在受压结构（例如拱）中产生拉力。

稳定性 | Stability

　　虽然索状拱和悬索具有相似的形状，但在不同的荷载条件下，二者的结构稳定性是不同的。如果悬索上荷载的大小或位置发生变化，则悬索的形状也会随

之改变，但结构整体保持稳定。然而如果薄弱的索状拱上的荷载条件发生变化，以致结构不再具有悬索的结构特性，则结构会坍塌（唯一的例外是仅在顶部加载的三角形拱，它会维持稳定性）。为防止发生这种情况，可以限制拱的形状，使其不会向上屈曲（图 13.11 和图 13.12）。

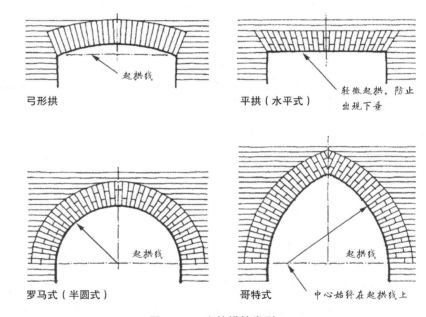

图 13.11　砌筑拱的类型。

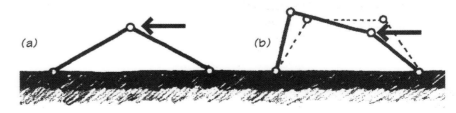

图 13.12　拱的稳定性：（a）三铰拱本质上是一个稳定的三角形，而（b）四铰拱不稳定。

对于拱结构，可以通过在两个位置装载四铰拱（最简单的不稳定形式）来观察其如何工作。如果铰接点上的相对荷载发生变化，索状结构的平衡会发生变化，而且有较大荷载的铰会逐渐向下屈曲。如果出现这种情况，那么其他施加荷载的点则会逐渐向上屈曲。如果所有施加荷载的点都能被抑制向上屈曲，那么拱结构就会变得稳定。

同样的原则适用于弧形拱结构。如果整个结构沿曲线方向没有点发生向上的屈曲变形，那么拱就会十分稳定。由此便可以理解，在变化的荷载条件下，薄的砌筑拱（无法抵抗张力或弯曲）会十分不稳定。但是，在上面填满砖石的相同形状的拱形结构，可以避免向上屈曲并具有内在的稳定性。因此，只要它们的形状受到周围砌体的约束，非索状拱外形的拱结构也可以成功地用于（且历史上已经用于）砌体结构，例如半圆形和尖拱形（图 13.13）。

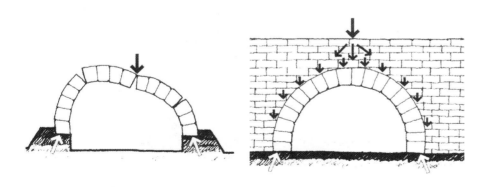

图 13.13　砌筑拱的稳定性：（a）由于砌体不能抵抗张力，当存在四个或更多的铰接点时，薄的砌筑拱不具有内在稳定性并有可能坍塌；（b）由砌筑墙围绕的拱是稳定的，并且能够抵抗变化的荷载。

砖石砌筑拱案例研究 | Masonry Arch Case Studies

加德渡槽 | Pont du Gard

虽然古埃及人和希腊人对拱的概念很熟悉，但是罗马人首先将拱发展为重要的建筑元素。在罗马，大部分渡槽（高架引水渠）都使用了半圆形拱。一个现存的例子是由马库斯·维普撒尼乌斯·阿格里帕［Mareus Vipsanius Agrippa，公元前 19 年；法国尼姆（Nimes）］建造的加德渡槽，它是总长 25 英里（40 千米）渡槽的一部分。这是古代石拱建筑中最美丽、最令人印象深刻的例子之一（图 13.14）。顶部的通道长 886 英尺（270 米）；它输送水横穿加德河（River Gard），最高处的高度为 160 英尺（49 米），这个高度比任何哥特式大教堂的中殿都要高。加德渡槽由三层半圆形拱组成，对于较低而且跨度较长的那两层，一层对称地布置在另一层之上（Brown，1993）。

结构最长跨度（跨越河流本身）为 80 英尺（24.4 米），而其他部位的跨度在 51 英尺和 63 英尺（15.5 米和 19.2 米）之间。在两层较低的拱上，一些石头的端部向外延伸以支承施工用的脚手架。水在第三层水泥衬里的通道内流动，第三层由 35 个均匀分布且跨度为 11.5 英尺（3.5 米）的拱组成。水渠在没有使用砂浆的情况下存在了 20 个世纪，这也从侧面证明了石匠的高超技艺，他们切割并重新设计塑造了石块。在 1747 年，最低层的宽度增加了一倍，并在其上增加了一条与原罗马渡槽完全匹配的道路。

飞扶壁——半拱 | Flying Buttress—the half arch

中世纪教堂采用的拱形石制天花板的拱顶会产生巨大的推力，必须采取措施来抵抗这种推力。中世纪早期的罗马教堂通常利用巨型侧壁的自重来增加横向推力的竖向分力，合力方向为两个分力的对角线。随着推力作用线向下移动，逐渐增加了竖直方向上的荷载（上面墙体的累积重量），并且随着方向变陡，合力逐渐增大。这使得合力作用线始终处于结构剖面中间三分之一的范围内，所以整

加，推力作用线的方向由接近水平变得越来越竖直。当然，由于部分水平推力仍然存在，因此不管上面扶壁柱的质量有多大，推力作用线都不会达到完全竖直。但是，只要推力作用线的斜率足够大，并且扶壁柱的底部足够宽，就足以将推力作用线保持在中间三分之一范围内，贯穿结构的整个高度（包括地面下的基础）（图 13.15）。

图 13.14　加德渡槽（公元前 19 年；法国尼姆）是古代石砌拱结构的一个典范。

个墙壁处于受压状态。但随着教堂高度的增加以及拱顶跨度的增大，横向稳定性所需的侧壁厚度变得更大。

　　因此，建造哥特式建筑的泥瓦匠们发明了飞扶壁这种新的支承方式，飞扶壁作为支承建筑顶部结构的一种方式，可以抵抗拱顶的侧向力（和风荷载），而且所需的侧壁厚度较小。这使得可以在墙壁上开设更多的窗洞口，以展示这个时期盛行的彩色玻璃窗。其结构特性类似于半拱形结构，随着扶壁柱的重量向下累

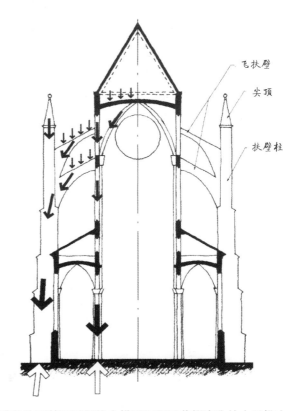

飞扶壁

尖顶

扶壁柱

图 13.15　飞扶壁结构因其可以抵抗由拱形石制天花板产生的水平推力，故经常用来支承哥特式建筑高耸的顶部。虽然顶部的尖塔极具功能性和装饰性，但同时也增加了扶壁柱顶部的重量。

菲利普斯·埃克塞特图书馆 | *Phillips Exeter Library*

菲利普斯·埃克塞特图书馆［1972 年；埃克塞特（Exeter），新罕布什尔州；建筑设计：路易斯·康］是当代最著名、最有影响力的使用**平拱**作为主要设计元素的例子。建筑外立面的承重砖墙和内部的混凝土框架组成该建筑的结构体系。图书馆所在私立学校中，有许多传统的乔治王复兴式建筑，与其相比该图书馆的现代砖墙式外立面独具特色。建筑的四个立面基本相同，可以从各个方向进入一层平拱开口形成的柱廊（Ronner，et al.，1977）（图 13.16 和图 13.17）。

它看起来简单而优雅，没有任何装饰元素，因为我没有感受到任何装饰的气氛。我努力不是为了保守，而是为了表达我在希腊神庙里感受到的纯洁。

——路易斯·康

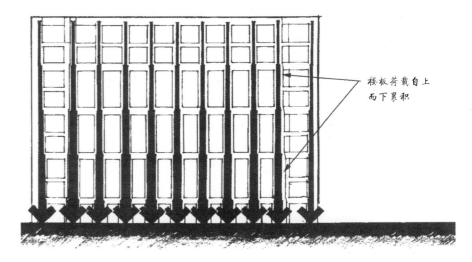

图 13.17 菲利普斯·埃克塞特图书馆，荷载传递路径示意图。

图 13.16 菲利普斯·埃克塞特图书馆，立面图。

随着高度的增加，砖砌承重墙的支柱变窄，窗洞的宽度逐步增大。因每层平拱重力荷载的累加，所以最底层的立柱最粗。**平拱内弧面**（intrados）（底部）有**轻微起拱**（camber）（向上凸起），用以防止出现下垂的趋势，这也是真正的平拱的特性之一。

平拱后方的混凝土板支承着砖墙，同时起到抵抗平拱推力的作用。如果没有混凝土板，平拱的推力会积聚在建筑的外立面上，传递到分散的端部立柱。为了抵抗水平推力，这些端部立柱将会变成扶壁并且在宽度上大大增加。

印度管理学院宿舍 | *Dormitories，Indian Institute of Management*

这些宿舍（1974 年；艾哈迈达巴德，印度；建筑设计：路易斯·康）是康整个设计的一小部分，每 10 人一间，围绕着楼梯、茶室以及大厅布置。为了使房间更能体现学术社区的中心思想，设计师取消了走廊，并将剩余空间全部用于休闲和研讨会学习。茶室入口以及楼梯和洗手间位置的设计在保证室内正常通风的情况下，使房间免受楼梯和强光的干扰（Ronner，et al.，1977）（图 13.18 ～图 13.22）。

康在整个宿舍和教室中都使用了带拱形开口的巨大砖承重墙结构，并且通过暴露在外墙上的钢筋混凝土连梁来抵抗浅拱结构产生的巨大水平推力。这种构造方式允许拱形开口非常接近端墙，而且不需要扶壁结构。

砖墙的厚度从地面处的 24 英寸（61 厘米）到顶层的 12 英寸（30 厘米）不等。一楼的西侧和南侧立面的砖砌立柱承重较大，它们由外向内大幅倾斜，充当坚固的扶壁。

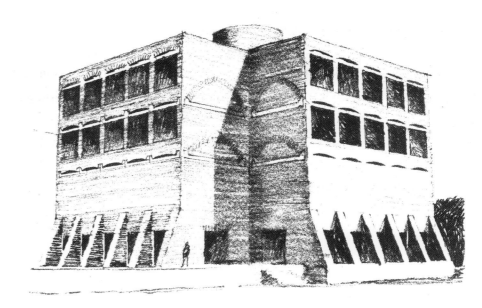

图 13.19　印度管理学院宿舍，南面和东面有单独的阳台。

图 13.18　印度管理学院宿舍，东北侧外立面图全景，浅拱与混凝土连梁相连，以减小
　　　　　侧向推力。

非砖石砌筑拱 | Nonmasonry Arches

拱结构也可由能抵抗张力（和弯曲）的材料制成，例如钢材、胶合板和钢筋混凝土。基于这些材料形式，拱结构一般可以分为三种常用的结构形式：**刚性拱（无铰）、两铰拱及三铰拱**（图 13.23）（如上所述，当拱结构的铰数量大于或等于四个时，则为不稳定结构）。刚性拱（包括大多数的无筋砌体结构）的端部支承处无法旋转，任何挠曲变形和热膨胀都会导致拱弯曲变形。为了控制由挠曲和热膨胀引起的弯曲变形，引入了有铰拱结构。两铰拱的铰接点位于结构的两端，可以使铰接点处的弯曲变形减到最小，但跨中处可能会存在弯曲变形。由于中间铰接点允许挠曲和热膨胀引起的位移而不发生弯曲，所以三铰拱在两端支座

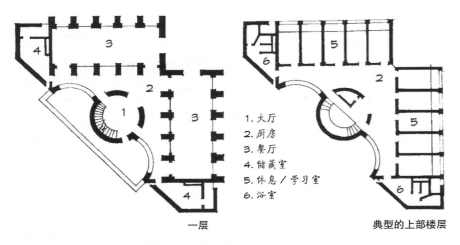

一层　　　　　　　　　　　　　典型的上部楼层

1. 大厅
2. 厨房
3. 餐厅
4. 储藏室
5. 休息／学习室
6. 浴室

图 13.20　印度管理学院宿舍，平面图。

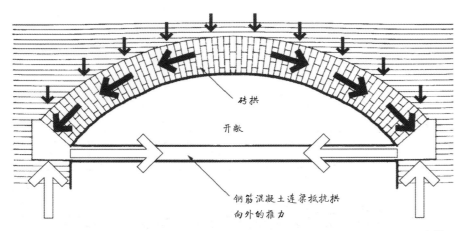

砖拱

开敞

钢筋混凝土连梁抵抗拱
向外的推力

图 13.21　印度管理学院宿舍，拱结构荷载传递路径示意图。类似于桁架结构，这个拱一
　　　　　连梁的组合结构是一个无推力的跨越结构。

处以及整个跨度内都不会发生弯曲变形。

　　在当代的建筑中，拱的形状与其合理轴线的偏差并不像传统结构中那么重要。在早期的砖石结构中，静载（由砌体自重产生）是整个结构中最重要的荷载形式。随着建筑形式的逐渐变化，当代建筑变得越来越"薄"（因而自重减小），因此结构的静载随之减少，并且随着时间的推移，活荷载（例如风荷载、雪荷载和临时荷载）的大小和方向上的变化逐渐对结构发挥着决定性作用。在拱结构中

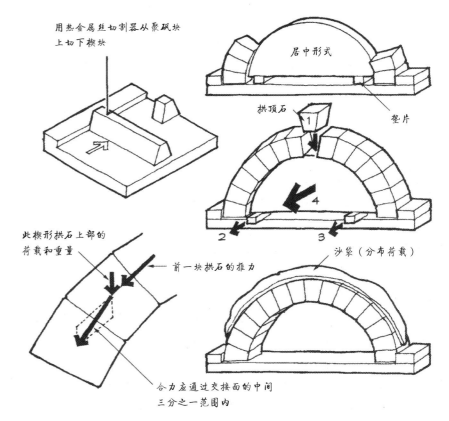

用热金属丝切割器从聚砜块
上切下楔块

居中形式

拱顶石

垫片

此楔形拱石上部的
荷载和重量

前一块拱石的推力

沙袋（分布荷载）

合力应通过交接面的中间
三分之一范围内

图 13.22　拱结构的模型演示，展示了抵抗推力的必要性。

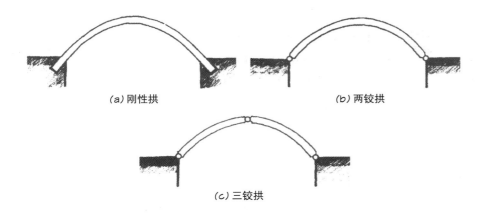

图 13.23　拱的结构形式：（a）刚性拱；（b）两铰拱，可减少支座处的弯曲；（c）三铰拱，可减少支座处与整个跨度内的弯曲变形（由挠曲和热膨胀引起）。

引入弯曲应力对于传统砌体建筑是根本不允许的事情，但由于现代的新型材料具有抗张拉和弯曲的能力，所以可以很容易应用到现代建筑中。

非砖石砌筑拱案例研究 | Nonmasonry Arch Case Studies

后湾车站 | Back Bay Station

后湾车站［1989 年；波士顿；建筑设计：卡尔曼，麦金奈尔和伍德（Kallman，McKinnell & Wood）］是沿着橘线（Orange Line）建造的八个车站之一，橘线是一条近期完工的从波士顿市中心延伸至郊区的 4.7 英里（7.6 千米）长的地铁。三条独立的地铁线平行位于街道下方，界定了一个由相邻建筑物和繁忙街道限制的狭窄地带。正是铁路轨道的这种布置确定了该站的基本平面几何形状（Carter，1989）（图 13.24 ~ 图 13.26）。

图 13.24　后湾车站，外部。

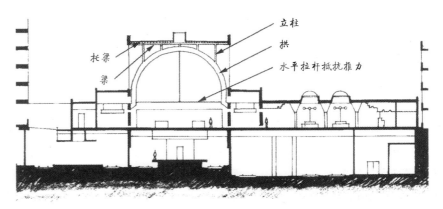

图 13.25　后湾车站，剖面图。

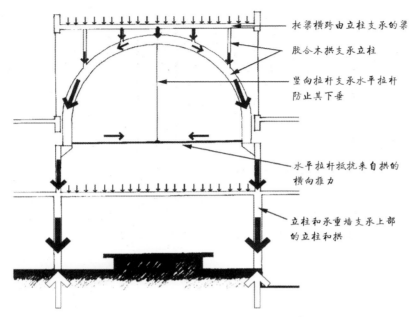

托梁横跨由立柱支承的梁

胶合木拱支承立柱

竖向拉杆支承水平拉杆
防止其下垂

水平拉杆抵抗来自拱的
横向推力

立柱和承重墙支承上部
的立柱和拱

图 13.26　后湾车站，荷载传递路径示意图。

该建筑令人回忆起 19 世纪庞大宏伟的美国铁路枢纽空间，它将注意力放在火车站候车棚之外的地方（在该时期的欧洲非常看重火车站候车棚），以创造可容纳大客流量的大厅。该车站作为城市的地标性建筑物，已经影响到了该车站的设计。设计师通过增加中心月台的高度和宽度，形成了一个新的候车大厅。这个大厅贯穿整个场地，为相邻街道提供拱廊连接。

设计师将车站大厅设计成由一系列拱结构组成的拱廊。在设计中，车站的一边稍微弯曲（以容纳火车轨道），但整个建筑物基本上是直线的，并且每端都有开口。层压木材制成的拱由砖墩上的混凝土枕梁支承，拱高为 32 英寸（81 厘米），厚度为 10 英寸（25 厘米），平均间距为 20 英尺（6.1 米），跨度为 50~60 英

尺（15.2~18.3 米）。屋顶结构由每个拱上方的层压木梁组成，木梁由 5 个支承在拱顶上方的等间隔的柱支承。外露的间隔紧密的层压木材制成的托梁横跨在梁之间以形成平面屋顶。连接拱底的水平拉杆用来抵抗结构的侧向推力。拱顶延伸出的较薄弱的竖直拉杆用来支承中心处的水平杆，防止其下垂。

伦敦交易所 | London Exchange House

这幢办公楼［1990 年；伦敦；建筑及工程设计：斯基德摩尔，奥茵斯和梅里尔（Skidmore，Owings，& Merrill）］吸纳了桥梁技术，跨度为 256 英尺（78 米），横跨地下铁路网。一层楼高的桁架支承着一个位于轨道和办公楼中间楼层的广场。四个七层楼高的抛物线式钢拱支承着 10 层办公楼和交易空间，使得无柱楼层分为一个 49 英尺（15 米）宽的中央开间和两个 60 英尺（18.3 米）宽的两侧开间。横跨开间的开口网状桁架将楼板荷载传递到拱上（Harriman，1990；Blyth，1994）（图 13.27~图 13.31）。

这两个周边拱（以及它们的连接柱和梁）在墙的外部暴露出来，以强调每个结构单元的形式、连接和功能。斜撑为外柱提供侧向支承，将外露的框架与每层楼的楼板边缘连接在一起（图 13.28）。只有在两个中庭区域内才能看见内部拱。

拱的形状为分段式抛物线，由连接到宽翼缘钢柱上的直钢槽构成，中心间距为 20 英尺（6.1 米）。在拱顶之上，柱子通常处于受压状态；在拱下方，柱子一般处于受拉状态，以支承楼板梁。拱由背靠背且中间留有空隙的一对槽钢组成，允许柱子从中间穿过但结构不受干扰。

在不对称荷载的作用下，每个拱的两个主要斜撑必须具有保证横向刚度和抵抗屈曲的能力。拱底部的水平钢拉杆抵抗侧向推力，中间楼层也有助于抵抗侧向推力。与拱相似，每个斜撑都是一对钢管，中间的空隙允许柱子穿过。

将该建筑的结构体系与第 10 章中提及的明尼阿波利斯联邦储备银行的类似结构（但相反）进行比较是非常有意义的。

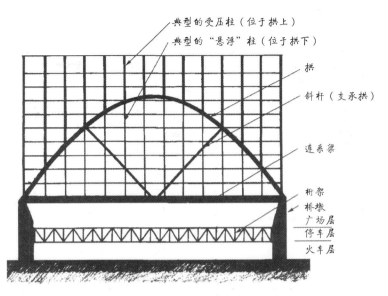

图 13.28 伦敦交易所，主要体系构件。

图 13.27 伦敦交易所，外部，展示了跨度为 256 英尺（78 米）的钢拱。钢拱之上的柱受压，
之下的柱受拉。

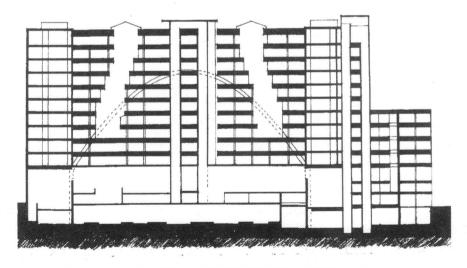

图 13.29 伦敦交易所，剖面图展示了暴露在中庭区域的室内拱。

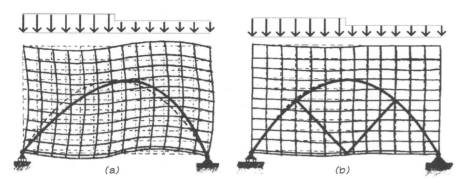

图 13.30　伦敦交易所，放大了的挠度示意图：（a）没有斜撑，（b）有斜撑。

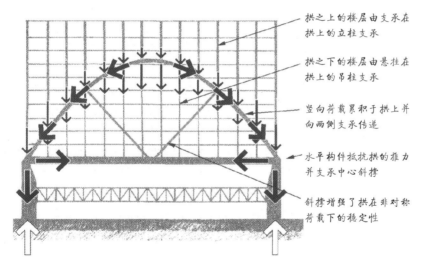

拱之上的楼层由支承在拱上的立柱支承

拱之下的楼层由悬挂在拱上的吊柱支承

竖向荷载累积于拱上并向两侧支承传递

水平构件抵抗拱的推力并支承中心斜撑

斜撑增强了拱在非对称荷载下的稳定性

图 13.31　伦敦交易所，荷载传递路径示意图。

马拉尔的大桥 | *Maillart bridges*

罗伯特·马拉尔（Robert Maillart）设计的桥梁在 20 世纪初于瑞士建成，设计轻盈而优雅，代表了拱桥无与伦比的成就。这些混凝土结构不仅美观，马拉尔

的设计也通常比他的竞争对手更经济（Brown，1993）。

他设计的第一座展现其作品特征的桥梁是莱茵河桥（Rhine Bridge），十分轻盈优雅［1905 年；瑞士塔瓦纳萨（Tavanasa）］。他曾关注过早期的佐兹桥［1901；佐兹（Zuoz）］拱肩墙上的裂缝。在莱茵河桥的设计中，他省略了这些容易出现裂缝的三角形区域。这使得拱桥的端部简化为支承路基的细长混凝土构件。他还在跨中的最薄截面处设置铰接点，以便允许结构发生延展和挠曲位移时不会开裂（图 13.32）。

瑞士萨尔基那山谷桥（Salginatobel Bridge）［1930 年；希尔斯（Schiers），瑞士］是马拉尔设计的所有桥梁中最著名的一座，因为它的场地非常壮观。桥梁

图 13.32　莱茵河桥。混凝土桥本身细长的壳体和巨大的砖石基台之间的对比。

图 13.33 瑞士萨尔基那山谷桥，仰视图。

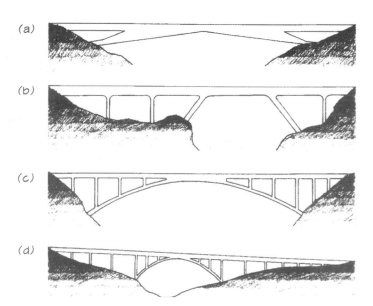

图 13.34 其他四座桥梁说明了马拉尔设计的混凝土桥梁的多样性：（a）锡默河桥（Simme Bridge）[1940 年；瑞士戈施达特（Garstatt）；跨度 105 英尺（32 米）]，（b）奥诺瓦桥（Eau-Noire Aqueduct）[1925 年；夏特拉尔（Châtelard），瑞士；跨度 100 英尺（30.5 米）]，（c）施万德巴赫桥（Schwandbach Bridge）[1933 年；瑞士施万德巴赫（Schwandbach）；跨度 123 英尺（37.5 米）]，（d）朗西—日内瓦大桥项目（Lancy-Genève project）[1936 年；朗西—日内瓦（Lancy-Genève），瑞士；跨度 164 英尺（50 米）]。

拱在桥墩处最宽，为 20 英尺（6 米）；在跨中布置铰接点处最窄，为 12 英尺（3.7 米）（图 13.33）。图 13.34 还展示了马拉尔设计的其他许多桥梁。

新河峡谷大桥 | New River Gorge Bridge

新河峡谷大桥 [1978 年；华盛顿新河峡谷（New River Gorge）；结构设计：

位于格劳宾登州（Graubüden Canton）的阿尔卑斯山麓，跨度为 295 英尺（90 米），横跨 250 英尺（76 米）深的陡峭峡谷。整个桥面板均略微向上倾斜，由拱支承。

图 13.35　新河峡谷大桥，其规模令人惊叹，图中可以看到行驶到跨中处的卡车顶部。

米歇尔·贝克（Michael Baker）〕（图 13.35）的建造缩短了西弗吉尼亚州偏远地区约 40 英里（64 千米）的南北行程。拱桥跨度为 1700 英尺（518 米），总长度为 3030 英尺（924 米），是世界上最长跨度的拱桥。由于场地条件的影响，选择了钢制拱。峡谷的深度为 876 英尺（267 米），因此无法进行多跨桁架的施工。悬索桥所需的高度会对该地区低空飞行的飞机造成威胁。考虑到大桥所需的跨度、高度及所处的偏僻位置，建造钢桁架式拱桥被认为是唯一的选择。大桥使用的考登钢（Corten steel，属于低合金、高强度、耐大气腐蚀的结构钢）不会被腐蚀，因此不需要常规油漆（Brown，1993）。

小结 | Summary

1.**突拱**介于简单的悬臂结构和真正的拱结构之间。它由开口两侧的连续砖石砌筑，逐渐彼此接近直至贴合。

2. 索状拱是一种相当于倒置悬索的受压结构形式，仅受轴向压力。

3. 与悬索一样，如果荷载均匀分布在整个水平跨度上，索状拱的形状为抛物线。

4. 如果荷载沿拱的曲线均匀分布，则拱的形状为悬链线。砖石墙索状拱开口的形状介于抛物线和悬链线之间。

5. 在给定的荷载条件下，拱的高度越小，产生的横向推力越大。

6. 一个真正的砌筑拱是通过楔形砌块受压来传递所有的横向荷载〔与通过砌筑受弯的悬臂（结构受拉）而建成的突拱不同〕。

7. 在索状拱中，上侧的楔形砌块因其重力以及砌块间的压力，会对其下侧的砌块产生推力，而索状拱的形状通常与它的**推力作用线**相吻合。

8. 如果推力作用线位于拱的中间三分之一范围内，则只存在压力，不会产生张力。

9. 如果薄弱的索状拱上的荷载条件发生变化，以致结构不再具有悬索的结构特性，则结构会坍塌；为防止发生这种情况，可以限制拱的形状，使其不会向上屈曲。

10. 刚性拱的端部支承处无法旋转，任何挠曲变形和热膨胀都会导致拱弯曲变形。

11. 为了控制由挠曲和热膨胀引起的弯曲变形，引入了有铰拱结构。

12. 两铰拱的铰接点位于结构的两端，可以使铰接点的弯曲变形减到最小，但跨中处可能会存在弯曲变形。

13. 三铰拱在每端和跨中处设有铰接点；中间的铰接点减少了两端支座处以及整个跨度上的弯曲变形。三铰拱允许挠曲和热膨胀引起的位移而不发生弯曲。

第 14 章　拱券结构

Vaults

拱券是三维空间中的拱形结构，只通过结构的受压将力传递给支承构件（当拱券形屋顶被用来抵抗主要张力时，必须加强结构，结构特性会发生很大变化，在后面的章节中被归为**壳体结构**）。

简而言之，拱券结构是将拱形结构扩展到三维空间中。与拱形结构一样，拱券结构（传统上是砖石结构）是单纯受压的，无法抵抗拉力。因此，拱券需要在每端的基础处设置连续的支承结构。根据结构形状，拱券结构可分为两类：单曲面**圆柱形拱券**（cylindrical vaults）和双曲面**穹顶拱券**（domed vaults）。

单曲面圆柱形拱券 | Cylindrical vaults

圆柱形拱券有很多种截面形状，例如：圆筒形（半圆形或罗马式）、悬链线形（厚度均匀的悬索状）、尖形（哥特式）（图 14.1）。

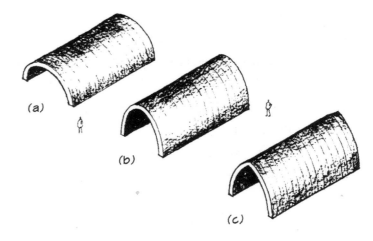

图 14.1　圆柱形拱券：（a）圆筒形，（b）悬链线形，（c）尖形。

结构特性 | Structural Behavior

荷载分布 | Load distribution

对于集中荷载，拱券结构不同于相对应的一系列相邻的拱结构。拱的结构特性是独立的，因此施加在拱上的荷载不会影响相邻的拱，荷载仅沿拱身传递。拱券结构中的抗剪能力使荷载分布到结构（两侧各 45° 范围内）的相邻区域（图 14.2）。

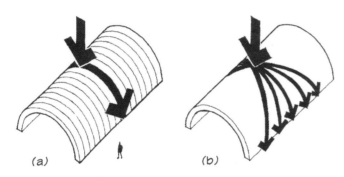

图 14.2　荷载分布：（a）连续的独立拱，（b）拱券。

侧向反力 | Lateral resistance

拱券结构与连续拱结构在侧向反力方面也大有不同。连续拱结构中的各拱彼此独立，因此如果在结构端部施加一个侧向推力，整个结构会连续倒塌。而在高度较低的拱券结构中，剪切阻力可以使拱券表现得像一组剪力墙，抵抗平行于拱券长度方向的水平荷载（图 14.3）。

推力的反力 | Thrust resistance

与拱结构相似，所有的拱券（无论截面形状如何）都会产生水平推力。相对高度越低，推力越大。如果拱券结构直接与地面相连，则地面和基础之间的摩

图 14.3　侧向反力：（a）连续的独立拱，（b）拱券。

擦力就足以支承整个结构。

但是，如果拱券结构被布置在两个平行的竖直墙体上（或竖向柱子上的平行梁上），结构产生的推力会将墙壁分开。一种控制推力的方法是在拱券结构的基础之间增加水平连接构件，构件的张力可以抵抗外部推力。这与康在印度管理学院中使用的用以抵抗推力的钢筋混凝土连梁原理相同。

而古罗马人有不同的方式来抵抗推力，他们在拱券结构的下部加入大量的砌块（**加腋**）。这种做法除了可以增加基础的摩擦力之外，**堆载**（surcharge）还可以增加推力作用线的倾斜角度，使其处于墙体中心三分之一区域内，以防结构发生倾倒。由于罗马半圆形拱券结构的弯曲形状不是悬链线形（与悬链线形厚度一致），拱券的下部可能会向上屈曲（低于 52° 的部分）。堆载的附加重量可以用来抵消这种屈曲，并维持整个拱券处于受压状态。之后在罗马时代，增加了坚实的扶壁来抵抗推力。在哥特时期发展起来的飞扶壁结构，更是将推力的反力完全从墙体中分离出来（图 14.4）。

单曲面圆柱形拱券结构案例研究 | Cylindrical Vaulting Case Studies

罗马拱券结构 | Roman Vaulting

古罗马人曾使用**交叉**拱券结构来建造屋顶，交叉拱券结构是屋顶在两个垂

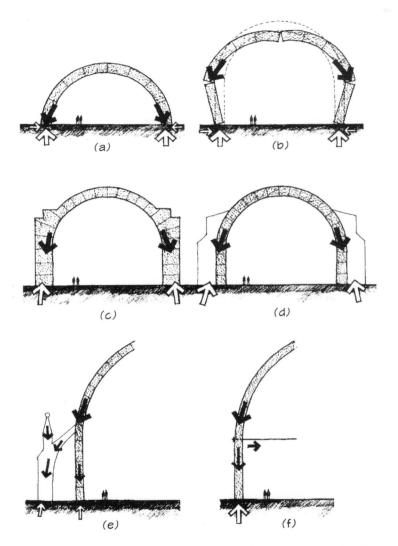

图 14.4 拱券结构抵抗侧向推力的方法：（a）基础的摩擦力，（b）竖直墙体之上的拱券有张开的趋势，（c）带有加厚腋和厚墙体的罗马式半圆形拱券，（d）罗曼式拱券坚固的扶壁，（e）哥特式飞扶壁，（f）金属拉杆。

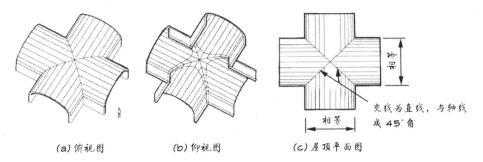

（a）俯视图 　　 （b）仰视图 　　 （c）屋顶平面图

图 14.5 罗马交叉拱券结构屋顶：（a）俯视轴测图，（b）仰视轴测图，（c）屋顶平面图。因为相交的拱券结构完全相同，因此相交部分的平面图为正方形，交线为直线，与拱券轴线成 45° 角。

直轴线上交叉。这一时期的交叉拱券结构具有相似的尺寸：基座高度、拱券的高度和宽度。由于这种相似性，交叉拱券结构的几何形状相对较为简单，在平面图中，交叉线为直线，与拱券轴线成 45° 角（图 14.5）。

君士坦丁巴西利卡（Basilica of Constantine，公元 312 年；罗马）始建于马克森提乌斯皇帝（Maxentius）时期，完工于君士坦丁皇帝（Constantine）时期，其规模大于由其结构形式衍生而出的帝国浴场（imperial baths）。**大殿**（主要空间）是由一个跨度为 83 英尺（25 米）的中心纵向拱券和三个尺寸相同的横向拱券相交而成的，拱券的中心高度距地面 115 英尺（35 米）（Fletcher，1987）（图 14.6~ 图 14.9）。

巴西利卡大殿的每一侧都有三个较低的横向隔间，由巨大的墩柱和桶形拱券分隔开来。所有的拱券都是由未加筋的混凝土制成，并且为井格式（内嵌面板），以减轻重量并形成装饰图案。这种用于抵抗较高拱券结构推力的支承方式也被用于后来的建筑物［包括圣索菲亚大教堂（Hagia Sophia）、一些罗曼式教堂和大多数哥特式教堂］。

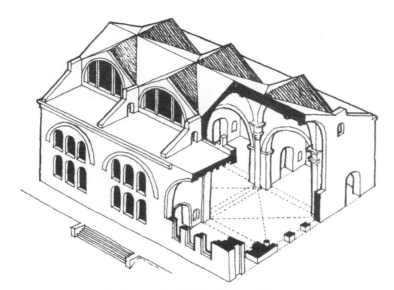

图 14.6 君士坦丁巴西利卡，复原图。

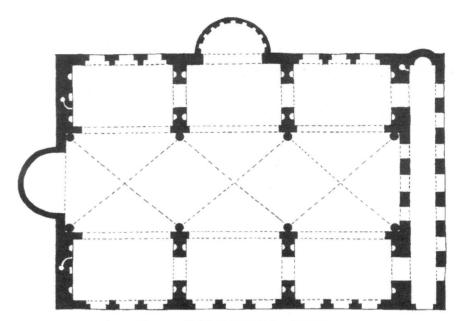

图 14.8 君士坦丁巴西利卡，平面图。

图 14.7 君士坦丁巴西利卡，内部复原图。

图 14.9 君士坦丁巴西利卡，剖面图。

罗曼式拱券结构 | Romanesque vaulting

　　罗曼式拱券采用了与罗马时期相一致的半圆形拱券。但是，罗马人只设计了相同形状与跨度的拱券相交。而后来的罗曼式拱券结构一般将较小的半圆形拱券与较大的拱券相交，但由此产生的交线会在平面内产生偏斜、弯曲，并在交叉区域产生不平衡推力。事实上，部分这样的结构已经存在了几个世纪，但这是由于巨大的支承墙和扶壁，而不是合理的工程结构（图 14.10）。

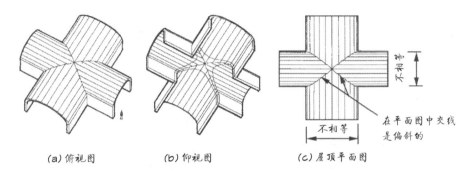

　　(a) 俯视图　　　　(b) 仰视图　　　　(c) 屋顶平面图

图 14.10　罗曼式交叉拱券结构：（a）俯视轴测图，（b）仰视轴测图，（c）屋顶平面图。由于交叉拱券的跨度不同，因此交线会发生偏斜，从而导致推力不平衡。

哥特式拱券结构 | Gothic vaulting

　　随着技术的发展，建筑工人们最终解决了不同跨度拱券结构的交叉难题。解决方案的关键在于尖拱和拱券的发展。这种几何形状可以使不同宽度的圆拱具有相同的高度，并与罗马拱券相似，交叉方式十分简单与直接。而且，由于尖顶的拱线更接近理想的悬链线，所以拱腰上所需的额外支承大大减少（图 14.11）。

　　　飞扶壁像一种外翻的有机体，将骨骼露在外面，留在内侧的肌肉组织和皮肤则独具魅力。

　　　　　　　　　　　　　　——爱德华多·托罗哈

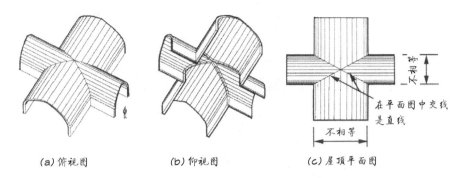

　　(a) 俯视图　　　　(b) 仰视图　　　　(c) 屋顶平面图

图 14.11　哥特式交叉拱券结构：（a）俯视轴测图，（b）仰视轴测图，（c）屋顶平面图。尽管拱券的跨度不同，并且拱券的相交部分在平面上是矩形的，但交线是直线，就像罗马拱券一样，而且还可以产生平衡的推力。

　　这是尖拱和拱券的结合，再加上飞扶壁，使得哥特式建筑时期结构的先进性得以体现。随着建筑工人经验和信心的增加，结构变得越来越高，越来越薄，而拱券的几何形状也变得越来越复杂（图 14.12 和图 14.13）。

双曲面穹顶拱券 | Domed Vaults

　　穹顶拱券结构是由拱旋转而成的（就像砌筑拱），仅可抵抗压力。大多数穹顶拱券结构都是圆形的，但也有椭圆形的例子。所有的构件都必须用来抵抗侧向推力；否则，这种推力会传递到周边结构，并导致周边结构产生环向张力。这也是传统的砌筑拱结构和无钢筋混凝土拱结构逐渐失效的主要原因，特别是拱支承在竖直的墙体和柱子上时，因为这些构件会产生推力。而且，如果穹顶不是悬索形状，则必须抵制加腋区域向上屈曲的倾向，通常的解决方式为在该区域增加具有额外厚度的堆载。

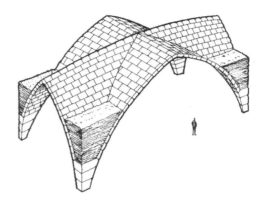

图 14.13　典型的哥特式拱券结构建筑和堆载。

图 14.12　拉昂大教堂（Laon Cathedral，约 1170 年）等轴测剖面图（左侧为穿过飞扶壁的剖面；右侧为穿过扶壁之间窗户的剖面）。

双曲面穹顶拱券结构案例研究 | Domed Vault Case Studies

万神殿 | Pantheon

　　万神殿（公元 120 年，罗马）是古罗马保存最完好、最壮观的建筑之一（图 14.14~图 14.17）。入口处的门廊由早期的寺庙重建而成。最让人印象深刻的是圆形中央大厅，它由放置在巨大的圆柱形石柱上的半球形穹顶组成。虽然厚达 20 英尺（6.1 米），但石柱并不坚固，石柱除了由 8 根柱墩组成，还由隐藏在墙内的拱门支承。穹顶厚度在靠近顶部 4.5 英尺（1.4 米）到底部的 18 英尺（5.5 米）之间变化，并通过内嵌式格状天花板采光（Fletcher，1987）。

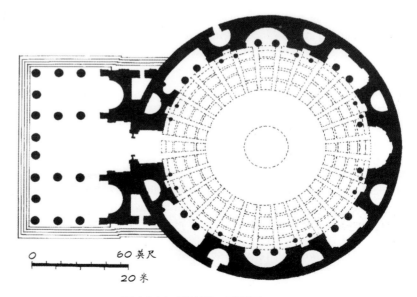

图 14.14　万神殿，平面图。

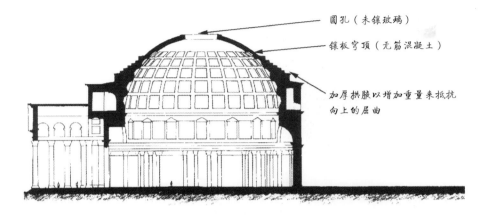

图 14.15　万神殿，剖面图。

圆孔（未镶玻璃）

镶板穹顶（无筋混凝土）

加厚拱腋以增加重量来抵抗向上的屈曲

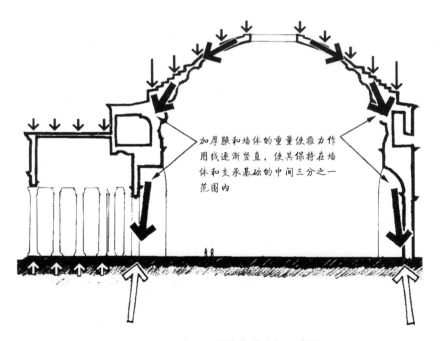

加厚腋和墙体的重量使推力作用线逐渐竖直，使其保持在墙体和支承基础的中间三分之一范围内

图 14.16　万神殿，荷载传递路径示意图。

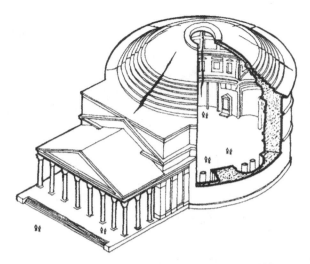

图 14.17　万神殿，轴测图展示了径向张力裂缝。

巨大的壁厚以及穹顶底部附近加腋部分厚度的增加，足以使侧向推力向下倾斜的角度足够大，以保证推力作用线在墙体的中心三分之一范围内。加厚的腋部也抵消了半球形穹顶在这一区域向上屈曲的趋势。但即使有这些减少推力影响的措施，也有证据表明穹顶和墙体上的径向张力裂缝在穹顶的底部有扩散的迹象。而这些裂缝的产生原因最近通过计算机的有限元分析得以验证（Mark，1993）。

穹隅 | Pendentives

拜占庭时期，人们发明了穹隅，用来支承拱门上的砖石穹顶。穹隅是由一个大的半球形穹顶，通过去除（切割）四个面和顶部（图 14.18）而形成的。剩下的顶部开口覆盖着一个较小的半球形穹顶，其半径与开口的半径相等。类似的，相同半径的半个穹顶紧靠拱形的侧开口，以抵抗来自穹顶和穹隅的侧向推力。

圣索菲亚教堂［537 年；君士坦丁堡；建筑设计：安提多拉斯（Anthemius）和伊基多拉斯（Isidorus）］是最大、最具创造性的拜占庭式建筑之一，其代表性之处在于教堂中使用了穹隅结构来支承一个巨大的穹顶（图 14.19～图 14.22）。在设计中，教堂中央是一个边长 107 英尺（32.6 米）的方形广场，周围是四个 25 英尺 ×60 英尺（7.6 米 ×18.3 米）高的巨型石柱，支承着四个半圆形的拱形结构，形成了穹隅结构的基础。直径 107 英尺（32.6 米）的圆屋顶盖在了穹隅开口上，距地面 180 英尺（54.9 米）高。中央空间的东侧和西侧是巨大的半圆形开口，上

图 14.19 圣索菲亚教堂，外部。

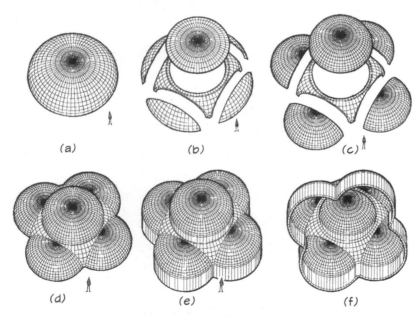

图 14.18 穹隅的几何形状：（a）大的半球形穹顶；（b）将两侧及顶部切下；（c）用较小半径的半球形顶盖代替，侧面用半个圆屋顶代替；（d）用以抵抗穹顶和穹隅的侧向推力；（e）上部穹顶下的墙体和圆柱形石柱，俯视图和（f）仰视图。

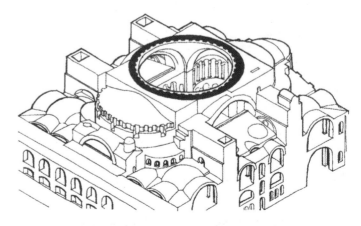

图 14.20 圣索菲亚教堂，等轴测图（将穹顶移开以显示穹隅）。

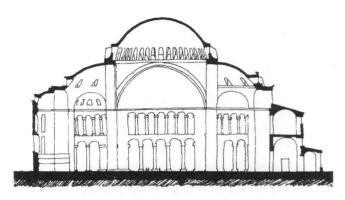

图 14.21　圣索菲亚教堂，剖面图。

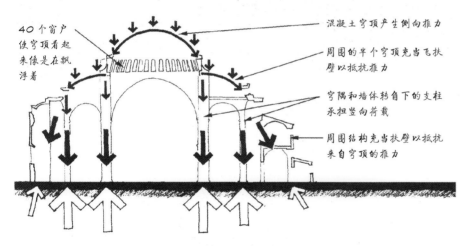

40 个窗户
使穹顶看起
来像是在飘
浮着

混凝土穹顶产生侧向推力

周围的半个穹顶充当飞扶
壁以抵抗推力

穹隅和墙体转角下的支柱
承担竖向荷载

周围结构充当扶壁以抵抗
来自穹顶的推力

图 14.22　圣索菲亚教堂，荷载传递路径示意图。

面覆盖着半个圆屋顶，有助于抵消主穹顶和穹隅结构（Fletcher, 1987）的推力（图 14.21）。

在穹顶的底部环绕着 40 个拱形窗户进行采光，形成了一圈散射的环形光晕，

并产生了穹顶悬浮在教堂广阔上空的幻象。而且，因为这些窗户可开启到水平面以上 50°，这样有助于解决万神殿中径向张力裂缝的问题。几个世纪以来，尽管教堂中央穹顶和穹隅（连同它们的附加构件）的推力使四个主要的石柱沿着轴向向外倾斜，但是圣索菲亚教堂仍然是拜占庭时期最高技术成就的代表（Mark，1993）。

文艺复兴时期穹顶中的径向拉力 | *Radial tension in Renaissance domes*

在佛罗伦萨大教堂中可以观察到上边提到的径向拉力裂缝（类似万神殿中的裂缝）（图 14.23）。这是一个由布鲁内列斯基（Brunelleschi）设计并在 1434 年完成的八角形**回廊**穹顶（由几个尖顶拱券交叉而成）。穹顶是中空的，由竖向的肋条组成，这些肋条向底部逐渐加粗（用于容纳推力作用线）。穹顶跨度为

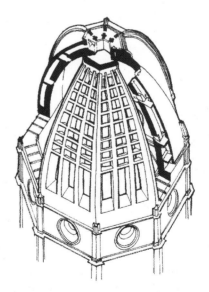

图 14.23　佛罗伦萨大教堂，穹顶，剖面轴测图展示了加肋的内部结构。

131 英尺（40 米），穹顶上方的内部高度为 113 英尺（34.4 米），整个教堂高度为 287 英尺（87.5 米）。布鲁内列斯基在设计之初便考虑到了径向张力，并提出了一套使用加固"链"（由石头、铁以及木头制成）的方案，在穹顶的不同高度形成拉力环。但是在最后，只安装了一条木链；在设计上主要依靠哥特式尖顶轮廓和大量的肋条和穹顶来为结构提供稳定性。但是，早在 1639 年就在穹顶上发现了裂缝，并继续对结构进行仔细的监测。到目前为止，没有采取进一步的加固措施（Mark，1993）。在米开朗基罗的圣彼得大教堂（罗马）的穹顶建造过程中也出现了类似的问题；1593 年在穹顶上加设铁链，又于 1742 年被乔瓦尼·波伦尼（Giovanni Poleni）移除。

模仿悬索的拱券结构 | Modeling Funicular Vaults

在 20 世纪初，加泰罗尼亚的建筑师安东尼奥·高迪（Antonio Gaudi），在寻找复杂平面图上的砌筑拱和拱券的理想形状时［例如科洛尼亚古埃尔教堂（Colonia Guel Chapel）］，利用了介于张拉索和压缩索的形状之间的对应关系。他使用了相应的倒置比例模型，模型带有下垂的链条，并用帆布覆盖，通过仔细计算模型的重量并导出它们，得到了接近理想的砖砌拱券形式。

即使在今天，缆索形状的模型也是用于研究受压结构的最佳形式（图 14.24）。这样的模型交互性好，可以直接根据荷载的变化情况而随之改变形状，也可以根据由构件（串或链）长度确定的垂度（图 14.25）改变形状。

加泰罗尼亚穹顶 | Catalan vaulting

在高迪设计的一些建筑中，他利用传统的加泰罗尼亚方法[责编注]来构造多层薄瓷砖的拱券，而没有使用模板。为了使用加泰罗尼亚方法建造穹顶，首先需要

[责编注]流行于西班牙加泰罗尼亚地区的源于罗马传统的砖构穹顶构筑方法，后经高迪等加泰罗尼亚建筑师之手广泛传播。

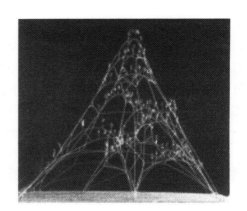

图 14.24　倒置研究纯受压悬索结构的链条模型图片［由建筑学专业学生 M. 哈尔（M. Haar）、C. 莫斯科夫（C. Muskopf）、B. 考夫曼（B. Kaufmann）与 J. 哈奇森（J. Hutchison）及塞尔吉奥·萨纳布里亚（Sergio Sanabria）教授设计和建造］。

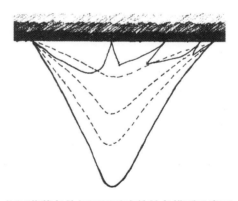

图 14.25　一组具有相同荷载条件但不同垂度的链条模型示意图。当垂度最大时，会产生最小的拉力（如果倒置则为压力）。

建立周边支承。然后，第一层（最低和最外层）薄环［大约由 3/4 英寸（19 毫米）厚的瓷砖制成］由短的悬臂式木托架支承。在此之上，使用快速凝固砂浆添加第

二层；接缝与第一层错开。一旦第一层完工且砂浆固结（最少 12 小时），工人们就可以站在第一层上建造下一个环，并且根据穹顶跨度的需要添加足够多的瓷砖层，但通常不超过四层（Salvadori，1980）（图 14.26）。这种方法在 19 世纪末期由古斯塔维诺公司（Guastavino Company）在美国推广并商业化，用此方法建造了超过 2000 个建筑物（图 14.27）。

薄板型拱券 |Lamella Vaults

　　薄板型拱券结构由相交的**倾斜**（平面中为对角线）拱组成，拱排列成菱形图案。在最严格的定义中，薄板结构是由以一定角度固定在一起的短构件〔**薄片**（lamellas）〕组成，形成篮筐形的编织图案。1908 年由德国建筑官员弗里德里希·佐林格（Friedrich Zollinger）发明，并于 1925 年被引入美国（Scofield and O'Brien，1954）的这个体系特别适用于使用尺寸相对较小的构件来建造跨度较大的木制、钢制或预制混凝土结构。术语"薄片"也被用来更宽泛地描述类似的现浇钢筋混凝土整体结构。薄板型拱券结构可以是圆柱形或穹顶形的。

　　在所有的建筑材料中，最受欢迎的是木材。木材在 20 世纪 40 年代和 50 年代被广泛用于拱券和穹顶结构中，由于木材和装配工人的成本相对较低，所以这种材料实用性极高。这使得短木构件被有效用于中大跨度建筑物的建造中。

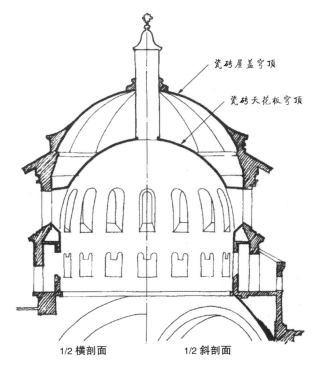

图 14.27　圣洁圣母院〔Immaculate Conception Convent，大约 1910 年；费迪南德（Ferdinand），印第安纳州；建筑设计：维克多·克洛托（Victor Klutho）；瓷砖穹顶承包商：古斯塔维诺公司〕，剖面展示了无框架的加泰罗尼亚瓷砖穹顶的内外侧。多层瓷砖穹顶的厚度约 3.5 英寸（8.89 厘米）。

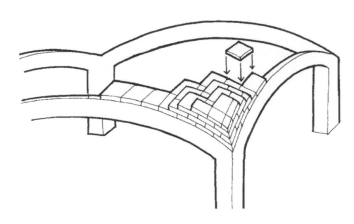

图 14.26　用加泰罗尼亚方法建造的无框架的薄瓷砖拱顶。第一排瓷砖依靠周边支承和临时悬臂支承；在第一层砂浆固结之后添加后续层。

工人们将木制构件预制成均匀的长度，在末端加工出斜面并钻孔，将其按照特别的编篮图案拴接在一起；外露的薄板形成一个极具吸引力的天花板图案（图14.28）。

钢材也经常用于薄板结构。例如，得克萨斯州的一个会议展览厅［1954 年；科珀斯·克里斯蒂（Corpus Christi），得克萨斯州；结构设计：G. R. 凯威特（G. R. Kiewitt）］就使用了跨度为 224 英尺（68 米）的桁架式钢薄板拱券屋顶。另外，混凝土也可用于建造薄板式拱券和肋。

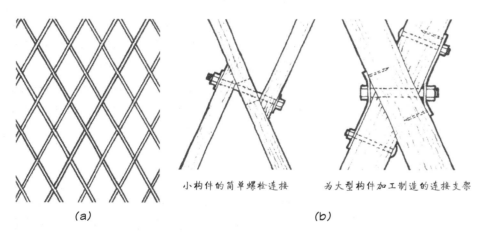

<small>小构件的简单螺栓连接　　　　为大型构件加工制造的连接支架</small>

（a）　　　　　　　　　　　　　（b）

图 14.28　木制薄板结构：（a）薄板的编篮图案，（b）连接细部图。

薄板型拱券结构案例研究 | Lamella Case Studies

塔科马穹顶 | Tacoma Dome

在建造时，塔科马穹顶是当时世界上最大的木制穹顶［1983 年；塔科马，华盛顿州；建筑设计：麦格拉纳汉信使协会（McGranahan Messenger Associates）；穹顶结构设计：西方木结构公司（Western Wood Structures, Inc.）］结构。由层压木板制成的直径为 530 英尺（162 米）的球形薄板式穹顶

图 14.29　塔科马穹顶，在建。

图 14.30　塔科马穹顶，内部。

在其支承墙之上的高度为 110 英尺（33.5 米），该建筑物用于体育赛事、展览和会议（Eberwein，1989；Robinson，1985）（图 14.29~图 14.31）。

已获得专利的多变轴线[Varax(variable axes)]体系通常配合三角形图案使用。它与真正薄板结构的不同之处在于，由于多变轴线体系所涉及的部件尺寸较大，所以框架是三角形的而不是菱形的。但是，拱的结构特性和应力分布是相似的，这是由于多变轴线体系的钢连接件属于刚性节点，而该节点是六个梁的交点处。

骨架则是由弯曲的胶合层压木制[**胶合板**（glulam）]横梁和檩条组成。横梁沿着**巨大的圆形**路径（也就是说，它们位于穿过球心的平面上），从而形成一个单曲率半径，也简化了装配过程。梁的高度为 30 英寸（76 厘米），宽度为 6.75 或 8.75 英寸（17 或 22 厘米）；最长的梁长度为 49 英尺（14.9 米）。檩条宽度为 5.1

英寸（13 厘米），高为 9~18 英寸（23~46 厘米）。檩条跨越较大的梁，并支承着 1.5 英寸（38 毫米）厚的榫槽木板。

梁和檩条被预先组装成三角形，并用起重机吊起。一旦安装了穹顶周边的框架，三角形部分就变成了自支承体系，因此不需要脚手架。该体系允许内部建造与拱顶安装同时进行。

穹顶由一个横截面尺寸为 3.0 英尺 ×3.0 英尺（91 厘米 ×91 厘米）的钢筋混凝土抗拉环梁支承，通过后张拉力抵抗向外的推力，并且跨越了 36 个混凝土柱。柱子和非承重砌体填充墙的高度为 42 英尺（12.8 米）。

这个项目和其他木制拱券项目[例如 1978 年在亚利桑那州的弗拉格斯塔夫（Flagstaff）完成的直径为 533 英尺（162 米）的天际穹顶（Skydome）和 1990 年在马凯特（Marquette）完成的直径为 502 英尺（153 米）的北密歇根大学穹顶（Northern Michigan University Dome）]再次引起了工程师们对薄板木制结构的关注，作为大跨度体育设施的经济性备选方案，该结构可以替代充气结构、钢结构和混凝土结构。

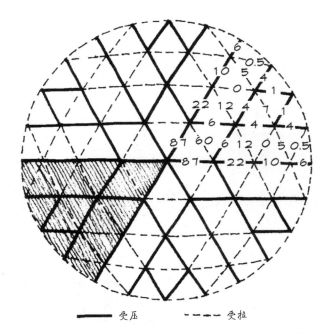

图 14.31 多变轴线的薄板式木制穹顶的相对应力。最接近拱形方向的构件处于受压状态，而其他构件（环向）处于受拉状态。

―――― 受压　　- - - - - 受拉

奈尔维设计的飞机机库 | *Nervi's hangars*

20 世纪 30 年代中期，意大利工程师皮埃尔·路易吉·奈尔维获得了使用混凝土薄板结构设计和建造几个飞机机库的机会。这些设计十分经济，旨在迅速建造并在一个钢铁和木材稀缺但劳动力充足的国家巧妙地使用混凝土结构。皮埃尔·路易吉·奈尔维通过比例模型和数值分析来分析结构应力；这是使用模型对现代大跨度结构进行定量分析的最早例子之一（图 14.32）。奈尔维表示："我将这种结构设计为一个曲面框架，这样将提供最经济、最便捷的解决方案，而且需要最少的钢材。"（Huxtable，1960）

这个系列中最早的机库使用的是现浇骨架和空心瓷砖。由于模板十分复杂，所以整个施工进度非常慢。正如奈尔维所说，"实际的建设过程并不容易，但是这次建造很好地证明了在复杂形状的结构中，使用钢筋混凝土要比选用木材更加

图 14.32　机库（现场浇筑，薄板式拱券建筑），外部。

图 14.33　飞机库，内部。

经济。"

　　结构的占地面积为 330 英尺 × 135 英尺（101 米 × 41 米），并且三面由每个薄板底部下方的飞扶壁支承。为了建造 165 英尺（50 米）宽的开口以容纳飞机，机库前部由一个跨越三个更大扶壁的混凝土空间桁架支承（图 14.33）。

　　为了克服现浇施工的缺点，奈尔维重新设计了结构体系，使用小型预制桁架作为薄板部件。在肋板交叉的地方，将钢筋焊接并灌浆。奈尔维还对支承体系的设计进行了改进，使其包含一个水平桁架，可以抵抗"A"字形框架扶壁之间较长范围内的侧推力。事实证明，这些结构比奈尔维预期的更为稳定。第二次世界大战的最后阶段当德国人从意大利撤退时，他们试图通过炸毁支承扶壁来破坏机库。但即使屋顶坠落到地面上，主体结构仍然完好无损，只是损坏了几百个接头部件（Salvadori，1980）。

罗马小体育宫 | *Palazzetto dello Sport*

　　小体育宫［1957 年；罗马；建筑设计：安尼巴莱·维泰洛齐（Annibale Vitellozzi），皮埃尔·路易吉·奈尔维；结构设计：皮埃尔·路易吉·奈尔维；总承包商：奈尔维和巴尔托利公司（Ing. Nervi & Bartoli）］是奈尔维和他的儿

图 14.34　罗马小体育宫，外部。

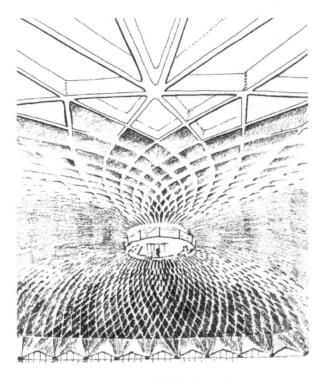

图 14.35　罗马小体育宫，内部。

子安东尼奥·奈尔维（Antonio Nervi）为 1960 年奥运会设计的几个奥运场馆之一。场馆被用来举行摔跤、拳击、体操和排球等比赛，最多可容纳 5000 名观众（Huxtable，1960）（图 14.34 和图 14.35）。

　　小体育宫的圆形穹顶直径为 197 英尺（60 米），高为 68 英尺（21 米）。内部外露的整体薄片式肋板向中心方向螺旋会聚。中心的一个抗压环梁形成了一个穹顶，在中心处提供自然光源。穹顶由 36 个 "Y" 形现浇混凝土扶壁在周边支承。

　　穹顶的建造方法与结构本身一样具有创新性。它由现浇的钢筋混凝土构成，被分割为 1620 个预制混凝土菱形藻井。藻井的预制模块被铸造成 19 种不同的形状，这些形状需要通过主模具制成，并放置在脚手架上。该方法非常经济实惠，而且整体效果较好，施工速度也很快，只需 30 天即可完成。

　　这个项目以及奈尔维其他项目的成功很大程度上归功于奈尔维作为承包商和建筑师—工程师的双重角色。许多项目都是成功的参赛作品，都提出了设计和固定建设成本的概念。如果是由一个独立的、不追求创新的承包商来建设，奈尔维这种低成本的设计是不可能成功的。

小结　|　Summary

1. **拱券**是三维空间中的拱形结构，只通过结构的受压将力传递给支承结构。它无法抵抗拉力（相比之下，**壳体结构**能够抵抗压力和拉力）。因此，拱券需要在每端的基础处设置连续的支承结构。

2. 拱券结构可分为两类：单曲面**圆柱形拱券**和双曲面**穹顶拱券**。

3. 与一系列相邻的拱（彼此独立）不同，拱券的抗剪能力使荷载分布到结构（两侧 45° 范围内）的相邻区域。

4. 与拱结构相似，所有的拱券（无论截面形状如何）都会产生水平推力。相对高度越低，推力越大。

5. **交叉**拱券结构是屋顶在两个垂直轴线上交叉的拱券。

6. 罗马交叉拱券结构由两个半圆形等跨度、等尺寸的拱券交叉而成，相交部分几何形状较为简单。

7. 罗曼式交叉拱券结构由两个半圆形不同跨度（和高度）的拱券相交而成，相交部分几何形状较为复杂。

8. 哥特式的尖顶拱券避免了这种复杂性，由不同跨度但高度相同的拱券组成，由此简化了相交部分的几何形状。

9. 穹顶拱券结构是由拱旋转而成的（就像砌筑拱），仅可抵抗压力。

10. 所有的穹顶拱券都会产生必须被抵消的推力，否则这种推力会传递到周边部位并导致周边部位产生环向张力。

11. 在**加泰罗尼亚**方法中，使用多层薄瓷砖来构造拱券，而没有使用模板。

12. **薄板型**拱券结构由相交的**倾斜**（平面中为对角线）拱组成，拱排列成菱形图案。

第 5 部分　板壳体系

Shell Systems

第 15 章　壳体结构

Shells

壳体是一种薄的曲面结构，它通过拉伸、压缩和剪切将荷载传递给支承构件。壳体结构与传统的拱券结构不同，因为它们能够抵抗拉力。因此，虽然壳体结构的弯曲形状可能与传统的拱券结构形状相似，但由于这种抗拉能力，它们的结构特性、荷载传递路径往往与拱券有很大的不同。自然界中壳体结构的例子包括鸡蛋壳、海龟壳、贝壳、坚果壳和头骨。

虽然可以使用胶合板、金属和玻璃纤维增强塑料（GRP，glass-reinforced plastics）等材料，但大多数建筑壳体结构都是用钢筋混凝土建造的。而这些替代材料通常用作船舶和汽车结构的壳体。

在荷载均匀分布和弯曲形状合适的结构（如屋顶）中，壳体非常适用。根据定义，壳体结构非常薄，因此无法抵抗由较大的集中荷载引起的局部弯曲。

壳体结构的类型 | Shell Types

壳体结构通常按照形状进行分类。**同向**（synclastic）曲面形状的壳体结构（例如穹顶）是双曲面形式，并且每个方向上的曲率相同。**可展**（developable）曲面形状的壳体结构（例如锥面、圆柱面或筒形面）是单曲面形式，它们在一个方向上是直的，在另一个方向上是弯曲的，并且可以通过弯曲平板形成。**互反**（anticlastic）曲面形状的壳体结构（例如鞍形，包括劈锥曲面、双曲抛物面和双曲面）是双曲面形式，每个方向上的曲率相反（图 15.1）。此外，还有没有数学定义的**自由曲面**形状的壳体结构。

同向曲面形状的壳体结构 | Synclastic Shells

穹顶是一件美妙的艺术作品。在空间中，它是建筑与雕塑的完美结合。穹顶是所有结构形式中最自然的，是人类依照天穹的形象创造出来的。

——米开朗琪罗

穹顶是由绕轴线旋转的曲线形成的**旋转曲面**。最常见的穹顶是球形，它的

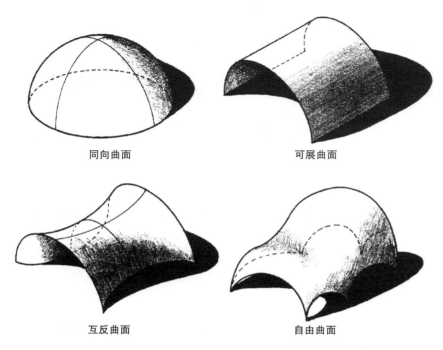

图 15.1　壳体结构的曲面形状。

同向曲面　　　　　　　　可展曲面

互反曲面　　　　　　　　自由曲面

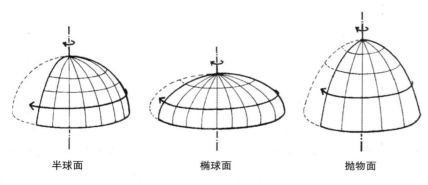

半球面　　　　椭球面　　　　抛物面

图 15.2　旋转曲面。

表面是一圆弧绕竖直轴旋转产生的曲面（图 15.2）。围绕旋转壳体的竖直截面线是纵向**拱线**（也称"经线"），其水平截面线（所有的圆）都是**环线**或**纬线**；最长的纬线是**赤道**。

结构特性 | Structural Behavior

穹顶形壳体结构的应力被分为沿**环线**方向和沿**拱线**方向的应力。在均布荷载条件下，穹顶沿拱线方向受压。在半球形穹顶中，由于拱线是半圆形的，所以顶部稳定，但底部有向上屈曲的趋势（例如拱和拱券）（图 15.3）。

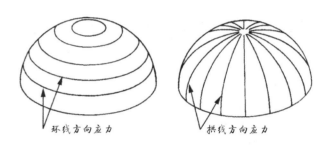

环线方向应力　　　　　拱线方向应力

图 15.3　穹顶的应力方向。

在壳体穹顶中（可以抵抗张力），水平线上方约 45° 以下的环向张力会抵抗结构向上屈曲的趋势。因此，较低的球形穹顶仅受环向压力，而较高的球形穹顶 45° 以上的部分受环向压力，45° 以下的部分受环向张力。（这个角度取决于荷载条件；在自重荷载下为水平线以上 38°；图 15.4。）这种结构特性不同于传统的拱券穹顶，拱券穹顶不能抵抗张力，需要增加额外的重量（附加构件）来防止向上屈曲。此外，它可以使任何对称荷载下的壳体穹顶简化为索状，不像拱券和拱只有在一种荷载条件下可以简化为索状（Salvadori and Heller，1975）（图 15.5 和图 15.6）。

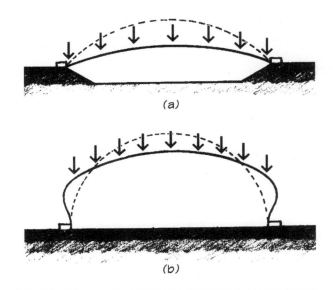

图 15.4　球形壳体结构的挠度：（a）高度较小的穹顶完全处于受压状态，（b）半球穹顶的下部有向上屈曲的趋势并由环向张力来抵抗。

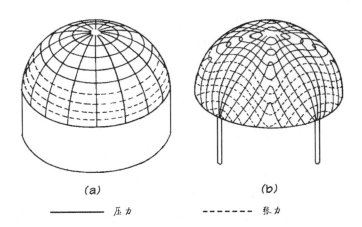

图 15.5　半球形壳体在均布荷载条件下的膜应力：（a）沿底座周长连续支承，（b）由4 根柱子支承。

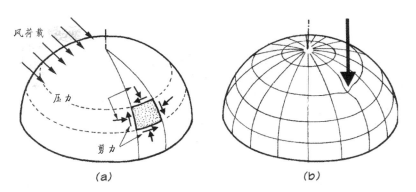

图 15.6　穹顶：（a）剪力抵抗侧向力（如风荷载），（b）集中荷载下的局部弯曲应力。

椭圆形穹顶顶部比底部相对平坦，这加剧了下部区域的向上屈曲倾向，并且因此更依赖于环向张力来获得稳定性。相反，抛物线形穹顶在顶部更加弯曲，底部更加平缓，几乎是缆索状，因此屈曲的趋势较小，环向张力也较小。

推力反力 | *Resisting thrust*

　　与拱一样，所有的穹顶都会产生向外的推力。虽然高度较大的穹顶的推力小于同跨度的高度较小的穹顶，但即使很小也必须加以抵抗。在高度较大的穹顶中，壳体本身的环向张力反力通常足以支承结构。但是，在高度较小的穹顶中，通常通过增加穹顶底部的厚度来形成**抗拉环梁**（以抵抗额外的张力）。由于该抗拉环梁可以抵抗内部的推力，因此不需要额外的扶壁。这使得穹顶可以架在竖直**环形墙**上（或环形排列的柱子），而且不需要支承。在立柱支承的情况下，抗拉环梁也可以充当横跨立柱的环梁（图 15.7）。

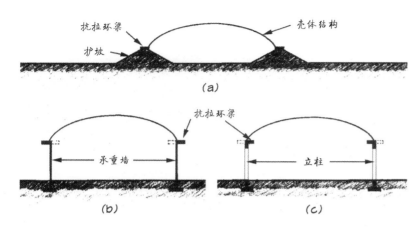

图 15.7 穹顶底部的抗拉环梁抵抗向外的推力：（a）连续支承在地面上，（b）连续支
承在环形墙上，（c）支承在立柱上。

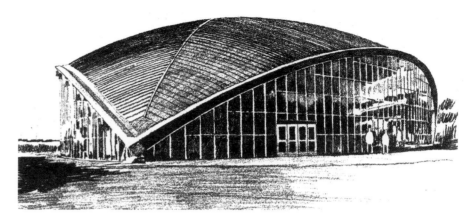

图 15.8 克雷斯格礼堂，外部。

穹顶形壳体结构案例研究 | Domed Shell Case Studies

克雷斯格礼堂 | Kresge Auditorium

这个穹顶（1955 年，剑桥，马萨诸塞州；建筑设计：埃罗·沙里宁事务所；结构设计：安曼和惠特尼公司）是一个八分之一的球体，支承在三个点上。支架之间 27 英尺（8.2 米）高的拱形开口上镶有玻璃并在平面上弯曲。虽然建筑物是外部结构纯净而朴素的表达，但穹顶形的内部从声学角度被认为不适于礼堂功能（凹形反射面会聚焦声音，接收来自多个方向的反射声波从而产生热点）。大玻璃幕墙后面的区域为采光充足的公共场所，需要与表演区进行光线隔离。隔墙与天花板的隔音罩形成了一个"内部"建筑，与外部穹顶结构没有视觉或功能上的相似之处（Editor，1954c）（图 15.8 和图 15.9）。

穹顶半径为 112 英尺（34 米）。钢筋混凝土外壳的平均结构厚度为 3.5 英寸（8.9 厘米），三个支承点的厚度为 19.5 英寸（50 厘米），以抵抗支承点处的集中应力。

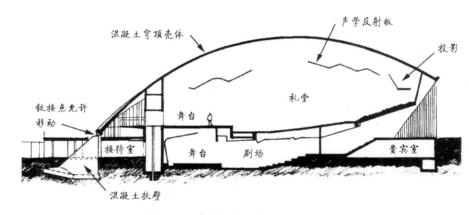

图 15.9 克雷斯格礼堂，剖面图。

玻璃开口上方的外壳边缘由混凝土肋板加强，该混凝土肋板也用于形成雨水槽。支承部位被加固并当作承载弯曲应力的铰接点。支承点由大体积混凝土基础承托。

将 2 英寸（51 毫米）厚的玻璃纤维隔热层覆在混凝土外壳上并不符合当代建筑标准。这种 2 英寸（51 毫米）厚度的非结构混凝土是声学隔离所必需的。因此，当考虑到壳体上非结构层面的建筑时，壳体的结构效率非常低。因此，鉴于该项目声学条件的限制，壳体结构的选择仍然值得怀疑。

报喜希腊东正教教堂 | *Annunciation Greek Orthodox Church*

　　在我们看来，这是三个建筑物。从远处可以看到第一个——一个巨大的蓝色碟子倒扣浮在地面上。这是一个颠覆性的圆形屋顶，覆盖着蓝色瓷砖，周长为 333 英尺。凑近观察但仍在外面的是第二幢建筑——一系列的曲线，平缓地起伏。在里面的是第三幢建筑——由空间和色彩组成，明亮的蓝色、金色、红色、深紫色以及放置在玻璃球制成的项链上的内部穹顶。

　　　　　　　　　　——编辑，《密尔沃基报》（*Milwaukee Journal*）

　　报喜希腊东正教教堂（1956 年，密尔沃基；建筑设计：弗兰克·劳埃德·赖特）是赖特最后的建筑之一，在主要的圣殿区域内有 670 个座位。一层的圣殿环绕着祭坛，就像一个剧院。圣殿中心的楼面开洞，可以俯视下面的室内花园（在讲堂层）。绕讲堂一周的是外加的阳台坐席，其位于穹顶周边的悬臂结构上（Editor，1961；Futagawa，1988）（图 15.10~ 图 15.13）。

　　薄壳钢筋混凝土穹顶的底部直径为 94 英尺（28.7 米），相对高度较小；曲率半径为 197 英尺（60 米），壳体顶部仅比其基座高出 11 英尺（3.4 米）。屋顶壳体厚度由穹顶处的 3 英寸（76 毫米）增加到边缘处的 4 英寸（102 毫米），该边缘被加强以用作抗拉环梁，来抵抗巨大的外向推力。它上面覆盖着一层 3 英寸（76 毫米）厚的喷涂绝缘层和 2 英寸（51 毫米）厚的蓝色瓷砖屋顶。

　　壳体由周边的竖直桶形矮墙支承，墙体上设有拱形窗户，以便自然光可以射入室内。从内部看，穹顶似乎飘浮在"由玻璃球构成的项链"之上，这种幻觉让人想起了圣索菲亚教堂的窗户。球体为实心玻璃，浇筑在混凝土环形墙上，因为实体球之间间距非常小，几乎相连，这就在很大程度上为穹顶提供了支承。

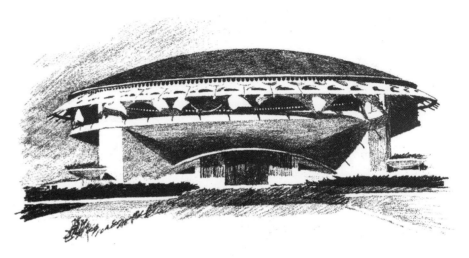

图 15.10　报喜希腊东正教教堂，外部。

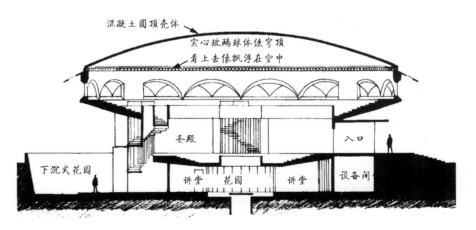

图 15.11　报喜希腊东正教教堂，剖面图。

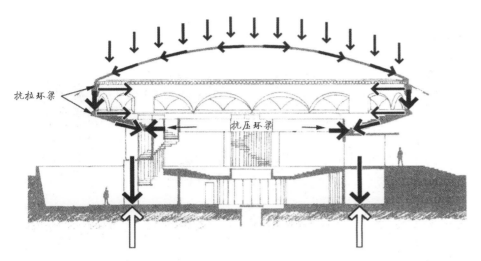

图 15.12 报喜希腊东正教教堂，荷载传递路径示意图。

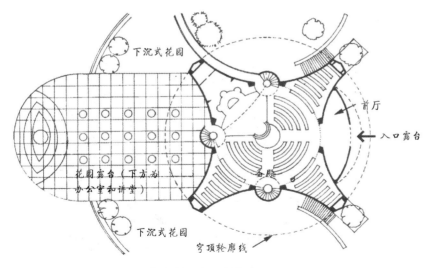

图 15.13 报喜希腊东正教教堂，一层平面图。

环形墙体被支承在第二个倒置穹顶的周边上，该穹顶也形成了阳台的地板，在外围加强墙体，作为一个抗拉环梁（为了抵抗向外的推力）。这个倒置的穹顶位于四个凹形的承重墙和壁柱上，这些墙壁和壁柱包围着一层圣殿和通向阳台的楼梯；这些构造均延伸到基础。

赖特将这个非常规的结构体系表述成一个统一的、完整的建筑形式，这是很了不起的。这种融合了视觉和情感的建筑表达手法影响深远。

亚基马太阳穹顶球馆 | Sundome

亚基马太阳穹顶球馆［1990 年；亚基马（Yakima），华盛顿州；建筑设计：卢夫伯鲁·威齐事务所（Loofburrow Wetch Architects）；结构设计：杰克·克里斯滕森（Jack Christiansen）］直径为 270 英尺（82.3 米），该场馆因其建造方法而闻名。穹顶分为 24 个扇形部件，每个片段呈马鞍形（环向凹陷，拱向凸起），外观形似张开的雨伞（Randall and Smith，1991）（图 15.14）。

穹顶高度为 40 英尺（12.2 米），建筑净高度为 80 英尺（24.4 米）。24 个相同的分拱固定在屋顶顶部的抗压环梁上，它们的基部支承在 24 根钢筋混凝土柱上，由后张拉混凝土抗拉环梁维持稳定。每个壳体部件在底部的厚度为 4.5 英

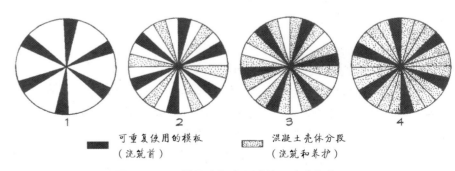

图 15.14 亚基马太阳穹顶球馆，建造顺序。

寸（11 厘米），向顶部逐渐减薄至 3 英寸（7.6 厘米）。为了防止屈曲变形，在穹顶每个分段的边缘加设 12 英寸（30 厘米）宽、30 英寸（76 厘米）高的肋骨。

　　建筑师使用了六个可重复使用的模板来浇筑穹顶。这些模板都是用直木托梁形成一定角度，以形成结构所需的鞍形，并用胶合板做保护套而制成（见本章后面的鞍形壳体结构）。在屋顶周围以 60° 的间隔浇筑壳体部分，以平衡结构的张力和抗拉 / 压环梁处的推力。抗拉环梁是在分段部件浇筑前建造的，用支柱支承，并在分段完成后张紧。

　　在建造完前六个扇形部件后，模板被放低，移动到合适位置后，再上升到适宜高度，然后继续建造新的扇形部件，如此反复四次。克里斯滕森曾经在国王球场（Kingdome）中使用了同样的成型方法，球场跨度为 660 英尺（201 米），被分为 40 段（1975，西雅图）。

混凝土充气房屋 | *Air-formed Concrete House*

　　这座房子[1954 年；霍布海峡(Hobe Sound)，佛罗里达州；建筑设计：艾略特·诺伊斯（Elliot Noyes）；体系发明人：华莱士·内夫（Wallace Neff）] 是一项创新的尝试，目的在于降低小型混凝土穹顶的建造费用，以使这项技术可以适用于住宅建造。设计户型为一至两个卧室的家庭住宅，住宅穹顶直径为 30 英尺（9.1 米），高度为 14 英尺（4.3 米）。建筑师在房屋的前部和后部拆下部分墙体作为拱形窗口，室内面积为 600 平方英尺（56 平方米）（Editor，1954b）（图 15.15）。

　　"气球"内部充满空气，外部用钢筋网加强层覆盖，并浇筑混凝土 [这是通常用于建造游泳池的喷浆法（Gunnite Process）]。该建筑采用初始厚度（内部）为 2 英寸（51 毫米）的混凝土层，接着是蒸汽隔层和玻璃纤维隔热层，最后是 2 英寸（51 毫米）厚的外部混凝土层。脚手架只有在施工人员进行喷涂作业时才需要，这项工作一天内就可以完成。混凝土硬化后，将可重复使用的可充气模板放气并取出（图 15.16）。该方法随后被应用于教室和仓储式建筑。

图 15.15　混凝土充气穹顶房屋，外部。

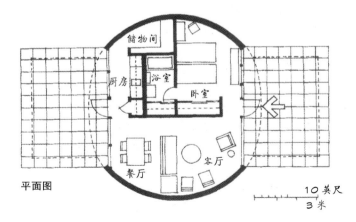

图 15.16　混凝土充气穹顶房屋，一室户型平面图。

可展曲面形壳体结构 | Developable Shells

筒形壳体是可展开的（可以通过弯曲一个平面来形成），仅沿一个方向弯曲，并且是通过沿直线方向将一条曲线拉伸而形成的。最常见的形状是半圆面和抛物面。与筒形拱券的区别在于它们能够抵抗拉力。因此它们只需要在角部（或端部）处布置支承构件，在曲率方向上横跨纵向轴线（由于筒形拱券结构无法抵抗拉力，因此它们需要在每个基座上布置连续支承构件）。

结构特性 | Structural Behavior

筒形壳体的结构特性在很大程度上取决于它们的相对长度。**短筒形壳体结构**沿纵轴平面长度较短，而**长筒形壳体结构**在该方向上长度较长。

短筒形壳体结构 | Short barrel shells

短筒形壳体结构通常在转角处布置支承构件，一般表现为以下两种方法中的一种（或是它们的结合）。第一种方法是将壳体的每一端都加强形成一个拱，将壳体变为横跨端部拱的板。第二种方法是将两侧较低的纵向边缘加固成一个横梁，将较薄的壳体结构变为横跨两侧梁的一组毗连拱（图 15.17）。由于实际施工（并符合规范要求）所需的最小壳体厚度远远超过大多数条件下短筒形壳体结构所要求的最小壳体厚度，因此这种结构效率低下，故很少使用。

长筒形壳体结构 | Long barrel shells

长筒形壳体结构通常在转角处布置支承构件，并且在纵向类似于大型横梁。因此，壳体中的应力类似于梁中的弯曲应力，顶部沿整个长度受压，而底部受拉（图 15.18）。薄壳体结构中的隔板为弯曲过程中的水平和竖直方向上的内部剪力提供了必要的阻力（图 15.19）。

长筒形壳体结构的深跨比（跨度比深度）极大地影响了结构应力的发展以及覆盖大面积建筑时的效率。较小的深跨比减小了底部压力和顶部拉力，从而减小了壳体的厚度。另一方面，对于给定的跨度，高度越大，表面积越大。理论上，最佳的深跨比约为 2.0，这种情况下最大限度地减少了所需的混凝土和钢筋的用量。但实际上，由于需要考虑施工规范或实际施工所要求的最小厚度，因此深跨比通常在 6~10 之间。

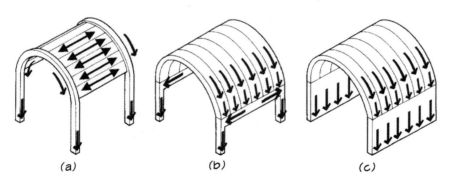

图 15.17　短筒形壳体结构的结构特性：（a）将壳体变为横跨端部拱的板，（b）将壳体变为横跨两侧梁的一组毗连拱，（c）必须连续支承在地基上的筒形拱券结构。

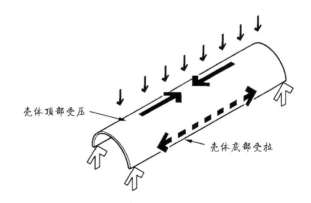

图 15.18　长筒形壳体结构类似于两端支承的梁，顶部受压，底部受拉。

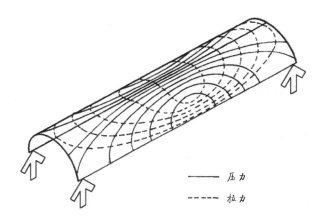

图 15.19　均布荷载条件下的长筒形壳体结构的应力分布图。拉应力与压应力的作用方向始终垂直，应力等值线的间距表示该区域的应力集中程度（间距越小，应力越大）。

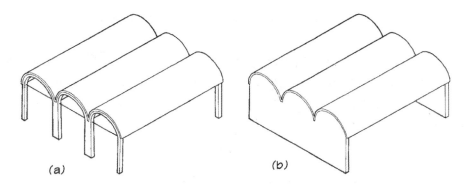

图 15.20　长筒形壳体结构的端部支承：（a）端部加固成在柱之上的拱结构，通过拉杆抵抗侧向推力；（b）端部承重墙提供竖向支承，保持壳体端部的形状，并且像剪力墙一样抵抗向外的推力。

边界条件 | *Edge conditions*

　　为了使结构表现为真正的壳体（仅受拉和受压，没有局部受弯），通常会通过加强两端和纵向边缘部分或通过抵抗外向推力来保持壳体形状。

　　为了在非缆索形状的荷载条件下保持壳体形状，必须对壳体的末端进行约束。这通常是通过将端部加厚成支柱上的拱来完成，并且增加拉杆抵抗侧向推力或者使用端部承重墙（提供竖直方向上的支承，维持壳体的端部形状，并作为剪力墙抵抗向外的推力）（图 15.20）。

　　筒形壳体结构的拱形作用是沿其整个长度存在的（不仅在端部）。因此，整个长度范围内均会产生向外的推力。当壳体结构在多跨度结构中重复出现时，相邻壳体的向外推力彼此平衡；只有第一个和最后一个壳体的自由边缘需要抵抗推力。壳体的隔板类似于一道薄梁，将推力传递给端部支承；加劲板作为梁的翼缘，增加了必要的横向阻力，以防止壳体边缘屈曲变形。这通常是通过添加一个垂直于壳体的翼缘加劲板来完成（图 15.21）。

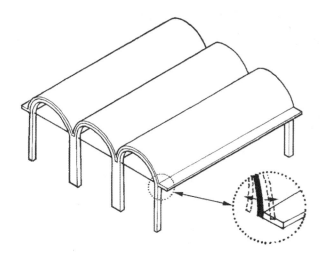

图 15.21　壳体外边缘的结构特性类似于薄梁，从而将推力传递至端部支承，应对其进行加固以防止屈曲变形。在相邻壳体的连接处，不需要翼缘，因为推力会互相抵消。

筒形壳体形状 | Barrel shapes

筒形壳体结构可以形成各种圆筒形和圆锥形(仅在一个方向上弯曲)形状(图15.22)。此外,还可以使用交叉拱形(图15.23)。

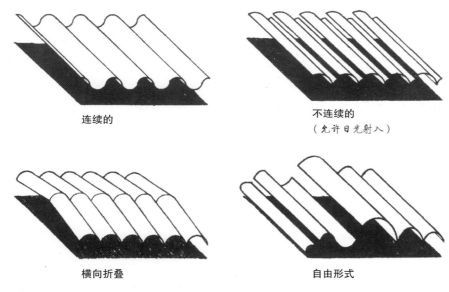

连续的

不连续的

(允许日光射入)

横向折叠

自由形式

图 15.22　大面积筒形壳体结构。

筒形壳体结构案例研究 | Barrel Shell Case Studies

金贝尔博物馆 | Kimball Museum

金贝尔博物馆[1972年;沃斯堡(Fort Worth),得克萨斯州;建筑设计:路易斯·康;结构设计:奥古斯特·爱德华·克曼登特]将筒形壳体结构的使用与对漫射光的追求结合在一起,创造出一种宁静而永恒的建筑风格(图15.24~图15.27)。

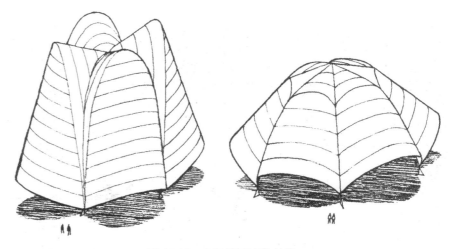

图 15.23　交叉筒形壳体结构。

与康以前设计的建筑一样[例如特伦顿社区中心(Trenton Community Center)和波士顿市政厅(Boston City Hall)],金贝尔博物馆的组织架构是由**方格**结构网格确定的,该网格由较宽的区间[包含"被服务用的"(served)长廊]和较窄的区间[包含"服务用的"(servant)流线和机械系统]组成(图15.25)。

拱券是一种可以接收光的表面。内部空间的尺度划分依据的是光线的位置,并且依据光线的分布确定房间的形状。我把玻璃放在结构构件和非结构构件之间,因为连接是装饰的开始。这些连接必须与简单的装饰区分开来。装饰是对连接的崇敬。

——路易斯·康

博物馆屋顶由 14 个筒形壳体构件组成，构件尺寸为 100 英尺 × 23 英尺（30.5 米 × 7 米）。其中有两个布置在建筑外部，在连廊处形成遮罩。壳体部分的形状类似于摆线（摆线形是一种类似于半椭圆的形状，一个圆沿一条直线滚动时，圆边界上一定点所形成的轨迹。与半椭圆一样，其起拱线是竖直的）。外壳的厚度为 4 英寸（10 厘米），主要由规范限制和钢筋所需的空间确定。屋顶上应用了屋顶隔热层和铅涂层铜屋顶。屋顶结构由 4 个方形混凝土柱支承，墙体不承重，外部铺有石灰华大理石，内部铺设石灰华大理石和木材（Ronner，et al.，1977；Editor，1971）（图 15.26 和图 15.27）。

图 15.24　金贝尔博物馆，外部。

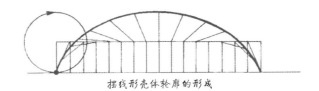

摆线形壳体轮廓的形成

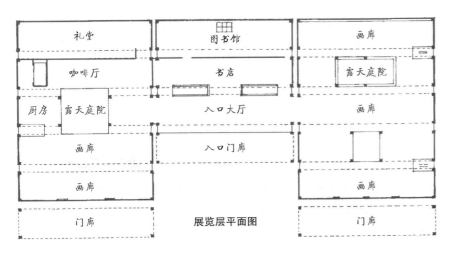

展览层平面图

图 15.25　金贝尔博物馆，上层平面图。

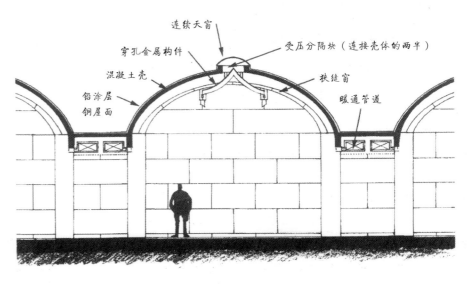

图 15.26　金贝尔博物馆，剖面图演示了摆线形壳体的形成。

图 15.27 金贝尔博物馆，内部。

大部分壳体在中心处开设 3 英尺（91 厘米）宽的天窗。壳体两侧之间的压力通过 11 个混凝土分隔块在狭缝间传递，这些分隔块用于将两侧分开。壳体上部的隔板起到水平横梁的作用，横跨分隔块。为了增加结构的稳定性，壳体开口周围加厚。

壳体的下缘由相邻壳体之间的混凝土通道加强。人们普遍误解为，这些壳体结构的特性就像是跨度为 23 英尺（7 米）并架在通道上的拱一样，通道相当于跨度为 100 英尺（30.5 米）并承担整个屋顶荷载的横梁（如果是这种情况，通道所需的深度会更大）。而实际上，壳体为主要结构，并支承着这些通道，通道只是为了加强壳体边缘的抗屈曲性能（Komendant，1975）。

除了传统的钢筋加固外，混凝土外壳还通过壳体下部每侧内部的三根钢制

张拉悬索进行加固。在两端，壳体加厚，形成加劲的拱。一个薄玻璃条将这些拱与下面的端部墙壁分隔开来，凸显了这些墙体是非承重的。

由于天窗对屋顶结构具有重要性，因此了解天窗如何导入光线是非常必要的。在每个天窗下方，设有一个弯曲的反射构件（由多孔不锈钢制成），可将大部分入射光反射到壳体的下侧，再将光向下反射。混凝土的底面是未粉刷的，钢模板留有半光泽表面，有助于反射射向墙壁和展品下面的光线。一些来自天窗的光可以直接透过反射构件上的孔，但由于反射构件有一定厚度，天窗的细部只能从正下方看到； 在正常视角下，直射的天然光被窗户切断，只有反射的光被传送到反射构件的下方，使得反射构件的下侧看起来好像在发光。

美国胶合板办公大楼 | *U.S. Plywood office building*

虽然大多数建筑外壳是混凝土所制，但是胶合板制成的壳体可以抵抗其平面内的拉伸和压缩，并且可以在单一方向上弯曲成筒形，十分适合用于壳体结构中。一排倒置的胶合板壳体形成了这个小的单层办公大楼的屋顶，极具功能性与想象力［1963 年；西雅图；建筑设计：吉迪恩·克莱默（Gideon Kramer）；结构设计：I. 罗德尼（I. Rodney）］。客户想要一个兼具广告性质的办公建筑，同时为毗邻的仓库提供一个简单的办公室（Editor，1963b）（图 15.28 和图 15.29）。

该项目还开发了一种实验性屋面体系，该体系包括一个 30 英尺（9.1 米）

图 15.28 美国胶合板办公大楼，外部。

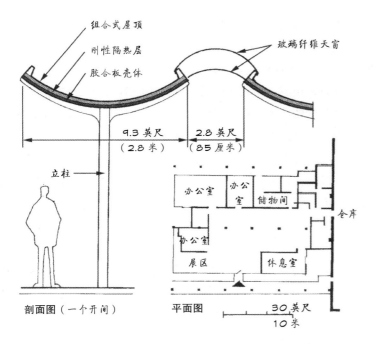

组合式屋顶
刚性隔热层
胶合板壳体
玻璃纤维天窗

9.3 英尺（2.8 米）
2.8 英尺（85 厘米）

立柱

办公室
办公室
储物间
仓库
办公室
展区
休息室

30 英尺
10 米

剖面图（一个开间）
平面图

图 15.29 美国胶合板办公大楼，剖面图和平面图。

长 ×9.2 英尺（2.8 米）宽 ×1.25 英寸（32 毫米）厚的预制层压薄胶合板。壳体的每一个长边都由与其垂直的加劲肋固定。每个壳体的两端由一个方形钢管柱支承。顶部覆盖了刚性隔热层和屋顶薄膜。在倒置的筒形壳体之间是玻璃纤维天窗，天窗向相反的方向弯曲，并与边缘加劲肋相连。

互反曲面形壳体结构 | Anticlastic Shells

互反曲面形壳体结构是在每个方向上具有不同曲率的鞍形形状。房屋建筑中常用的互反曲面有**劈锥曲面**、**双曲抛物面**和**双曲面**。因为在它们的表面上可以

绘制直线，所以它们均属于**规则**形状；相反，曲面可以通过移动的直线产生，这使得互反曲面形壳体结构容易形成而且十分有趣。

曲面的形成 | Surface Generation

劈锥曲面是由一条直线段的一端沿着曲线路径扫掠（通常是圆弧或抛物线），另一端沿着直线路径扫掠（或更浅的曲线；图 15.30）而产生的。

双曲抛物面是由一凸向抛物线沿另一曲率相同的凹向抛物线扫掠而成的。令人惊讶的是，同样的曲面还可以由一条直线段一端沿着直线路径扫掠，另一端沿着另一条直线路径（相对于第一条直线路径交错）扫掠而成（图 15.31）。

双曲面是由一条直线（有倾斜角度的）沿竖直轴旋转产生的。曲面沿竖直轴的剖面是一对双曲线（图 15.32）。

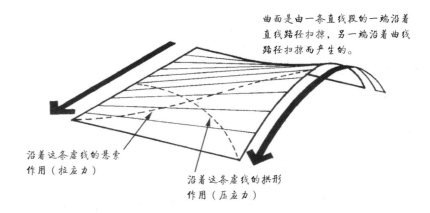

曲面是由一条直线段的一端沿着直线路径扫掠，另一端沿着曲线路径扫掠而产生的。

沿着这条虚线的悬索作用（拉应力）

沿着这条虚线的拱形作用（压应力）

图 15.30 劈锥曲面是由一条直线段的一端沿着直线路径扫掠，另一端沿着曲线路径扫掠而产生的。注意，斜切直线状母线的截面线（虚线）是弯曲的，形成一个较浅的鞍形。

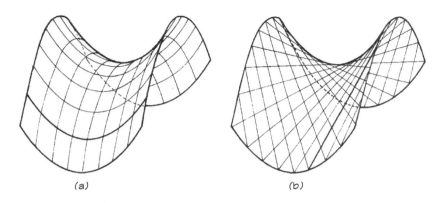

图 15.31 产生双曲抛物面的两种方法：（a）凸向抛物线沿另一凹向抛物线扫掠；（b）一条直线段一端沿着直线路径扫掠，另一端沿着另一条不平行的直线路径扫掠。

结构特性 | Structural Behavior

一般来说，鞍形壳体结构中的应力与曲率方向有关。对于壳体屋顶来说，压应力沿凸曲率方向（拱形作用）分布，而拉应力沿凹曲率方向（悬索作用）分布（图 15.33）。

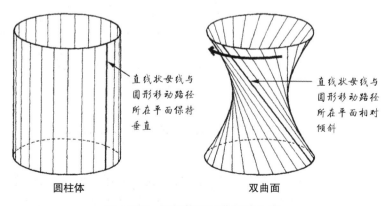

图 15.32 圆柱体和双曲面的生成。

互反曲面形壳体结构案例研究 | Anticlastic Shell Case Studies

马德里萨苏埃拉赛马场 | Zarzuela Hippodrome

马德里萨苏埃拉赛马场（1935 年；马德里；建筑设计兼结构设计：爱德华多·托罗哈）是早期壳体结构中使用双曲面伞形壳体的最有名、最优美的例子之一。悬臂式的结构形式允许将主要支柱安置在观众后面，使观众能够毫无遮挡地观看赛马。屋顶共分为 30 个伞形壳体模块，分三组（12，6，12）排列在大型看台上。在每个伞形模块的后部均设有一个细长的竖直构件，产生张力以防止结构向前倾斜（Torroja，1958）（图 15.34~图 15.38）。

壳体顶棚截面尺寸为 16.5 英尺 ×65 英尺（5 米 ×19.8 米），看台上方悬挑长度为 42 英尺（12.8 米），后方长廊顶部悬挑出 23 英尺（7 米）。壳体的厚度从自由边缘处的 2 英寸（51 毫米）逐渐增加到主支承物上拱顶处的 5.5 英寸（140 毫米）。

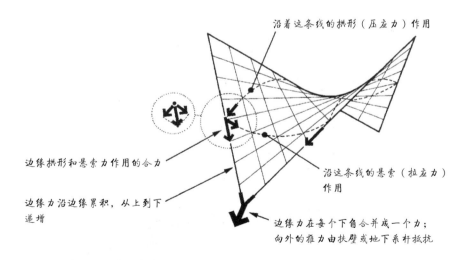

图 15.33 拉应力和压应力在直边双曲抛物面形壳体中的分布。竖向拉杆与顶角连接，提供侧向稳定性以防止倾斜。

图 15.34　马德里萨苏埃拉赛马场，中央看台。

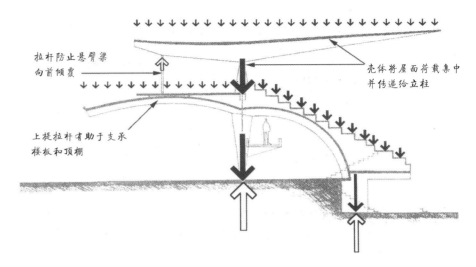

图 15.36　马德里萨苏埃拉赛马场，荷载传递路径示意图。

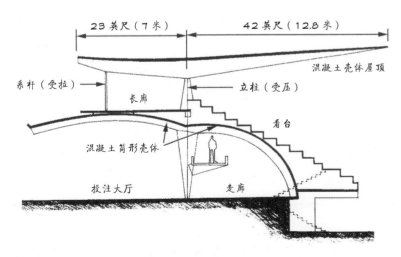

图 15.35　马德里萨苏埃拉赛马场，剖面图。

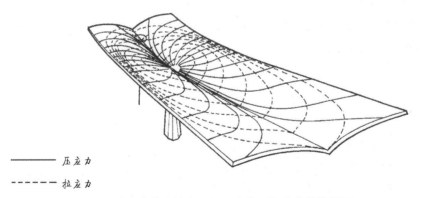

图 15.37　马德里萨苏埃拉赛马场，壳体顶棚应力等值线图。

在 20 世纪 30 年代，人们所掌握的壳体理论知识还不足以分析这种结构。因此，人们制造了一个全尺寸模型用来测试，直到实验失败。事实证明，该结构

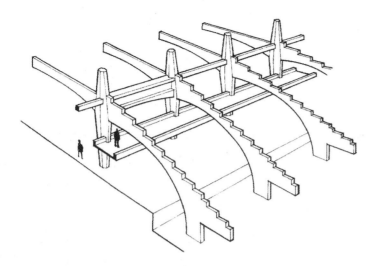

图 15.38　马德里萨苏埃拉赛马场，看台结构展示了用于维持横向稳定性的梁结构（移除了楼板、天花板和壳体屋顶）。

比正常荷载条件下所需的强度高了 3 倍。在西班牙内战期间，该建筑遭受到多次轰炸（1936 年），炸穿了 26 个洞并且被附近的爆炸震裂，遭到严重破坏。但建筑在结构上仍然完好，只需要通过少量注浆修复损坏。

立柱是锥形的（顶部和底部很薄），以预留出由于壳体的热膨胀而移动的空间。大梁在立柱中间高度处（长廊所在的楼板层）连接，以提供横向稳定性。

麦克唐奈天文馆 | *McDonnell Planetarium*

该建筑物［1963 年；圣路易斯，密苏里州；建筑设计：赫尔穆斯，奥巴塔和卡萨鲍姆设计公司（HOK, Hellmuth, Obata & Kassabaum）；结构设计：阿尔伯特·阿尔培（Albert Alper）］被直径为 160 英尺（49 米）的钢筋混凝土双曲面壳体包围，整体呈马鞍形，这种结构通常用于核电站的大型冷却塔。它的形状与遮蔽天文馆的直径为 60 英尺（18.3 米）的半球形穹顶无关。天文馆穹顶周围

的空间是用于展览和一般交通流线的大厅。在屋顶上安装了螺旋楼梯，并在屋顶上的观测平台处安装了用于夜间使用的望远镜。壳体的顶部边缘延伸至视线以上，以保护观察者不受周围城市灯光的影响。额外的展览空间以及办公室和支承设施位于地下（图 15.39 和图 15.40）。

图 15.39　麦克唐奈天文馆，外部。

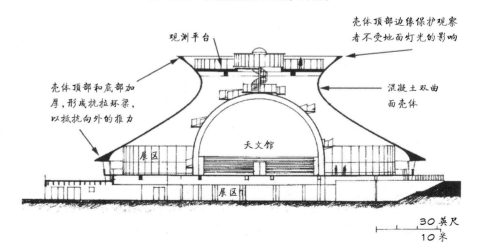

图 15.40　麦克唐奈天文馆，剖面图。

壳体平均厚度为 3 英寸（76 毫米），顶部和底部增厚成为抗拉环梁，以抵抗两个位置上的向外推力。下侧的抗拉环梁由 36 个后张钢筋束加强，同时也作为一个横跨 12 根立柱的环梁，支承整个壳体周边。外表面采用合成橡胶复合材料进行防水处理，而内部采用隔热和抹灰处理。

矿物温泉汽车旅馆 | *Warm Mineral Springs Inn*

这间小型汽车旅馆［1958 年；威尼斯，佛罗里达州；建筑设计：维克多·阿尔弗雷德·兰迪（Victor Alfred Lundy），结构设计：唐纳德·索亚（Donald Sawyer）］在屋顶结构上使用了大量的伞状双曲抛物面形壳体结构。75 个小壳体模块以棋盘式布局排列，使相邻壳体之间的高度错开 2 英尺（61 厘米），以提供一圈纵向天窗。因此，这些伞形壳体看起来像是彼此独立飘浮着（Editor，1958c）（图 15.41~ 图 15.43）。

每个正方形壳体边长为 14.4 英尺（4.4 米），厚度为 2 英寸（51 毫米），均为现场浇筑，并由四个相邻的双曲抛物面组成。它们仅在中心处由方形预制柱支承，并采用焊接连接。立柱位于地基上，楼板为其提供横向支承。屋顶积水通过柱状排水管排出。

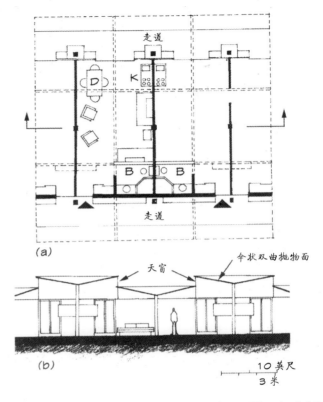

图 15.42　矿物温泉汽车旅馆，典型旅馆单元：（a）平面图，（b）剖面图。

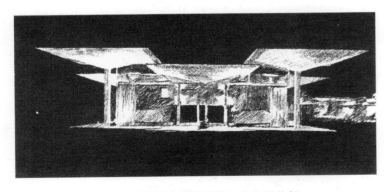

图 15.41　矿物温泉汽车旅馆，办公室外部。

这种双曲抛物面形伞状结构在美国是首次出现，但在墨西哥，早在十几年前就开始被菲利克斯·坎德拉（Félix Candela，薄壳结构作品最多的倡导者）广泛使用（图 15.44）。坎德拉的项目通常是工业建筑，因为劳动力成本（替代性的钢结构建筑相对成本较高）相对较低，所以这种结构类型是一种非常经济的选择。坎德拉还经常利用不同的四个双曲抛物面，在四个角上创建一个正方形的"穹顶"。但这种结构需要在周边布置拉杆来抵抗推力（Faber, 1963）（图 15.45）。

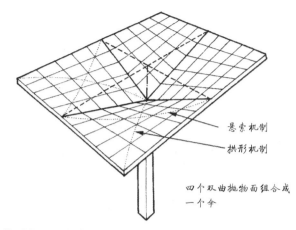

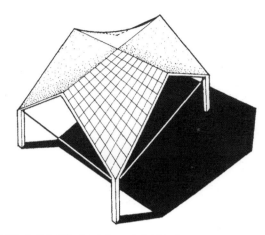

图 15.43　典型伞形结构的几何形状，由四个双曲抛物面形壳体和一根中心柱组成。注意正方形（或矩形）的四边由直线构成。

图 15.45　双曲抛物面形"穹顶"需要在周边布置拉杆以抵抗推力。注意屋脊线为直线。

图 15.44　墨西哥科约阿坎市场（Coyoacan Market，1955 年，菲利克斯·坎德拉，建筑设计兼结构设计）采用双曲抛物面形伞状屋顶结构。

泉水餐厅 | Los Manantiales Restaurant

　　和拱券结构相似，壳体结构也可以通过多个壳体相连形成新的结构造型。泉水餐厅［1958 年；索奇米尔科（Xochimilco），墨西哥；建筑设计：杰昆·阿尔瓦雷斯·奥尔多尼斯与费尔南多·阿尔瓦雷斯·奥尔多尼斯（Joaquin Alvarez Ordóñez and Fernando Alvarez Ordóñez）；结构设计：菲利克斯·坎德拉］也许是坎德拉在壳体结构设计上最伟大的成就。八角形格状穹顶由四个相交的双曲抛物面组成。整体仿佛一朵盛开的莲花，直径为 150 英尺（46 米）。随着向外倾斜的薄壳边缘接近地面，曲线在向上折回之前急剧反转。餐厅中心高 19 英尺（5.8 米），外边缘顶部高 33 英尺（10.1 米）（Faber，1963）（图 15.46~图 15.48）。

　　其结构特性表现为拱形作用的压应力随着凸曲率的变化而变化，并在交叉处（最低点）积聚，然后通过拱形的作用将它们转移到支承上。这种拱形作用会对地基产生向外的推力，可以在地下布置钢拉杆来抵抗这种推力。因此，地基仅承受竖向荷载。这些悬挑屋顶将悬索机制和拱形机制结合起来，并沿屋脊线设置

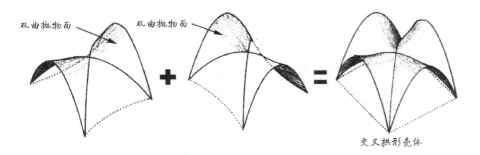

图 15.46　两个双曲抛物面组成的交叉拱形壳体结构。

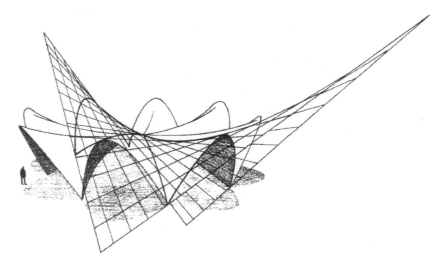

图 15.48　泉水餐厅，由四个双曲抛物面交叉形成的壳体结构。

个直径为 1 英寸（25 毫米）的钢筋组成。

劈锥曲面 | Conoids

与双曲抛物面相似，劈锥曲面也属于鞍形。然而，壳体表面的应力不能像双曲抛物面那样简单计算，而且它们的建造要困难得多。

塞姆萨乳品公司装卸平台 | Lecheria Ceimsa loading dock

这个装卸平台［1952 年；特拉尔内潘特拉（Tlalnepantla），墨西哥；建筑工程师：卡洛斯·雷卡米尔（Carlos Recamier）；结构设计：菲利克斯·坎德拉］是少数几个劈锥曲面形壳体结构的例子之一。屋顶是悬臂式劈锥曲面形壳体（在载重卡车上方形成顶棚）和筒形拱券（在中央开间上方）的组合。劈锥曲面，由于其锥形轮廓，特别适用于悬臂结构。**隔板**（加劲肋）布置在这些壳体结构上方，承受推力并减少立柱上的应力集中，同时保持可见的底面不受干扰（Faber，

图 15.47　泉水餐厅，外部。

支承。

壳体结构的厚度较薄，厚度为 0.6~1.2 英寸（15~30 毫米）。钢丝网直径为 0.3 英寸（8 毫米），周围还有两根 0.63 英寸（16 毫米）直径的钢筋。地下拉杆由 5

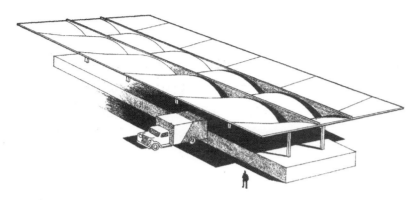

图 15.49   塞姆萨乳品公司装卸平台，屋顶是悬臂式结构和筒形拱券的组合。

1963 ）（图 15.49 ）。

劈锥曲面实际上只在一个方向弯曲，陡峭的外形需要复杂的模板。坎德拉试着把板材沿曲率方向弯曲，但板材无法弯成该形状。新的方案是由横向支承拱和直板构成模板，逐渐变弯，沿母线方向铺设。这种方法很有效，但施工过程十分漫长。

由于这些困难，坎德拉开发出一种简单的分析双曲抛物面的方法。坎德拉后来没有再建造劈锥曲面结构［除了莱德勒实验室餐厅（Lederle Laboratories cafeteria ）上面的一个小型悬挑屋面］。其他类似劈锥曲面屋顶的例子也很少见。

不规则壳体结构 | Irregular Shells

传统的拱券仅靠压应力来承担荷载，局限于索状形式来直接响应荷载条件。但壳体结构抵抗拉力的能力允许结构拥有更大的形式上的自由。尽管大多数壳体是通过上述数学方法形成的面的变体，但不规则（自由形式）壳体的设计也极具美观性和功能性，并且在结构上也十分稳定。一般来说，这些不规则形式的壳体结构是按照类似的规则形式的壳体结构来塑造、理解与分析的。

不规则壳体结构案例研究 | Irregular Shell Case Studies

环球航空公司航站楼 | TWA Terminal

用沙里宁的话来说，环球航空公司航站楼（Trans World Airlines Terminal ）［1962 年；纽约市，纽约州；建筑设计：埃罗·沙里宁事务所；结构设计：安曼和惠特尼公司］位于肯尼迪国际机场，设计理念是"为了抓住旅行中的兴奋"（Editor，1962a）。肯尼迪机场［之前是爱德怀德机场（Idlewild ）］是第一个（也许是最后一个）有多个独立航站楼的机场，可以满足各家航空公司的要求。但这导致机场建筑的设计风格呈现出了一种"建筑上自由放任混战"的趋势。在这群风格迥异的建筑中，体量相对较小的五号航站楼却给人们留下很深刻的印象（Editor，1958b；1962b）（图 15.50~图 15.52）。

整个航站楼看起来就像一只振翅欲飞的巨鸟，建筑主体由支承在 4 个"Y"形柱上的 4 个混凝土壳体组成。每个壳体由一个天窗带与其他壳体分开。两个较大的拱形壳体结构位于支承构件之上，相邻的较小壳体则隶属于较大的壳体结构。

图 15.50   环球航空公司航站楼，外部。

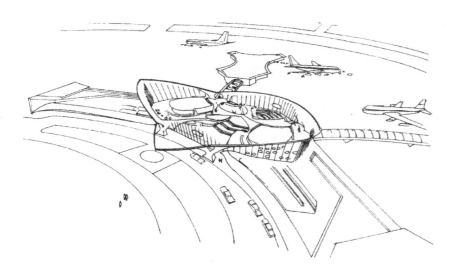

图 15.51　环球航空公司航站楼，剖视图。

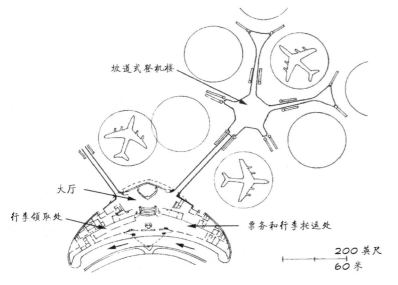

坡道式登机楼

大厅

行李领取处

票务和行李托运处

200 英尺
60 米

图 15.52　环球航空公司航站楼，平面图。

总的来说，它们是 700 短吨（635 公吨）钢和 4000 立方码（3058 立方米）轻质混凝土的优雅集成。屋顶的厚度从靠近边缘横梁处的 7 英寸（178 毫米）增加到沿大磕的 11 英寸（28 厘米），再增加到四翼交接处的 40 英寸（1 米）。扶壁处的屋顶厚度大致为 3 英尺（91.4 厘米）。在四个过渡区域，钢筋足以将屋顶承受的 6000 短吨（5443 公吨）静荷载转移到扶壁之上，屋顶延伸出的钢筋布置得非常紧密，以至于必须遵循一个特定的插入顺序，才能将钢筋绑扎成 35 英寸（89 厘米）宽的一捆。这种设计主要是由美学而不是结构决定的。因此，与其他壳体结构（例如，坎德拉的设计等）相比，该壳体的厚度和边缘梁的高度相对较大。

这种简单而优雅的雕塑般的形式掩盖了创造它所需模板的前所未有的复杂性。建筑师的建筑图起源于模型，然后设计成模型的形式。承包商将这些图纸转化为施工图，以建造模板。施工方还为此开发了一种特殊的脚手架系统，使复合材料曲面与建筑师的图纸（Editor，1960b；1960c）之间的公差小于 0.25 英寸（6 毫米）。

如果今天建造一个类似的项目，则可以借助计算机三维模型来形成建筑图纸。但是结构复杂、劳动密集的模板仍然存在。这就是阻碍类似结构的设计与建造的原因，也是在近些年环球航空公司航站楼如此优雅的壳体结构却几乎不为人知的原因。

海因茨·伊斯勒 | Heinz Isler

瑞士工程师海因茨·伊斯勒热衷于研究新型壳体结构。他的设计方法利用了一种由悬吊膜组成的缆索状模型，然后将其加固并倒置，以确定薄壳穹顶的最佳形式。伊斯勒最早的实验（1955 年）是在冬季将浸湿了的织物挂成悬链状，等其冻结后倒转并研究其形状。而他最近的研究涉及使用灵活的**各向同性**（即在所有方向上具有相同的强度和刚度性能）膜，并用树脂对它们进行硬化。

虽然这个原理早已为人所知（并在 20 世纪之初由安东尼奥·高迪使用，以确定科洛尼亚古埃尔教堂的形状），但伊斯勒更精准的技术使人们更好地理解边缘条件和理想形状以便解决相关问题（图 15.53）。因此，尽管伊斯勒所做的壳体边缘脱离了简单的几何形状，但它们与壳体结构边缘的应力完全一致。因此，他极薄的壳体结构在大多数荷载条件下仍然处于纯受压状态，大多数壳体中没有发现存在拉力裂纹。因此，这些美丽的屋顶外壳不需要防水措施，有些建成 30 年的建筑仍然没有出现任何裂缝（Isler，1994；Ramm and Schunck，1986）（图 15.54）。

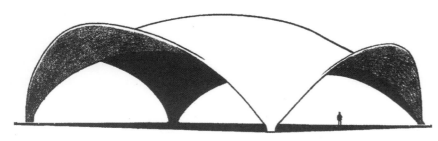

图 15.53　维斯花园中心（Wyss Garden Center）[1961 年；索洛图恩（Solothurn），瑞士；结构设计：海因茨·伊斯勒]。

图 15.54　西西里公司大楼（1969 年；日内瓦，瑞士；结构设计：海因茨·伊斯勒）。

小结 | Summary

1. **壳体**是一种薄的曲面结构，它通过拉伸、压缩和剪切将荷载传递给支承构件。壳体结构与传统的拱券结构不同，因为它们能够抵抗拉力。

2. **同向**曲面形状的壳体结构是双曲面形式，并且每个方向上的曲率相同。

3. **可展**曲面形状的壳体结构是单曲面形式，它们在一个方向上是直的，在另一个方向上是弯曲的，并且可以通过弯曲平板形成。锥面和圆柱面（或筒形面）是可展开的。

4. **互反**曲面形状的壳体结构是双曲面形式，每个方向的曲率相反（包括劈锥曲面、双曲抛物面和双曲面）。

5. **自由**曲面是那些没有数学定义的曲面。

6. 穹顶是由绕轴线旋转的曲线形成的**旋转曲面**。

7. **拱线**（也称"经线"）是穹顶的竖直（纵向）截面线。在均布荷载条件下，穹顶沿拱线方向受压。在半球形穹顶中，由于拱线是半圆形的，所以顶部稳定，但底部有向上屈曲的趋势。

8. **环线**（或**纬线**）是穹顶的水平截面线（所有圆）；最长的纬线是**赤道**。在壳体穹顶中（可以抵抗张力），水平线上方约 45° 以下的环向张力会抵抗结构向上屈曲的趋势。因此，较低的球形穹顶仅受环向压力，而较高的球形穹顶 45° 以上的部分受环向压力，45° 以下的部分受环向张力。

9. 与拱一样，所有的穹顶都会产生向外的推力。在高度较小的穹顶中，可以使用周围**抗拉环梁**来抵抗推力。

10. **短**筒形壳体结构纵轴尺寸较小，通常在转角处布置支承构件，一般表现为以下两种方法中的一种（或它们的结合）。第一种方法是将壳体的每一端都加

　　强形成一个拱，将壳体变为横跨端部拱的板。第二种方法是将两侧较低的纵向边缘加固成一个横梁，将较薄的壳体结构变为横跨两侧梁的一组毗连拱。

11. **长筒形**壳体结构纵轴尺寸较长，通常在转角处布置支承构件，在纵向类似于大型横梁。壳体中的应力类似于梁中的弯曲应力，顶部沿整个长度受压，而底部受拉。

12. **劈锥曲面**是由一条直线段的一端沿着曲线路径扫掠（通常是圆弧或抛物线），另一端沿着直线路径扫掠（或更浅的曲线）而产生的。

13. **双曲抛物面**是由一凸向抛物线沿另一曲率相同的凹向抛物线扫掠而成的。同样的曲面还可以由一条直线段一端沿着直线路径扫掠，另一端沿着另一条直线路径（相对于第一条直线路径交错）扫掠而成。

14. 双曲抛物面中的应力与曲率方向有关。压应力沿凸曲率方向（拱形作用）分布，而拉应力沿凹曲率方向（悬索作用）分布。

15. **各向同性**材料在所有方向上具有相同的强度和刚度性能。

第 16 章　折板结构

Folded Plates

折板是一种平而薄的表面结构，承载能力有限，仅适用于小规模建筑。折板结构的强度和刚度随着折叠次数的增加而显著增加，并且增加其有效高度可以增加其抗弯性（图 16.1）。

折板结构是把若干块薄板以一定的角度连接成折线形的空间薄壁结构体系。它主要通过拉伸、压缩和剪切将荷载传递给支承构件，弯曲仅发生在板折痕之间的区域。由于褶皱之间的距离与跨度相比较小，所以与张力和压力相比，折板的弯曲力较小。

折板结构在荷载分布均匀但形状不规则的结构（例如屋顶）中使用非常频繁。尽管胶合板、金属和玻璃纤维增强塑料可用于跨度不大的地方，但大多数折板结构都是用钢筋混凝土建造的。

折板结构的功效接近曲面壳体结构，同时还具有平面结构的优点。与曲面壳体结构相似，它们都特别适用于屋顶结构。理论上讲，由于需要抵抗褶皱之间的局部弯曲，所以折板结构需要比同等壳体结构更厚的板。但在实践中，最小厚度通常取决于加固的厚度和规范的要求。

结构特性 | Structural Behavior

在大多数情况下，折板结构的结构特性与筒形壳体结构相似，其相对长度不同，结构特性也相差很多。**短**折板沿纵轴尺寸较短，而**长**折板在该方向上尺寸较长。

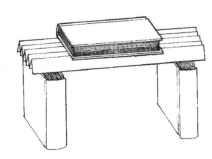

图 16.1　折叠大大增加了薄材的高度（以及抗弯性）。

短折板结构 | *Short folded plates*

　　短折板结构通常也需要在边角处布置支承构件，一般有两种构造方式（或者是两种的结合）。第一种是将每个端部加强成三铰框架，其中折板作为跨过两端框架的平板。第二种方法是将每个较低的纵向边缘加强成梁，较薄的折板作为跨越边梁的一组毗连的三铰框架（图 16.2）。由于实际施工（并符合规范要求）所需的最小板厚远远超过大多数情况下短折板所需的最小厚度，因此效率较低，故很少使用。

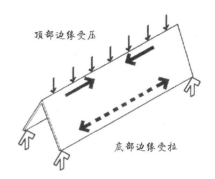

图 16.3　长折板表现得像横跨两端的梁；顶部受压，底部受拉。

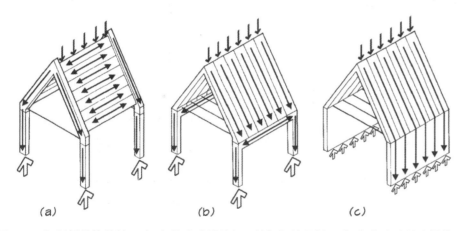

图 16.2　短折板结构特性：（a）作为跨越端部三铰框架的平板，（b）作为跨越边梁的一组毗连的三铰框架，（c）沿其底部连续支承的山墙屋顶。

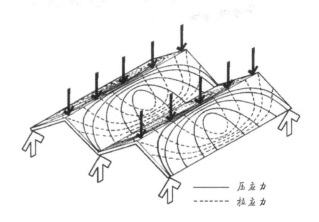

图 16.4　长折板应力分布图。拉应力与压应力彼此垂直，应力等值线的间距表示该区域中的应力集中程度（间距越小，应力越大）。

长折板结构 | *Long folded plates*

　　在长折板中，通常在边角处布置支承构件，结构在纵向上相当于大型梁。因此，折板的应力与梁的弯曲应力相似，顶部受压，底部受拉（图 16.3）。薄板的蒙皮效应为弯曲变形的水平和竖直剪切力提供了必要的阻力（图 16.4）。

　　长折板的高跨比（跨度/高度）不仅影响应力的分布与发展，还会影响结构覆盖大面积建筑的效率。高跨比较低的长折板减小了顶部的压力和底部的拉力，所需的折板厚度较小。另一方面，在跨度一定时，高度越大，要求的折板面积越大。

理论上,最佳的高跨比约为 2.0,可最大限度地减少所需的混凝土和钢筋的总体积。实际上,出于项目考量以及规范或工程实践所要求的最小厚度,折板结构的高跨比一般取 6~10。

边界条件 | Edge conditions

为了控制屈曲变形,必须通过加强两端和最外侧的纵向边缘以及通过抵抗向外的推力来维持设计的横截面形状不变。为了使折板在各种荷载条件下都不发生变形,必须对其端部进行约束。通常采用以下方式:将端部加厚成支柱上的三铰框架,并增加用于抵抗侧向推力的拉杆或使用端部承重墙(提供竖直支承,维持折板端部的形状,并可作为剪力墙抵抗向外的推力)(图 16.5)。

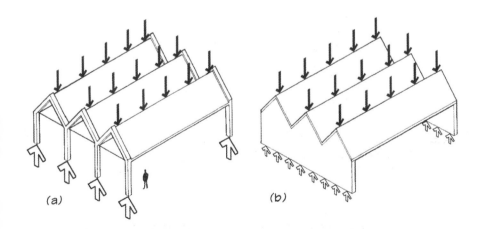

图 16.5　多跨长折板的端部支承:(a)将端部加厚成支柱上的三铰框架,用拉杆抵抗横向推力;(b)端部承重墙提供竖直支承,维持折板端部的形状,并作为剪力墙抵抗向外的推力。

向外的推力在整个长度范围内均存在,并不是只在端部。当折板结构多跨度分布时,相邻开间的向外推力相互平衡;只有第一区间和最后一区间的板的自由边缘需要抵抗推力。折板结构的隔板起到了一个细梁的作用,将推力传递给端部支承;加劲板起到梁翼缘的作用,增加了防止板边屈曲所需的横向阻力。这通常是通过增加一个垂直于板的加劲翼缘来实现的(图 16.6)。

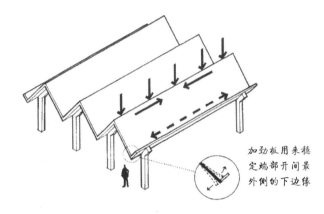

加劲板用来稳定端部开间最外侧的下边缘

图 16.6　外壳边缘相当于细梁,从而将推力传递至端部支承,并应加强以防止弯曲。在相邻壳体的连接处,不需要翼缘,因为壳体的推力彼此平衡。

最优轮廓形状 | Optimal profile shape

折板的高度越大,在给定跨度上的抗弯曲性能越强。因此,由于边缘的拉力和压力的减小,高度大的折板会变得更薄。但是这导致了给定区域内折板表面积的增加。相反,高度小的折板所需表面积较小,但应力较大。理论上斜度为 45°时所需的总材料最少,这可以根据非结构考量来修改(图 16.7)。

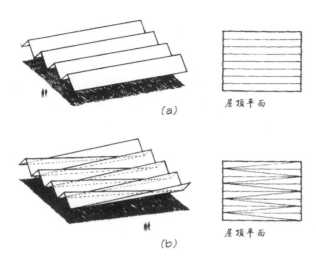

图 16.7 折板板面形状：（a）矩形，（b）锥形。

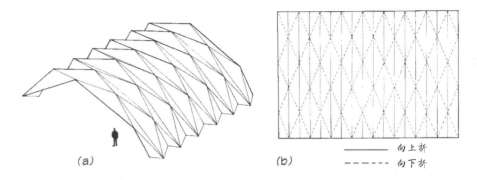

图 16.8 纸折板"筒形拱券"练习：（a）外部，（b）折叠图案。伦佐·皮亚诺使用这种配置设计了一种移动结构，用于保护硫矿设备。

折板之间的间距通常由可能的跨度组合来确定，组合由结构和规范要求的最小厚度决定。例如，如果钢筋混凝土折板的最小实际厚度为 3.0 英寸（76 毫米），并且此厚度折板的最大安全跨度为 7 英尺（2.1 米），则应使用该折板的跨度（小于的话将不能充分发挥折板的能力；大于的话会使结构发生弯曲变形）（图 16.8）。

在确定混凝土结构中的折板形状时，另一个考虑因素是施工的经济性。如果用胶合板作为成型材料，其可用尺寸必须作为考虑因素（图 16.9）。

材料 | Materials

大多数折板式屋顶由钢筋混凝土构成。然而，胶合板式折板的制造和结构分析方法也有章可循（Carney，1971），并且已经有科学家对塑料涂层纸板用于临时折板结构进行了大量研究（Sedlak，1973）。

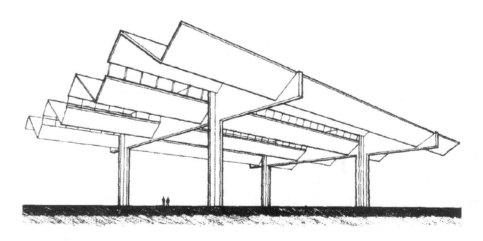

图 16.9 带纵向天窗、"Z"字形剖面的折板屋顶项目（1947 年，结构设计：菲利克斯·坎德拉）。

折板结构案例研究 | Folded Plate Case Studies

美国混凝土研究所总部大楼 | American Concrete Institute headquarters building

　　建筑师提出的一项要求是，在研究所新总部大楼［1957 年，底特律；建筑设计：山崎实与莱因韦贝尔事务所（Yamasaki, Lewinweber and Associates）］的设计中"富有想象力地运用混凝土"。该建筑的主要视觉特征是钢筋混凝土折板式屋顶，屋顶仅由内部承重墙支承。屋顶延伸到非承重幕墙之外的目的是遮阳。竖框起到了稳定屋顶结构以抵抗隆起的作用。由屋顶上的天窗提供大厅照明，天窗位于建筑中心的锥形屋顶面板之间（Editor，1956；1958c）（图 16.10 ~ 图 16.13）。

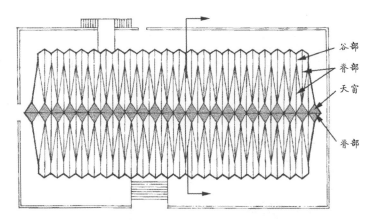

图 16.11　美国混凝土研究所总部大楼，平面图。

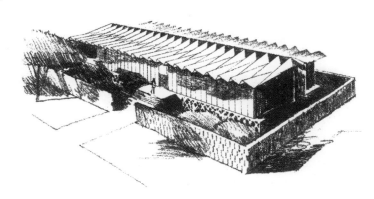

图 16.10　美国混凝土研究所总部大楼，外部。

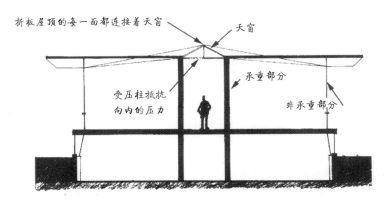

图 16.12　美国混凝土研究所总部大楼，剖面图。

伊利诺斯大学会堂 | Illini Hall

　　从外面看，这个折板穹顶似乎在空中盘旋［1963 年；香槟（Champaign），伊利诺斯州；建筑设计：哈里森与阿布拉莫维茨公司（Harrison & Abramovitz）；结构设计：安曼和惠特尼公司］。大厅形似一个埋入地面的大碗，可以方便地进入周边的展览大厅和观众席高度的中间位置。这个多用途竞技场可容纳多达16000 人，用于举办体育赛事（图 16.14~ 图 16.16）。

　　折板式穹顶屋顶直径为 400 英尺（122 米），钢筋混凝土外壳平均厚度为 3.5英寸（8.9 厘米），折板结构可有效防止壳体屈曲变形。穹顶外围支承在一个抗拉环梁之上，抗拉环梁可抵抗向外的推力。类似于碗形的结构（也含有折板表面）

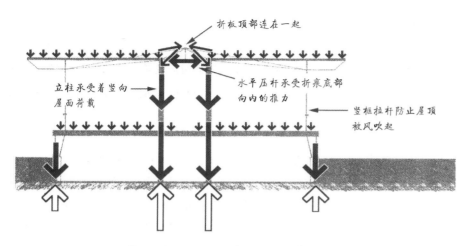

图 16.13　美国混凝土研究所总部大楼，荷载传递路径示意图。

图 16.14　伊利诺斯大学会堂，外部展示了折板式穹顶屋顶、抗拉环梁和支承它们的碗状结构。

支承着坐席，同时作为周边大厅的天花板。碗形结构在顶部产生向外的推力，由周边抗拉环梁约束。碗形结构安放在一个支承基础上，该基础是一个圆形的抗压环梁，以承受底部向内的推力。穹顶的下表面喷有 2 英寸（51 毫米）厚的隔音材料，以减少声音的反射；屋顶外侧涂有一层防水材料。

鳄梨学校 | *Avocado School*

　　这所小学［1963 年；霍姆斯特德（Homestead），佛罗里达州；建筑设计：罗伯特·布拉德福德·布朗（Robert Bradford Browne）；结构设计：沃尔特·C. 哈利事务所（Walter C. Harry & Associates）］是 20 世纪 50 年代和 60 年代美国公立学校建筑中广泛使用折板式屋顶的典型例子。它可容纳 600 名学生，包含 22 间教室、一个咖啡厅、一个图书馆和行政空间。屋顶体系因其经济性和独具吸引力的外观而广受关注。屋顶面板顶部采用天窗进行采光，光线通过毗邻的倾斜面

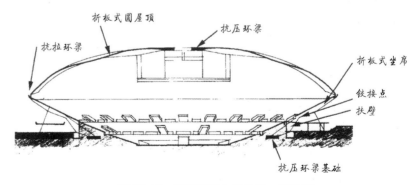

图 16.15　伊利诺斯大学会堂，剖面图。

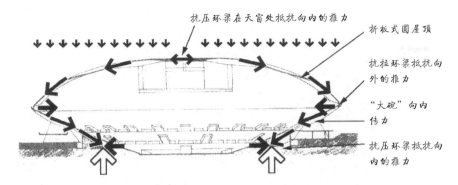

图 16.16　伊利诺斯大学会堂，荷载传递路径示意图。

图 16.17　鳄梨学校，外部展示了厚度为 3 英寸（76 毫米）的钢筋混凝土折板式屋顶。

板散射和反射。在温暖的气候下，屋顶悬挑出的檐棚可以为柱子和墙壁之外的人行通道进行遮挡（Editor，1963f）（图 16.17）。

学校屋顶共使用了 90 块面板。面板宽 9 英尺（2.7 米），长 70 英尺（21.3 米），厚 3 英寸（76 毫米）。通过使用可重复利用的胶合面板减少了建造成本。这些折板通过钢筋加强销钉相互连接，连接处通过灌浆形成连续的刚性连接。屋顶顶部采用经过液体处理的防水屋面；下表面设有吸音板。非承重外墙为抹灰混凝土砖砌墙。

巴黎联合国教科文组织总部会议大厅 | UNESCO Conference Building

这座建筑［1958 年；巴黎；建筑设计：布劳耶与泽夫斯事务所（Breuer & Zehrfuss）；结构设计：皮埃尔·路易吉·奈尔维］是联合国教科文组织总部的一部分。与其相邻的较大的"Y"形建筑物内设有办公室，而这栋较小的建筑物内则设有礼堂和会议室。该建筑的平面形状为梯形，长 415 英尺（126.5 米），建筑采用了折板式屋顶和端部承重墙，最高高度为 103 英尺（31.4 米）（Kato，1981；Nervi，1963；Editor，1955）（图 16.18 ~ 图 16.21）。

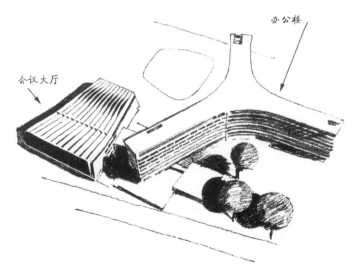

图 16.18　巴黎联合国教科文组织总部会议大厅，外部（展示了与其相邻的"Y"形办公楼）。

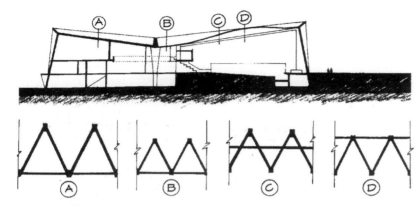

图 16.19　巴黎联合国教科文组织总部会议大厅，典型的折板式屋顶建筑剖面图。

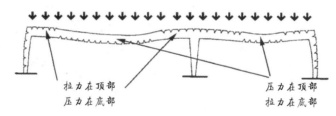

（a）挠度示意图

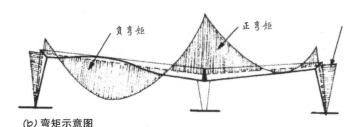

（b）弯矩示意图

图 16.20　巴黎联合国教科文组织总部会议大厅，折板式屋顶：（a）挠度示意图；
（b）弯矩示意图，展示了弯矩分布如何决定弯曲加筋板的位置。

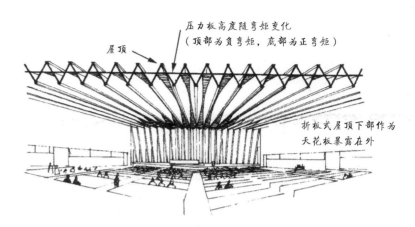

图 16.21　巴黎联合国教科文组织总部会议大厅，内部剖视图。

　　屋顶的独特之处在于使用与传统折板相交的弯曲水平板。较大的跨度为 220
英尺（67 米），在跨中处向上弯曲，以增加折板的抗弯能力，但不会增加整体高度。
即使有增强，折板也只有 17.3 英尺（5.3 米）高。

　　在建筑端部，折板屋顶改变方向成为竖直承重墙。折板墙在与屋顶相交处
最厚，逐渐变薄至基部。这种屋顶处的刚性连接（就像一张桌子）可以通过减小
有效跨度来提高屋顶的抗弯能力。折板式屋顶作为波纹天花板暴露在室外，既具
视觉效果又具声学效果，可反射和散射来自细小界面的声音。

小结 | Summary

1. 折板结构是把若干块薄板以一定的角度连接成折线形的空间薄壁结构体系。它
　 主要通过拉伸、压缩和剪切将荷载传递给支承构件，弯曲仅发生在板折痕之

间的区域。

2. 折板的刚度是由折板的几何形状和折板高度决定的。

3. 折板结构的功效接近曲面壳体结构，同时还具有平面结构的优点。

4. **短折板**沿纵轴的平面尺寸较短，通常需要在边角处布置支承构件，一般有两种构造方式。第一种是将每个端部加强成三铰框架，其中折板作为跨过两端框架的平板。第二种方法是将每个较低的纵向边缘加强成梁，较薄的折板作为跨越边梁的一组毗连的三铰框架。

5. 在**长折板**中，通常在边角处布置支承构件，结构在纵向上相当于大型梁。因此，折板的应力与梁的弯曲应力相似，顶部受压，底部受拉。

6. 出于项目考量以及规范或工程实践所要求的最小厚度，折板结构的**高跨比**一般取 6~10。

7. 为了控制折板中的**屈曲变形**，必须通过加强两端和最外侧的纵向边缘以及通过抵抗向外的推力来维持设计的横截面形状不变，在折叠处或其附近应避免开口。

第 6 部分 　体系整合
System Synthesis

第 17 章　结构材料
Structural Materials

每位大师都知道，是材料教会了艺术家们如何去创造。

——伊利亚·爱伦堡 | Ilya Ehrenburg

主要的结构材料有木材、钢筋、混凝土和砖石。

木材 | Timber

*像所有自然界的材料一样，木材比起其他材料有更强的适应性，
也更加灵活。*

——爱德华多·托罗哈

木材是我们最熟悉的结构材料。它之所以受欢迎有以下几个原因。它是有机原生材料中唯一的主要材料，还是一种可再生材料，通过使用少量相对简单的手动或便携式电动工具就可以将其组装到建筑物中。因此，在世界上（尤其是北美洲）木材富足的地区，木材被广泛用于单体住宅建筑。

木材的有机来源决定了它不是一种各向同性的材料，它的所有物理性质取决于是平行还是垂直于纹理。木材在平行于纹理方向有几乎相等的抗压和抗拉强度。在这个方向上，抗压强度大致相当于弱混凝土（但是在垂直于纹理方向大约只有这个强度的六分之一）。

几乎所有的结构木材都是软木（硬木主要用于室内和室外装饰）；松树、云杉和冷杉是结构中最常用的种类。每种木材的**容许应力**（包括安全储备余量在内的结构应力）相差很大。比如，针对市场上销售的结构木料的等级和种类，平行于纹理方向的容许压应力为 325~1850 磅 / 平方英寸（2.24~12.76 兆帕）（Allen，1985）。

小木屋和重型木制框架是最传统的木材建造形式，但如今很少使用，主要是由于大型木材构件的材料成本高，材料的结构使用效率低，隔热性能差。铁钉的大量生产以及标准尺寸木材的商业化导致了从轻型木构架到今天普遍应用的平台框架的发展。随着技术的发展，木材的很多缺陷已经通过各种技术手段加以克服。

框架木材 | Framing Lumber

框架木材是原木直接锯成的，由**木条**（timbers）、**规格材**（dimension lumber）和**木板**（board）组成。最小尺寸的木条为 5 英寸（127 毫米）宽或更大。它们通常用于梁和过梁(通常高是宽的 3~4 倍)以及柱子和杆(通常是正方形截面)（图 17.1）。

规格材尺寸为 2~4 英寸（51~102 毫米）厚，宽为 2 英寸或更宽，最常用的长度是 8~16 英尺（2.4~4.8 米）。它用于托梁、柱子、立柱和面板。木板厚度小于 2 英寸（51 毫米），宽为 2 英寸或更宽，一般用于屋顶面板、墙体衬板或地板。

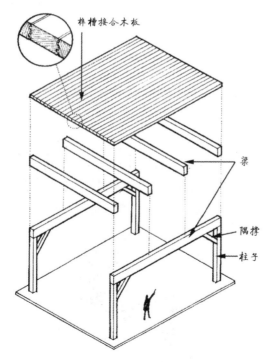

图 17.1　使用重型木柱和梁的梁柱结构。

现在，人造板（如胶合板）被用于这些地方，木板很少用于建筑结构当中。

人造板 | Wood Panels

人们开发结构性人造板产品用来代替木板，用于面板、地板和墙体衬板。与实木产品相比，它们在两个主要方向上的强度几乎相等。因此，材料的收缩、膨胀和开裂大大减少。标准尺寸为 4 英尺 × 8 英尺（122 厘米 × 244 厘米），但针对特殊用途，会有更大的标准尺寸。人造板一般分为三类：**胶合板**（plywood）、**非饰面板**（nonveneered panels）和**复合板**（composite panels）。

胶合板 | *Plywood*

胶合板是由奇数层薄木板胶合在一起形成的大面板。外侧单板的纹理方向相同，通常与面板的长度平行。内板纹理方向每层之间互相垂直。厚度范围 0.25~0.75 英寸（6~19 毫米）。

非饰面板 | *Nonveneered panels*

非饰面板是由重组木纤维制成的，将这些纤维粘成一块木板。**定向刨花板**（OSB，oriented-stand board）是由压缩后黏合成三到五层的木颗粒制成的长条、带状木材；这些纤维的方向每层之间互相垂直（就像胶合板）。**薄片华夫刨花板**（waferboard）是由大块的木片压缩或黏合成一层。**颗粒刨花板**（particleboard）由细小颗粒组成，颗粒被压缩并结合成一层，它有各种密度可供选择。在这三种产品中，定向刨花板通常是最稳固、最坚硬的；它正在迅速取代胶合板用于大多数结构中。

复合板 | *Composite panels*

复合板是由非饰面芯板表面黏接饰面板构成的。它们主要用于家具和室内应用，很少用于结构中。

层压木 | Laminated Timber

现在，大型木结构中的构件通常使用的是由多层薄木料黏合压缩在一起形成的**胶合层压木材**（gule-laminated timber，缩写为"glulam"）。任何尺寸的部件都可以层压，这仅取决于搬运和运输要求的限制。较大厚度为层压 1.5 英寸（38毫米）厚；长构件是使用长锥形**榫接**或**榫接头**制成的。

木材可以被层压成各种形状，包括曲线、分枝形式、各种不同的角度和横截面（图 17.2）。由于在层压之前能够切除缺陷部分并且在弯曲的层压木中可以人为确定纹理方向，所以胶合层压木的强度比一般木材更强。但胶合层压木的单位成本较大，这一点可以通过使用较小尺寸就能获得较大的强度来抵消，因为经常找不到合适尺寸、形状或强度的木构件。

人造木构件 | Manufactured Wood Components

桁架式椽架是由标称尺寸 2 英寸 ×4 英寸（37 毫米 ×87 毫米）和标称尺寸 2 英寸 ×6 英寸（37 毫米 ×137 毫米）的规格木材组装而成的轻型桁架，这种规格木材使用了齿板形的连接件（图 17.3）。它们普遍用于轻型框架住宅屋顶面施工，间隔通常为 24 英寸（61 厘米），这是由 0.5 英寸（12.7 毫米）厚的胶合板或定向刨花板的屋顶盖板的最大允许跨度决定的。

胶合板**工字梁**和**箱梁**（图 17.4）通常是在工厂预制的，由规格材和用于大跨度的胶合板组合制成；它们也可以现场制作。主要的拉应力和压应力由顶部和底部弦杆上的规格材承担，腹板构件通常使用胶合板。这些部件是用胶水和钉子组装起来的（在压力下把这些部件黏合在一起，直到胶水固化为止）。

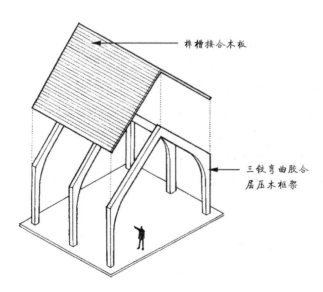

图 17.2　三铰弯曲层压木（框架）。

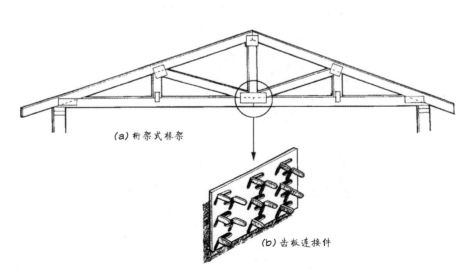

图 17.3　（a）轻型框架木结构建筑的桁架式椽架，（b）用于制造椽架的齿板。

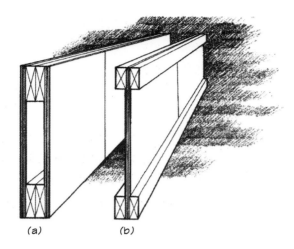

图 17.4　胶合板梁：（a）箱形梁，（b）工字梁。

层压饰面板（LVL，laminated veneer lumber）是由竖直定向的木材单板组成的，每种板材的纹理都是纵向的（图 17.5a）。**平行纤维木板**（PSL，parallel-strand lumber）是由沿纵向压缩并黏合在一起的木颗粒构成的长条、带状木材（图17.5b）。层压饰面板通常用于梁和过梁；梁高范围 5.5~18 英寸（14~46 厘米）；长度 30 英尺（9.1 米）。平行纤维木板通常用于梁、过梁和柱子，高度 9.25~18 英寸（23~46 厘米），长度 30 英尺（9.1 米）。这些都是在工厂中生产出来的较长的木板，并在施工现场进行切割。这两种木材都比同尺寸的实木坚固。在轻型框架结构中，它们被认为是胶合板和钢梁的替代品。

在跨度超过实木托梁承载能力的情况下，通常使用**工字形托梁**。它们是一种专门产品，由顶部和底部的层压胶合板制成的弦杆组成，腹板由定向刨花板或胶合板组成［图 17.5（c）］。这些都是在工厂中生产出较长的木板，然后在施

工现场进行切割而成。虽然成本高于同等体积的实木，但所需的高度通常较小或者可以消除中间支承，这样便有助于抵消增加的材料成本。高度通常为 9.25~24 英寸（23~61 厘米），长度为 40 英尺（12.2 米）。

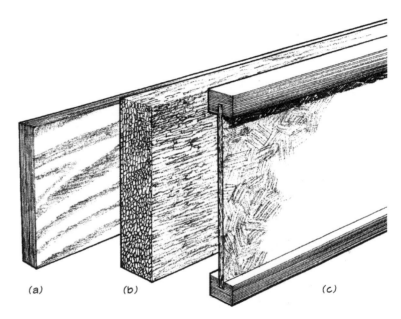

图 17.5　人造木材：（a）层压饰面板，（b）平行纤维木板，（c）工字形托梁。

连接构件 | Connectors

轻型框架木结构的优点之一是容易连接。传统的铁钉是最常用的连接构件（尽管电动钉枪和装订机通常用于高度重复性操作），其次是螺栓、锚定螺栓（用于锚固混凝土）以及拉力螺钉（重型六角头螺钉）。

除了用于制造桁架式椽架的齿板［图 17.3（b）］，成百上千的钣金连接件可用于加强木质结构。最常见的是托梁挂件、桁架锚固件和交叉撑（图 17.6）。

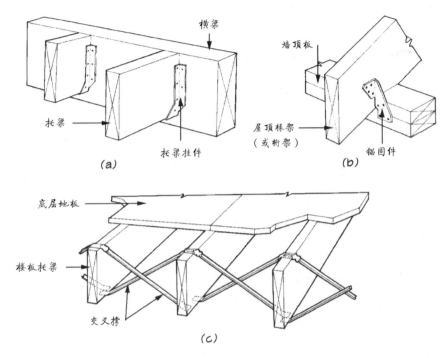

图 17.6 轻型框架木材连接构件：（a）托梁挂件，（b）桁架锚固件，（c）交叉撑。

防火 | Fire Protection

重型木结构 [构件最小厚度为 5 英寸（127 毫米）] 容易在火灾条件下发生炭化，从而形成灰烬外层，隔开内层与火焰。因此，大多数建筑规范认为，重型木结构建筑是耐火的。更薄的木制部件更容易燃烧，如果暴露在外面，则被认为是可燃的，并且可能需要保护层（例如石膏）。

木材可以通过浸渍在某些化学物质中来抵御火灾，这些化学物质大大降低了木材的易燃性。它主要应用于耐火建筑中的非结构隔墙和其他构件。因阻燃剂处理成本较高，故很少用于单体住宅建筑中。

防腐蚀与防虫蛀 | Decay and Insect Protection

木材也可以经过处理来抵御腐烂和昆虫。杂酚油（广泛用于桥梁等工程结构）是煤的含油衍生物，由于其气味、毒性和不可涂刷性，很少用于建筑领域。五氯苯酚是一种油性防腐剂，也是有毒和不可涂刷的。最广泛使用的建筑处理方法是通过水性盐进行处理；大多数是以铜盐为基础的。虽然临时保护可以通过粉刷或喷涂来实现，但最持久的保护需要压力浸渍。

大多数破坏木材的微生物和昆虫都需要空气和水分来生存。大多数工程可以通过设计建造防护结构使它们远离木材，这样所有的木材部件便能在任何时候都保持干燥。这需要所有木材始终远离土壤和混凝土，处在适当通风的阁楼和窄小空间里（Allen，1985）。

钢 | Steel

在钢中，韧性和抗性占主导地位，其边缘线和应力等值线的组合令人印象深刻；它异常轻盈，势不可挡。

——爱德华多·托罗哈

钢是铁碳合金，通过额外的添加剂可以增加材料的特殊性质。例如，可以添加镍来制造不锈钢。现代钢的碳含量约为 0.2%。当碳含量超过 1.7% 时，则变成铸铁。铸铁硬脆，弹性模量比钢低。很低的碳含量（低于 0.1%）产生的锻铁是相对软而且可锻铸的。

制造 | Manufacturing

钢水被铸造成大型钢锭，然后由一系列的辊塑造成**热轧**形状（如**"H"形法兰**、**槽钢**、**三通**、**角钢**、**钢筋**和**钢板**）或者由薄片辊塑造成重量较轻的**冷轧**型材。大多数结构钢是热轧的，冷轧钢主要应用于波纹钢板和轻框架构件等结构。

型号 | Designations

宽翼缘截面的钢材用于梁和柱子，并按高度以及每英尺重量标号；例如，W12×106 表示构件为宽翼缘形状，12 英寸（30 厘米）高，106 磅 / 英尺（158 千克 / 米）。角钢用"L"表示，后面是两边的标称长度和厚度。槽钢用"C"表示，后面是高度（以英寸为单位）和每英尺重量（以磅为单位）。

耐腐蚀性 | Corrosion Resistance

大多数钢材暴露在湿润的空气中时会生锈，因此需要通过涂油漆或其他涂层的方式加以保护。不锈钢本身是耐腐蚀的，但对大多数建筑结构来说成本过高。

某些钢合金形成一层初始锈层，然后稳定下来，不会进一步锈蚀。大多数这类耐腐蚀钢材都是受专利保护的 [比如考顿钢（Corten）]，并且能产生一种有吸引力的深褐色铜锈。然而，当它暴露在湿润的空气中时，必须注意防止混凝土等相邻材料的水性污染。

防火 | Fire Protection

就目前而言，钢仍然是强度最大的结构材料，在拉伸和压缩方面强度大致相等。然而，虽然钢不会燃烧，但在有火的环境下，它的强度会急剧下降。因此，裸露的钢构件必须通过涂防火材料（如石膏）或厚厚的特殊膨胀涂料（在炭化条件下大大膨胀，产生所需隔热厚度）进行防火保护。

钢构件的连接 | Steel Connections

连接方式 | Connection methods

钢结构通常使用**铆钉**、**螺栓**或**焊接**等方式进行连接。铆钉是一个圆柱形钢钉，一端有帽。它的安装方式是加热后将其插入要连接材料的孔内。它的头部通过沉重的手锤击打固定就位，另一端用气动锤捶打，形成第二个头。当铆钉冷却时，它会收缩，把构件紧紧地连在一起。但在目前的建筑施工中，铆接几乎完全被工作量较少的螺栓和焊接所取代。

结构螺栓一般有两种连接方式：**剪切**和**摩擦**。这两种类型的螺栓都是通过将螺栓插入一个略大于其直径的孔，并用一个螺纹螺母加固（通常是通过气动冲击扳手）。剪切连接只取决于螺栓的抗剪能力，而通过拧紧产生的张力并非临界力。摩擦连接要求螺栓被实际拉紧至其极限抗拉强度的70%，以便产生必要的夹紧力，使两个构件的表面能够单独通过摩擦传递荷载。经过特殊热处理的高强度螺栓通常用于摩擦连接。

电弧焊是把整个结构焊接为一个单一的整体。适当的设计和安装使焊接连接的构件比抗剪抗弯的构件强度更大。焊接质量控制比铆接或剪切螺栓更重要，这要求焊工定期接受专门培训和测试。特殊的射线检测可以保证临界焊缝的质量。螺栓通常用于焊接连接，在焊接前需要临时对齐构件。

抗剪与抗弯连接 | Shear and moment connections

钢梁和钢柱之间的框架连接是按照设计限制两个构件之间旋转的程度分类的（图 17.7）。**抗剪（构架）**连接设计为仅传递剪切力。通常，它将梁腹板连接到柱子上。由于梁翼缘与柱子之间没有连接，因此对将弯矩从一个构件传到另一个构件的贡献很小。因此，它被认为是一个固定的连接构件，并不会有助于增加建筑框架的横向稳定性。

抗弯连接（刚接）设计为完全刚性，在梁和柱之间传递所有弯矩。因此，它规定横梁翼缘需要严格地连接到柱子上，而且翼缘的连接强度至少等于翼缘本身的强度。抗剪连接板通常被焊接到立柱表面，并通过螺栓固定到横梁上。它支承着梁，直到它被焊接，并永久为梁提供抗剪能力。由于全螺栓连接通常很难实现充分的弯矩传递，因此很少用于翼缘刚性连接（Allen，1985）。

零件 | Components

空腹式钢梁 | Open-web steel joists

空腹式钢梁 [又称"钢筋梁"（bar joists）] 是一种轻量化、批量生产的桁架。它们通常用于屋顶和楼板结构，间隔紧密——通常是 4~8 英尺（1.2~2.4 米），有时布置在中心部位，有时布置在钢梁或砖石承重墙上（图 17.8）。它们通常用钢或预制混凝土铺装，用成对的角钢作为顶部和底部的弦杆，而圆形的钢筋作为三角形图案的对角线腹杆。虽然标准高度为 8~72 英寸（20~183 厘米），跨度可达 144 英尺（44 米），但在大多数实际应用中选取高度不足 24 英寸（61 厘米）的托梁，跨度可达 40 英尺（12 米）（Allen，1985）。桁架式钢梁（joist girder）与空腹式钢梁相似，但较重，用作主要框架构件，取代了高度不受限制的**宽翼缘梁**。

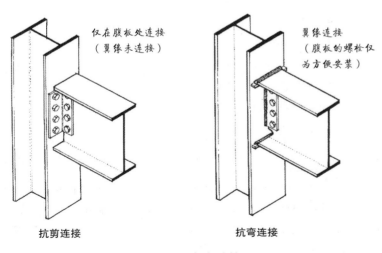

仅在腹板处连接
（翼缘未连接）

翼缘连接
（腹板的螺栓仅为方便安装）

抗剪连接　　　　　　抗弯连接

图 17.7　框架连接。

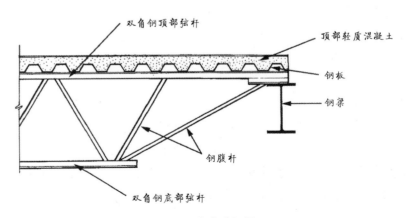

双角钢顶部弦杆

顶部轻质混凝土

钢板

钢梁

钢腹杆

双角钢底部弦杆

图 17.8　空腹式钢梁。

面板 | *Decking*

　　金属面板通常用于屋面和楼板结构中的横跨梁或空腹式梁。它是一种钢板，并且已经冷弯成瓦楞波纹状。面板的刚度（和跨度）取决于板材的**厚度**和波纹深度。钢面板主要分为四类。**基础形式**面板是简单的波纹形状，设计用于永久形式的结构混凝土，而不影响其强度。**屋顶面板**专用于刚性隔热，但没有混凝土浇筑的屋顶。**复合面板**是为了配合混凝土加筋而设计的。**蜂窝面板**是通过焊接波纹钢板在平面上制造的，这会形成一个刚性的甲板，同时提供可用于电气布线的空隙（图 17.9）。

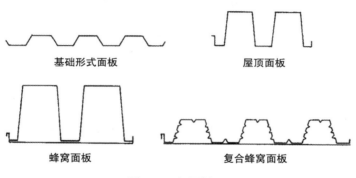

基础形式面板　　　　　屋顶面板

蜂窝面板　　　　　复合蜂窝面板

图 17.9　钢面板。

轻型框架结构 | *Lighting-framing members*

　　钢也可以冷弯成各种柱和托梁，适合轻型框架。钢板形成"C"形和"Z"形，并焊接成"工"字形截面（图 17.10）。由于晶体结构的调整，冷弯成型提高了钢的强度。但目前的设备只能冷弯较薄的材料。

　　钢制轻型框架构件的成本低于同类木材。它被广泛用于商业建筑，但在住宅建筑中的接受度没有达到同样的程度，主要原因是专用设备的局限以及木匠不愿使用钢材料。

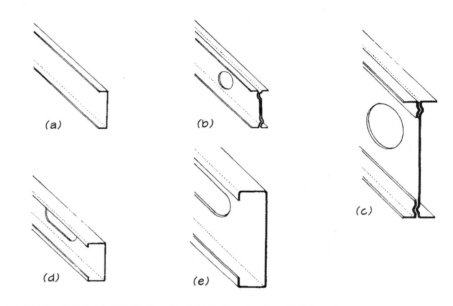

(a)　　　　　(b)

(c)

(d)　　　　　(e)

图 17.10　冷弯轻型框架构件：（a）槽钢柱，（b）双柱槽钢，（c）双托梁，（d）"C"形柱，（e）"C"形托梁。

组合型材 | *Built-up sections*

　　板梁和排架是由钢板、条钢和标准轧制型钢制成构件的例子。**板梁**是一种应用起来自重大且高度高的梁，超过了标准轧制截面的承载能力（图 17.11）。重型柱也是以同样的方式制造的。

　　排架［bent，也称"拱"（arch）］是在拱腰处加厚的框架，以抵抗拱腰处的弯曲变形；在底座和尖端处通常是铰接的（图 17.12）。

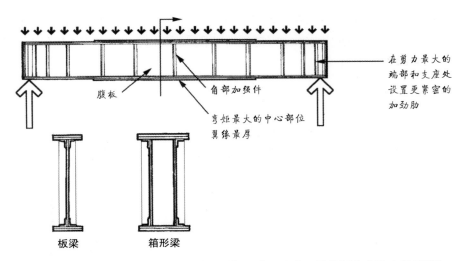

图 17.11 板梁由钢板、条钢和标准轧制型钢组成。注意，翼缘厚度在跨中附近增加，拉力和压力最大；竖向加劲肋在竖向剪切应力最大的端部间距更小。

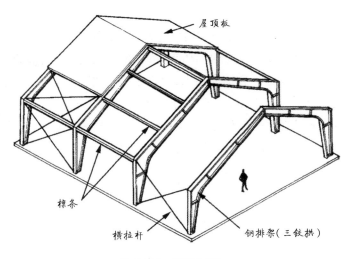

图 17.12 三铰钢拱。

混凝土 | Concrete

我们都是矩形和平板结构的受害者。我们一直生活在一堆石头和砖块中，在发现混凝土和钢铁可以混合在一起后，便渴望着现代世界的诞生。

——弗兰克·劳埃德·赖特

混凝土是由古罗马人发明的，并由约瑟夫·阿斯普丁（Joseph Aspdin）改进，他在 1824 年开发并获得了"波特兰水泥"（portland cement）的专利（以类似于英国石灰石的名字命名）（Allen，1985）。混凝土是由硅酸盐水泥、**粗细集料**（aggregates，砾石和砂）和水混合后硬化而成的。硬化（固化）时，水泥与水发生化学反应，形成强大的晶体，将集料结合在一起形成一个整体。在这种化学反应中释放出相当大的热量［称为**"水化热"**（heat of hydration）］。在硬化后，当多余的水干涸时，混凝土通常会出现部分收缩。

加设钢筋 | Reinforcing

在钢筋混凝土中，钢使石头变得坚韧，混凝土使钢凝成一团。

——爱德华多·托罗哈

加设钢筋是伟大匠人的杰作，它使混凝土看起来无所不能——这是人类思考的产物。

——路易斯·康

钢筋混凝土是在 19 世纪 50 年代时，由几个人同时发明的。在此之前，混凝土仅限于在受压结构中使用，因为未加钢筋的混凝土实际上没有受拉强度。正是这一发明使混凝土的抗拉性能得以用于梁（图 17.13）、板和柱（图 17.14）等抗弯和抗屈曲构件。

钢筋混凝土的基本原理很简单：将钢筋放置于构件中抵抗拉力，让混凝土抵抗压力。钢筋也可以防止由于温度变化和混凝土硬化产生的开裂。为加强钢筋与混凝土的黏结，防止滑移，热轧钢筋表面有不同形状的纹理。

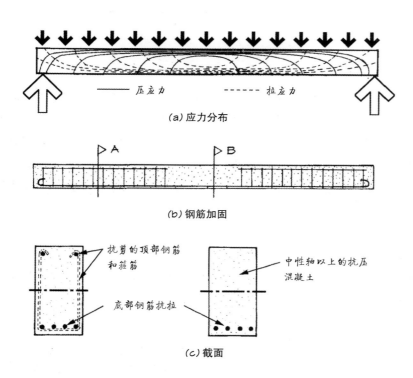

图 17.13 钢筋在混凝土梁中的位置取决于梁中的拉力：（a）应力分布，（b）钢筋加固，（c）截面。当拉力沿对角线向上移动时，末端产生剪切力，竖向筋（箍筋）用来抵抗剪切力。

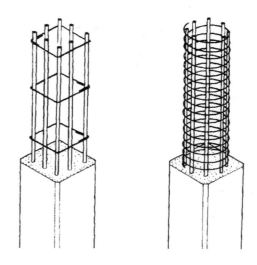

图 17.14 混凝土柱的加固。

模板 | Formwork

现浇混凝土采用模板成型，直到完成养护。模板通常由木材（特别是胶合板）、钢或玻璃纤维制成。模板必须足够坚固，以承受钢筋和混凝土的重量以及抵抗液体形式混凝土的侧压力。因此，在一些大型工程中，模板本身就是重要结构，需要进行专门设计。模板的成本相当高，因此需要尽可能地循环使用。

预制 | Precasting

现浇混凝土成型成本高，推动了预制混凝土技术的发展和普及。预制混凝土是在工厂使用永久且重复的形式制造出来的。浇筑构件可以用蒸汽固化，以使其更好地适应这一过程。养护后，预制构件被卡车运送到现场，并使用起重机吊装（图 17.15）。构件之间的连接是通过焊接浇筑混凝土时埋入构件中的预埋钢件来实现的。

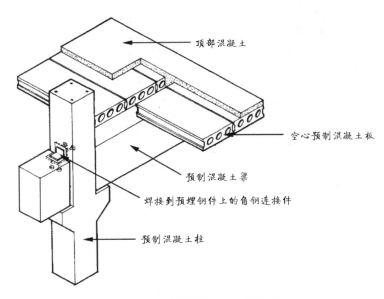

图 17.15　预制混凝土柱、梁和板。

当需要在构件之间进行刚性连接时，钢筋的两端就会外露，使它们在接头处重叠。外露钢筋周围的空间用一种特殊的不收缩混凝土浇筑。混凝土硬化后，接缝是刚性的，就像整个结构都是现场浇筑一样坚固。

预应力 | Prestressing

梁和柱预制构件通常是预应力的。混凝土浇筑前，将特殊的钢筋用相当大的拉力拉伸后固定，然后在周围浇筑混凝土。混凝土硬化后，当钢筋的两端被切断时，这些拉力就会转移到混凝土上，使其受压。在梁和板的情况下，只在底部进行预应力加固，内应力使梁稍微向上产生弯曲。一旦梁被安装并承受设计的静荷载，挠度就会抵消这个弯曲，使构件变直。如果需要大量相同的构件或者构件的差异小，预制是最经济的。

砖石 | Masonary

砖石是最古老的结构材料之一，可以追溯到公元前 4000 年，那时人们用晒干的砖来建造宫殿和寺庙。几个世纪以来，砖石建筑的工序基本保持不变，堆叠小的模块单元来建造大墙和拱门。由于单元模块很小，最终产品几乎可以是任何形式的，从平整表面到起伏的蛇形墙。

砂浆是把各个单元模块黏合在一起的"胶水"。现代砂浆由硅酸盐水泥、砂和水组成；石灰通常是用来提高工作性能的。

砖 | Brick

砖是最小的砖石单位，大小适合泥瓦匠用手来操作。最早的砖块是用**软泥**法制造的，湿黏土被压入模子，然后使其干燥。

当你仔细地把两块砖放在一起时，建筑就启动了。一切就开始了。

——路德维希·密斯·凡·德·罗

现在，大多数砖块是利用**硬泥**成形工艺大批量生产的，通过一个矩形模挤压低水分黏土，用切割机切片而成。成型后，将砖块干燥 1 或 2 天，然后在窑中烧到 2400 华氏度（1316 摄氏度），在此温度下黏土玻璃化成陶瓷材料。砖的颜色取决于黏土的成分和窑的温度。

虽然没有标准的砖块尺寸，但在美国构筑墙体最常见的是模块砖（modular brick），其设计水平宽度为 4 英寸（102 毫米），竖向三层高度为 8 英寸（203 毫米），允许灰浆厚度为 3/8 英寸（10 毫米）。

铺砌方式 | Bonds

铺砌是砖块的铺设方式（图 17.16），包括**顺砖（或丁砖）铺砌** [（running（header）bond]、**普通铺砌**（common bond）、**佛兰德式铺砌**（Flemish bond）和**通缝铺砌**（stack bond）。这可以根据砖块在墙内的方向来命名（图 17.17）。

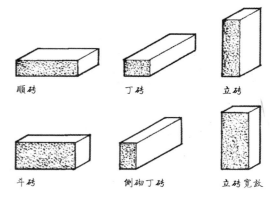

图 17.17   砖的方向。

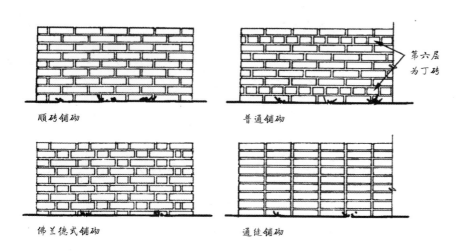

图 17.16   砖的铺砌方式。

加筋 | Reinforcing

和混凝土一样，砖块的抗拉力也可以忽略不计。可以用同样的变形钢筋在产生张力的情况下进行加固。一种方法是在两**块**砖的中间空隙中加入竖向和水平的拉筋，然后用浆液填充空隙。另一种方法是使用成品的加筋构件（由焊接桁架式的大规格钢丝制成），它在每个第九层（水平）接缝处都是平铺的。配筋砖柱是通过铺设空心砖筒，插入竖向拉筋，并将混凝土填充到中心来建造的。

石材 | Stone

石砌建筑是最古老的建筑类型。它可以按想要的形状排列石块，使用或不使用砂浆。岩石分为**火成岩**（沉积在熔融状态；包括花岗岩）、**沉积岩**（由水的作用沉积；包括石灰石和砂岩）和**变质岩**（火成岩或沉积岩在高温和压力下转化；包括板岩和大理石）。

虽然一些用于毛石砌体的碎石可能是从地表和地面沉积物中收集的，但大多数建筑石材是先在采石场切割成大块，然后在工厂切割成所需的尺寸大小，

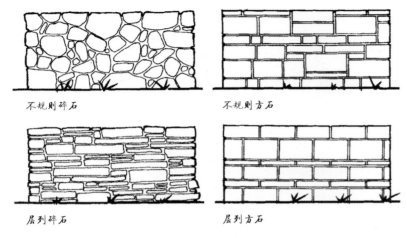

不规则碎石　　　　　　不规则方石

层列碎石　　　　　　　层列方石

图 17.18 石材砌体样式。

作为砖石使用。石材可以用类似砖块的方式加固。石材砌体样式按石块的形状（不规则的**碎石**或矩形**灰泥**）和黏结物（基于砖块连接）分类（图 17.18）。

其他结构材料 | Other Structural Materials

织物 | Fabrics

织物制作的轻型张拉构件有帐篷式结构和充气式结构等。作为一种主要的结构单元，它必须跨越所支承的单元，承担风荷载和雪荷载，并且使人能在上面安全地行走。作为建筑外围护结构，它必须是密封的、防水的、耐火的、（在大多数情况下）半透明的。

结构织物由结构基材（玻璃纤维或涤纶布）组成，表面涂覆涂层（如聚氯乙烯、聚四氟乙烯或硅酮）。自 1975 年以来，聚四氟乙烯涂层玻璃纤维已用于帐篷式结构和充气式屋顶结构。

塑料 | Plastics

大多数建筑中的塑料部分是非结构性的。即使是结构上用于船只和机动车辆的**玻璃钢**（玻璃纤维），也很少用于建筑物的结构用途（尽管它正被广泛用于装饰用途）。其主要原因是经济性，对于大型结构而言，玻璃纤维并不具有成本效益，因为它的成型性并不占优势。然而，与现场浇筑混凝土结构的复杂性以及重复的结构形式（如密肋板）相比，玻璃纤维的建造成本还是比较低廉的。

铝 | Aluminum

在结构中，当重量作为首要考虑因素时，通常使用铝而不是钢。它可用来合成强度与钢相似的合金，可挤压，重量为钢的三分之一，不会腐蚀。最近的技术发展降低了铝的生产与焊接成本，以至于现在其在许多应用中具有吸引力，特别是暴露在外的部件。通过阳极氧化表面可以获得额外的抗耐蚀性，这是一种可以用来添加颜色并增强保护的电解工艺。

小结 | Summary

1. 木材不是一种各向同性的材料，它的所有物理性质取决于是平行还是垂直于纹理。

2. 几乎所有的结构木材都是软木；松树、云杉和冷杉是结构中最常用的种类。

3. **容许应力**是允许的结构应力，其中包括安全储备余量。

4. **框架木材**是原木直接锯成的，由**木条**、**规格材**和**木板**组成。

5. **木条**最小尺寸为 5 英寸（127 毫米）或更大。

6. **规格材**尺寸为 2～4 英寸（51～102 毫米）厚，宽为 2 英寸或更宽。

7. **木板**厚度小于 2 英寸（51 毫米），宽 2 英寸或更宽。现在，它们很少用于建筑结构中，已经被人造板（如胶合板）所取代。

8. **胶合板**是由奇数层薄木板胶合在一起形成的大面板。

9. **定向刨花板**是由压缩后黏合成三到五层的木颗粒制成的长条、带状木材；这些纤维的方向每层之间互相垂直（就像胶合板）。它是最稳固、最坚硬的木质板材产品。

10. **薄片华夫刨花板**是由大块的木片压缩或黏合成一层。

11. **颗粒刨花板**由细小颗粒组成，颗粒被压缩并结合成一层。

12. **复合板**是由非饰面芯板表面黏接饰面板构成的。

13. **胶合层压木材**是由多层薄木料黏合压缩在一起形成的大型木结构构件。

14. 人造木材构件包括桁架式椽架、胶合板工字梁和箱梁。

15. **层压饰面板**是由竖直定向的木材单板组成的，每种板材的纹理都是纵向的。

16. **平行纤维木板**是由沿纵向压缩并黏合在一起的木颗粒构成的长条、带状木材。

17. **工字形托梁**由顶部和底部的层压胶合板制成的弦杆组成，腹板由定向刨花板或胶合板组成。

18. **钢**是铁碳合金。它被塑造成**热轧**形状（如 **"H"** 形法兰、**槽钢**、**三通**、**角钢**、**钢筋**和**钢板**）或者由薄片辊塑造成重量较轻的**冷轧**型材。

19. 大多数钢材暴露在湿润的空气中时会生锈，因此需要通过涂油漆或其他涂层的方式加以保护。

20. 裸露的钢构件必须通过涂防火材料（如石膏）或厚厚的特殊膨胀涂料进行防火保护。

21. 钢结构构件使用**铆钉**、**螺栓**或焊接等方式进行连接。

22. 钢梁和钢柱之间的框架连接是按照设计限制两个构件之间旋转的程度分类的。**抗剪（构架）**连接设计为仅传递剪切力。**抗弯**连接（刚接）设计为完全刚性，在梁和柱之间传递所有弯矩。

23. **空腹式钢梁**是一种轻量化、批量生产的桁架。

24. **钢制面板**是一种冷弯成瓦楞波纹状的钢板，用于屋面和楼板结构中的横跨梁或空腹式梁。

25. 轻型框架钢构件是指冷弯形成的各种柱和托梁。

26. **混凝土**是由硅酸盐水泥、**粗细集料**（砾石和砂）和水混合后硬化而成的。**硬化**（固化）时，水泥与水发生化学反应，形成强大的晶体，将集料结合在一起形成一个整体。

27. **钢筋**可以提高混凝土的抗拉性能，可用于梁、板和柱等抗弯和抗屈曲构件。

28. **模板**通常由木材（特别是胶合板）、钢或玻璃纤维制成，现浇混凝土采用模板成型，直到完成养护。

29. **预制混凝土**是在工厂使用永久且重复的形式制造出来的。浇筑构件可以用蒸汽固化，以使其更好地适应这一过程。养护后，预制构件被卡车运送到现场，并用起重机吊装。

30. **预应力**混凝土采用特殊的钢筋进行加固，在混凝土浇筑前用相当大的拉力拉伸后固定。混凝土硬化后，当钢筋的两端被切断时，这些拉力就会转移到混凝土上，使其受压。

31. 大多数砖是采用**硬泥**成形工艺大批量生产的，通过矩形模挤压低水分黏土，用切割机切片而成。成型后，将砖块干燥 1 或 2 天，然后在窑中烧制，直至发生玻璃化。

32. 砖石**砂浆**由硅酸盐水泥、砂和水组成；石灰通常是用来增强工作性能的。

33. **铺砌**是砖块或石材的铺设方式，包括顺砖（或丁砖）**铺砌**、**普通铺砌**、**佛兰德式铺砌**和**通缝铺砌**。

34. **石材**砌体样式按石块的形状（不规则的**碎石**或矩形**灰泥**）和黏结物（基于砖块连接）分类。

35. **聚四氟乙烯涂层玻璃纤维**是用于帐篷式和充气式屋顶结构的织物。

36. 在结构中，当重量作为首要考虑因素时，通常使用**铝**而不是钢。它可用来合成强度与钢相似的合金，可挤压，重量为钢的三分之一，不会腐蚀。

第 18 章　结构布局
Structural Layout

如果你的结构仅仅只是支承建筑物，那么它并没有得到充分利用。

——爱德华·艾伦

在开始布置结构体系之前，应考虑组件的相关设计特性。

初步考虑 | Preliminary Considerations

承重墙 | Bearing Walls

承重墙最好用于承受沿长度均匀分布的荷载条件下，包括板和紧密排列的托梁。由于梁与桁架承担了集中荷载，很少由承重墙来支承，通常由柱子代替。在集中荷载必须由承重墙承担的情况下，应在该处加筋或将墙加厚到壁柱。

承重墙在平面上的布置取决于其在支承构件中扮演的角色。因此，对建筑物的功能进行仔细协调，规划墙壁的间距和位置非常重要。由于经济方面的考虑，通常要求承重墙的布置尽可能均匀，这使承重墙更适用于如学校、公寓和汽车旅馆等建筑类型。

等间距布置的承重墙可以起到剪力墙的作用，提供横向稳定性。如果它们沿两个方向排列，便可以单独使用。如果它们仅排列在一个方向上，则可以使用其他构件（例如支承或刚性柱连接）来提供另一个方向的稳定性。剪力墙的布置应尽可能分散和对称，尤其是在较高的建筑物中。

可以通过在开口上安装过梁（横梁）从而在承重墙上形成开口。为了获得更大的平面灵活性，梁和柱子可以与承重墙组合使用（图 18.1）。

一般来说，在多层建筑中，墙壁应该相互对齐。然而，可以通过设计二层的墙作为一种深梁，将荷载传递到第一层的周边柱（图 18.2），从而可以将一层变为中庭（例如一个大厅）。

柱 | Columns

柱子可用于支承梁（和桁架）或板（包括面板和托梁）。由于柱子不会形成封闭空间，所以它们在建筑空间规划上的影响比承重墙小。当建筑物的内部空间不是重复结构模块，或者房间形状或大小不规则时，柱子便成为设计师的首选。

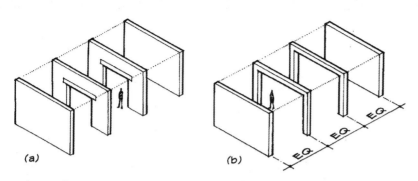

图 18.1 在承重墙上开口的方式：（a）通过使用过梁在墙内形成开口，（b）横梁和立柱可以与承重墙组合使用。

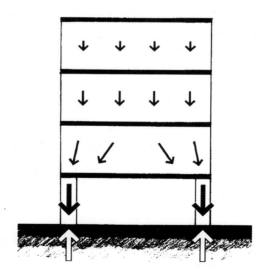

图 18.2 承重墙可以充当深梁横跨下面的开口。

柱子为建筑设计提供了极大的开放性，并允许通过移动非结构分区来改变内部空间。当与梁一起使用时，柱子可使用的跨度范围和间距就更大了。

钢结构和现浇的柱梁体系可以作为刚性框架提供横向支承。这要求节点必须是刚性的（在预制混凝土和木材框架中很难实现刚性连接，必须使用其他横向支承手段）。刚性框架是理想的，因为它们对建筑物的设计和使用几乎不产生影响。然而，刚性框架在有规律的间距下效率最高。一般来说，刚性框架需要较高的梁和较重的柱，而不需要类似的侧向支承结构或剪力墙。所以刚性框架不适用于超高空间或大跨度建筑。

当使用梁时，柱子必须位于梁的中心线上。柱间距可以根据梁的极限跨度而变化，但利用常规的网格式布局是最经济的。

梁 | Beams

梁可以在一个或两个方向上架设，然后在其上铺设托梁、厚板或面板（图18.3）。对于使用托梁和梁的矩形网格结构，为了使结构更加经济，梁通常布置在短跨方向，托梁布置在长跨方向。在使用厚板和梁的情况下，厚板通常布置在短跨方向，梁布置在长跨方向（图 18.4）。

无梁板 | Flat Plates

无梁板属于双向板，仅由柱子支承，可不使用梁（"无梁板"这一术语在这里广泛用于初步设计，包括所有平面双向结构，如华夫格板、空间框架以及平面混凝土板）。由于不需要布置梁，所以结构的灵活性更大，允许立柱按不规则形状布置。它还减少了所需的结构总高度，同时简化了施工技术。

板和支承柱采用刚性连接，用以抵抗侧向力，也可以通过增加板厚或柱子截面或使用剪力墙或支承来增加抗侧能力。

对于无梁板最经济的立柱排列方式是方格式排列。但是，只有适度增加成本才能使立柱排列更加灵活，这使得该组合特别适用于不规则和自由形式的建筑

设计。但是，除空间框架外，板的厚度限制使该体系仅适用于跨度较小的建筑（图
18.5）。

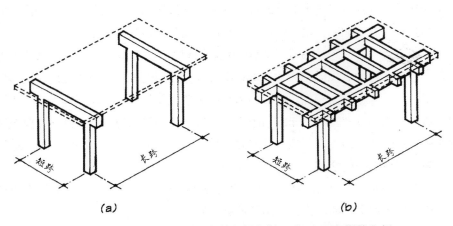

图 18.3　梁的布置形式：（a）单向梁和板，（b）双向梁格和板。

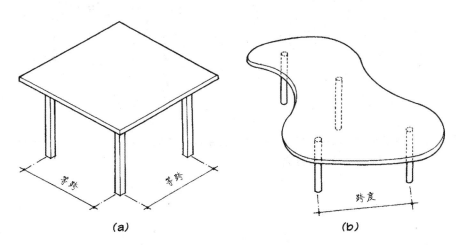

图 18.5　无梁板：（a）使用正方形立柱排列方式最为经济，（b）非常适用于不规则的形
状和不等的立柱间距。

结构体系选择 | System Selection

　　第一步是根据项目设计标准选择一个或多个备选结构体系。这应该在草图
设计阶段的早期完成，并应该了解到后期可能会更改设计。图 18.6 展示了各种
设计标准和最适合它们的结构类型。

　　结构设计应该是一条双向道路，通过形式和空间的给予与获取，
直至达到最佳的综合效果。

——爱德华·艾伦

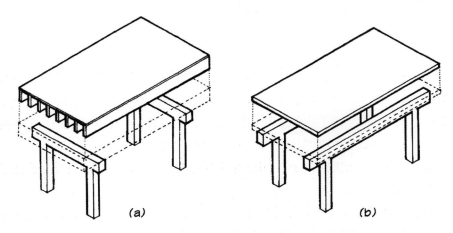

图 18.4　高效的布置方式：（a）托梁和梁，（b）厚板和梁。

设计标准	轻框架木材	重框架木材	砌体承重墙	钢制框架（铰接）	钢制框架（刚性连接）	钢制空腹托梁	钢制空间框架	钢制平台面板	现浇混凝土：单向厚板	现浇混凝土：双向薄板	现浇混凝土：双向厚板	现浇混凝土：单向托梁	现浇混凝土：华夫格板	预制混凝土：实心厚板	预制混凝土：空心厚板	预制混凝土：单"T"形	预制混凝土：双"T"形	基本原理
外露防火建筑		■	■						■	■		■		■		■		固有耐火建筑
不规则建筑形式	■		■						■			■						简单的现场制造体系
不规则立柱布置										■	■		■					屋顶或楼板的无横梁体系
最小化的楼板厚度								■										无肋预制混凝土体系
允许未来改建	■	■				■										■		短跨，单向，易于修改
许可恶劣天气施工	■	■	■	■	■	■	■	■						■	■	■	■	快速建造；避免现浇混凝土
最少场外制造时间	■	■	■			■				■				■	■			易于成型和现场建造
最少现场安装时间		■		■	■													高度预制；模块化组件
最少低层建筑建造时间	■																	轻量，易于成型或预制
最少中层建筑建造时间		■		■	■													预制，现浇混凝土；钢制框架
最少高层建筑建造时间				■	■													坚固；预制；轻量
将剪力墙和斜撑最小化			■		■					■	■		■					能够形成刚性接头
将地基上的静载最小化	■																	轻量，小跨度体系
地基沉降造成的损害最小		■		■										■	■			无刚性接头体系
工作中的工种数量降低到最少		■	■															多功能组件
为技工服务提供隐蔽空间						■	■								■			固有可提供空隙空间的体系
支承数量最少							■											双向，大跨度体系
大跨度																■		大跨度体系

图 18.6　结构体系选择表。

优化结构平面图 | Evolution of the Framing Plan

如果结构设计要与建筑设计完全结合，那么两者必须同时优化，从最早的草图设计开始。以下设计程序将确保结构设计与建筑设计的结合。这是一个不断优化和反复的过程，从平面气泡图开始，经过一系列的叠加，形成一个结构平面图来展示主要结构部件的初步布局和尺寸（图 18.7）。为简单起见，该过程在这里显示呈线性的；在实践中，设计过程更为复杂，许多步骤需要重复多次。但是每个周期（即使那些看起来不起作用的周期）的信息都很丰富，有助于理解后续步骤。

这不是某个**固定的**过程，这是一个可变的过程，大多数读者都会选择修改调整以符合他们自己的设计方法（图 18.8～图 18.15）。随着设计的深入，请记住，结构不仅仅是简单地支承建筑物，它可以创建令人兴奋的视觉节奏、图案和纹理；它可以创造雕塑般的建筑形式；它可以引导空间的流动和划分；它可以定义比例尺度；它可以调节光线。

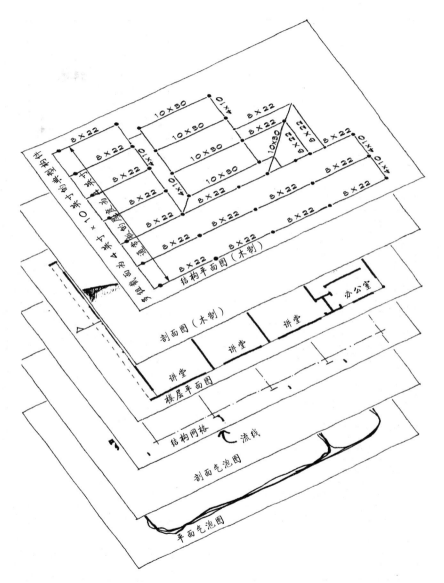

图 18.7 通过一系列草图的叠加形成一个小型教堂的结构平面图。

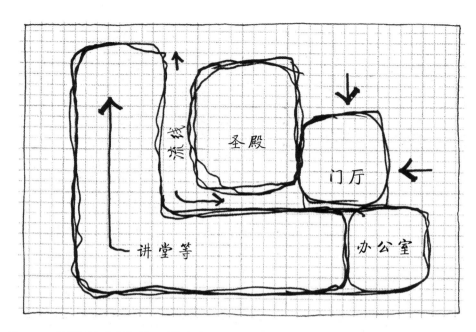

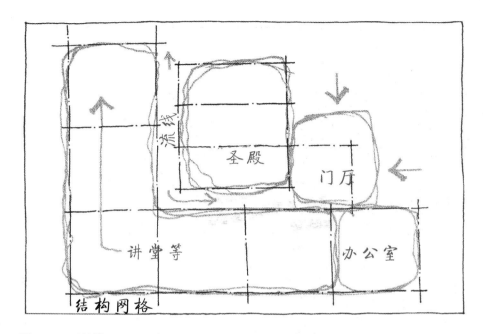

图18.8　从平面气泡图开始。即使在规划设计的图表阶段，也应该在摹图纸上绘制手绘图。
　　　　下方的坐标纸十分有用。

图18.9　手绘楼层平面图应立刻覆上绘制草图的摹图纸，草图显示了结构网格——确定
　　　　结构开间宽度（梁和板的跨度）的一组线条以及柱子和承重墙的位置。请记住，
　　　　这个网格不仅会对结构体系产生重大影响，还会对非结构设计问题产生重大影
　　　　响，例如建筑的空间和形式、空间的流动和划分、通风和采光。在这个阶段，
　　　　网格不太可能与粗略的平面图相适配，但暂时不要试图修改它或楼层平面图。

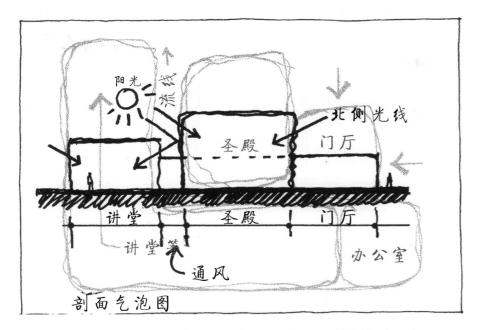

图 18.10　接下来应该在该平面图上绘制剖面图，而不是修改楼层平面图（或网格），以研究屋顶形状和内部体积关系。随着剖面图的推进，它应该反映出建筑的空间组织如何影响框架布局，反之亦然。它还提供了如何通过高侧窗、窗户、天窗和顶窗（矩形天窗）射入自然光的设计思路（Moore，1985）。

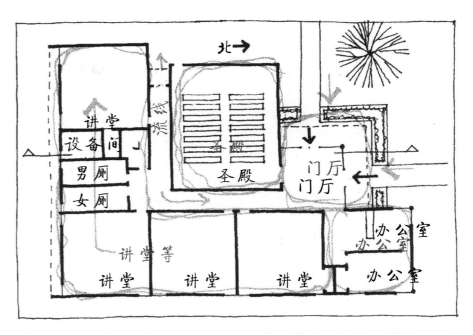

图 18.11　接下来，将平面气泡图细化到结合了结构概念的楼层平面图，并覆盖在原图之上。这一步通常需要多次反复，从而在其上建立一个新的结构网格。

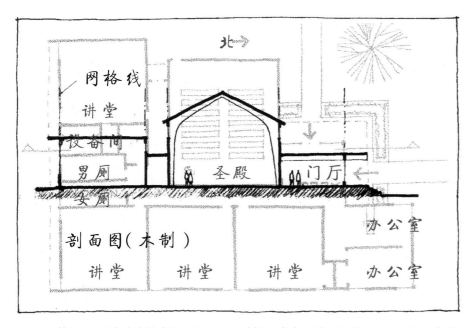

图 18.12 从图 18.6 中（本例中为层压木材）选择一个合适的结构体系，并结合这个体系在其上（平面图上）绘制一张新的剖面图。

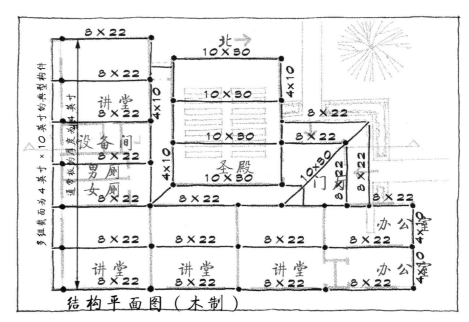

图 18.13 接下来，绘制一个手绘结构框架图，并将其覆于原图之上。在结构网格上，首先在一些网格线上绘制定位线。这些定位线表示连续支承构件的位置，比如梁（或桁架）或承重墙。这些定位线大多数在一个方向上。面板、托梁或厚板将沿另一个方向置于这些定位线之间。接下来决定是否使用承重墙或立柱（或组合）进行竖向支承。如果要使用柱子，请沿着定位线间隔布置。柱子的间距不应超过梁的跨度极限；但由于这是未知的，假设柱间距大致等于定位线之间的距离。如果可行，柱子应该布置在这些格线的交点之上。梁通常需要布置在楼板的开口周围，例如楼梯处，而柱子布置在每个角落。此时，请参阅附录 A 中的初步尺寸表，并确定前面所选结构体系的组件大小。这些图表可以表明您选择的横梁和面板的跨度太长（或太短），从而使结构更高效经济。然后根据需要修改布局。最后，将初步构件尺寸标注在平面图上。

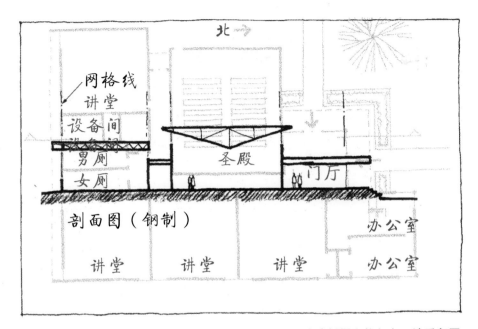

图 18.14　如果要尝试另一种结构体系（本例中为钢制空腹托梁和桁架），请重复图 18.12 中的步骤，从另一个剖面叠加开始。具体来说，试着沿网格线垂直方向布置桁架（梁或承重墙）。这是对于熟知问题进行全新思考的练习。

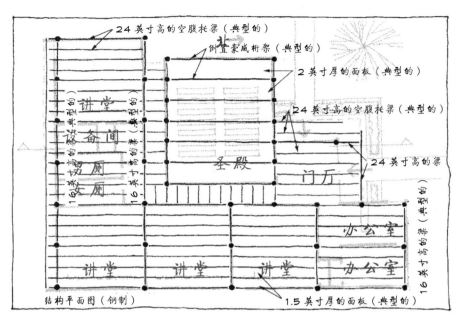

图 18.15　将该结构体系的备选结构平面图（包括初步尺寸）覆盖在剖面图上。

小结 | Summary

1. 承重墙最好用于承受沿其长度均匀分布的荷载条件。

2. 由于梁与桁架承担了集中荷载，很少由承重墙来支承，通常由柱子代替。

3. 承重墙在平面上的布置取决于其在支承构件中扮演的角色。

4. 等间距布置的承重墙可以起到剪力墙的作用，提供横向稳定性。

5. 可以通过在开口上安装过梁（横梁）从而在承重墙上形成开口。

6. 在多层建筑中，墙壁应该互相对齐。

7. 柱子可用于支承梁（和桁架）或板（包括面板和托梁）。

8. 钢结构和现浇的柱梁体系可以作为刚性框架提供横向支承。

9. 梁可以在一个或两个方向上架设，然后在其上铺设托梁、厚板或面板。

10. 将建筑设计与结构设计相结合，同时使用一系列图纸叠加进行深入设计。它
    应该从一个平面气泡图开始，经过一系列的叠加，形成一个结构平面图来展
    示主要结构部件的初步布局和尺寸。

附录 A：初步设计图表
Appendix A: Preliminary Design Charts

© 菲利浦·A. 科基尔（Philip A.Corkill），1968

（经授权根据菲利浦·A. 科基尔等人的作品重新绘制，1993）

　　建筑设计师意识到，任何结构体系的厚度、深度或高度都与体系的跨度以及结构单元的间距、荷载和荷载条件、体系的连续性、悬臂等变量密切相关。设计师还意识到，由于结构会对设计产生影响，因此应在设计整合的早期阶段考虑结构。这些图表（图 A.1~ 图 A.7）旨在为建筑设计师提供一种快速简便的方法来获取基本结构信息，而无须在逻辑初步设计中，对许多可能的结构解决方案进行详细的数学分析。

　　每张图都表示出其所示体系相对于该跨度通常所需的厚度、深度或高度范围。此正常范围是综合考虑分析解决方案、结构设计表和许多建筑构造示例后得出的。超出这些图表范围的少数结构通常可能由双重体系或两个或多个集成体系的组合形成。有时一个体系可能是另一个体系的拓展，在这些情况下，应仅考虑初始体系的跨度和高度。这些图表仅考虑单个体系的正常使用，没有考虑深度或跨度的极端可能性。

　　为了有效使用图表，设计人员必须确定设计所需的大致跨度，然后选择符合设计要求的体系，并从大致的跨度处竖向读取到阴影范围的中心，再水平向左读取出正常的厚度、深度或高度。但是，如果预期的荷载超过正常值，或者构件的间距大于正常间距，则应使用该阴影范围的上部。如果预计轻载或者构件的间距比正常的间距更小，则应使用该阴影范围的下部。

　　诸如框架、拱或悬挂体系之类的结构可用于覆盖或包围矩形或圆形空间。

在这些情况下，阴影范围的上部更适用于矩形或拱券空间，下部适用于圆形或不规则空间。

这些图表的顶部指示的厚度或深度反映了所示跨度的平均值。但是，这些数字可能需要一些调整。例如，穹顶空间所需的材料厚度或深度应比拱券空间小一些；或者如果使用阴影范围的下部，针对折板结构指示的厚度需增加一些，如果使用上部，则应减小厚度。

对于从正常跨度或连续梁体系中延伸出的悬臂，使用图表值通常会导致给定跨度体系的厚度或深度较小，并且会指示使用该阴影范围的下部，在某些情况下甚至更低。对于悬臂，将跨度乘以 2 或 3 即可确定等效的简单支承跨度，并使用此值确定其厚度或深度。

砌体拱券和穹顶的图表仅作比较和参考用。但是，如果预期使用现代材料和构造方法，则应使用该阴影范围的下部。

附录 A：初步设计图表

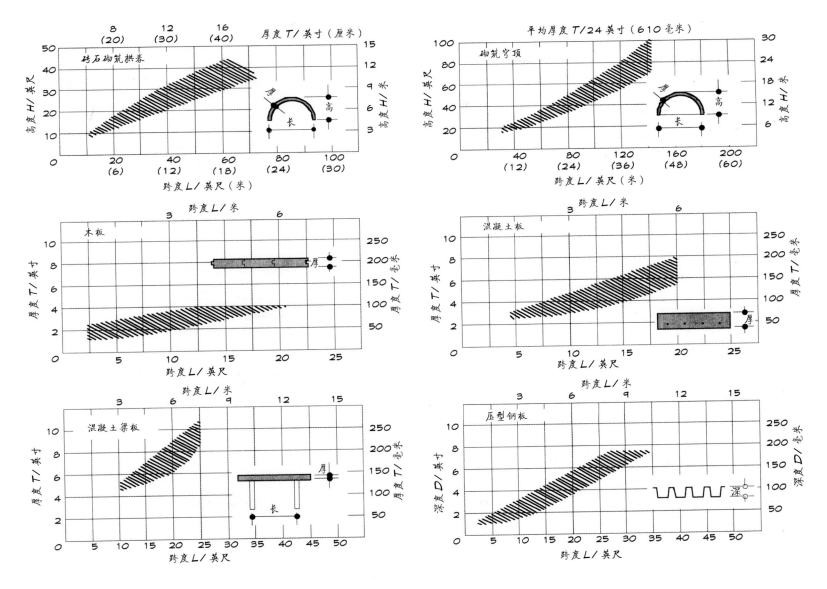

图 A.1 初步设计图表

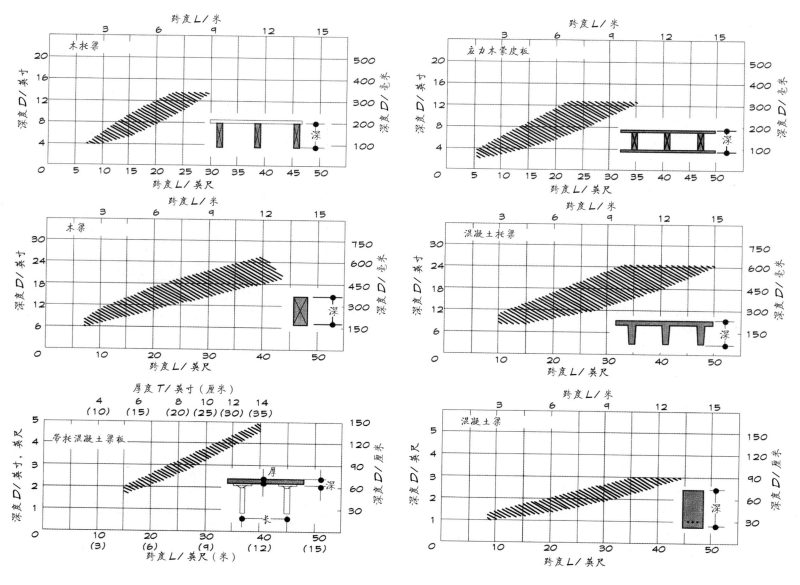

图 A.2 初步设计图表（续表）

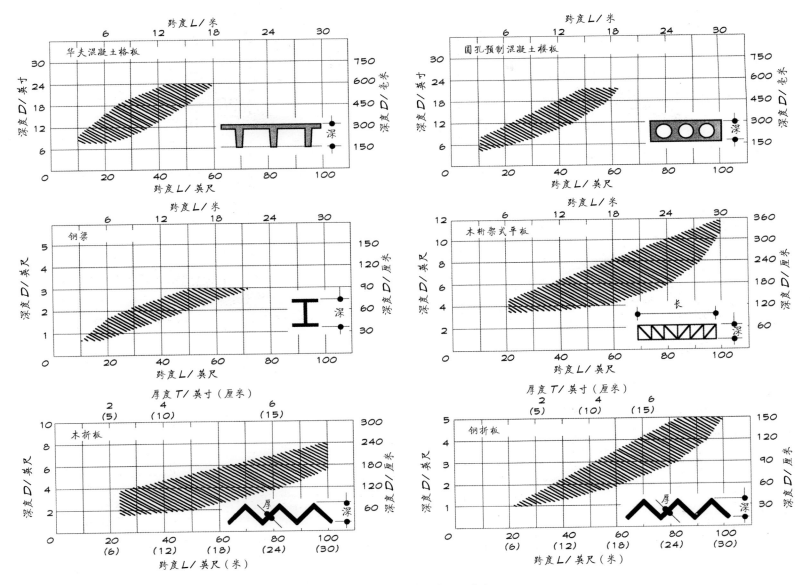

图 A.3 初步设计图表（续表）

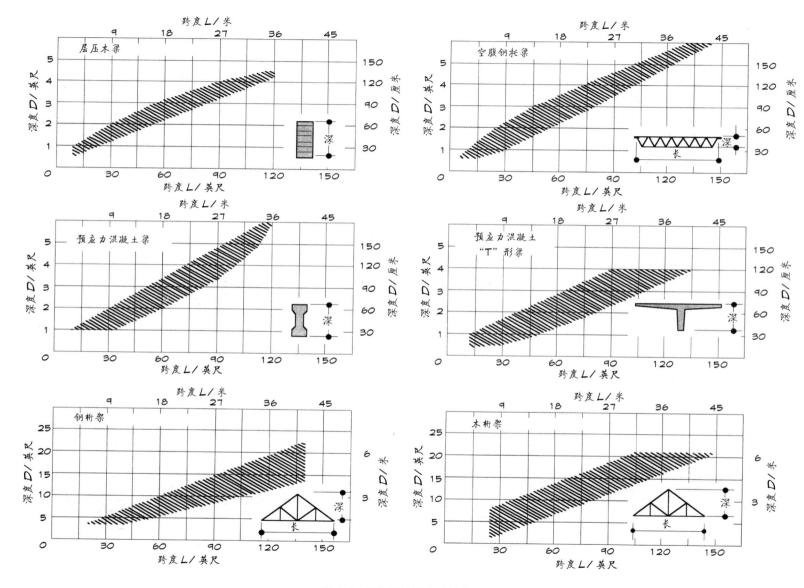

图 A.4 初步设计图表（续表）

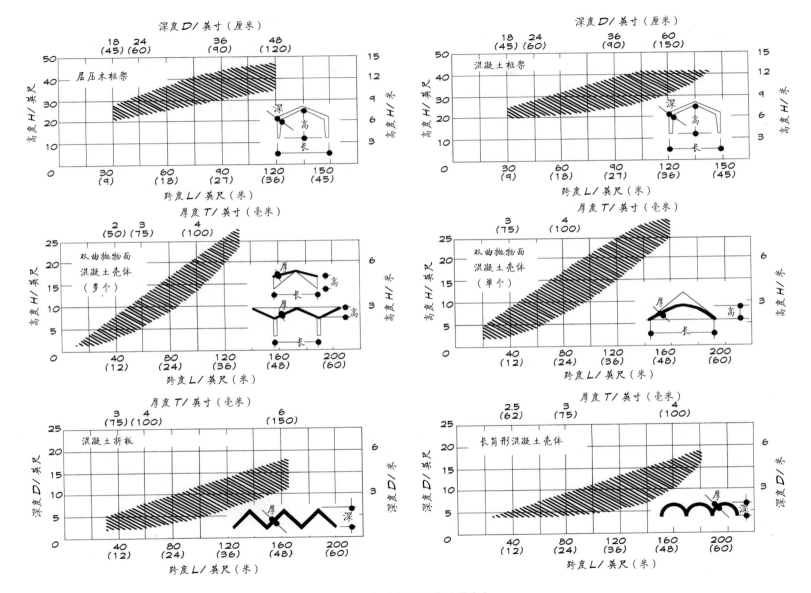

图 A.5 初步设计图表（续表）

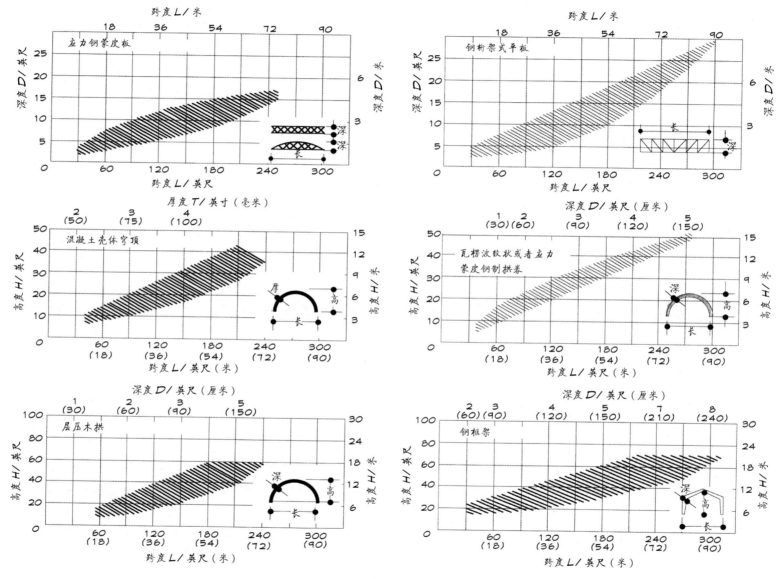

图 A.6　初步设计图表（续表）

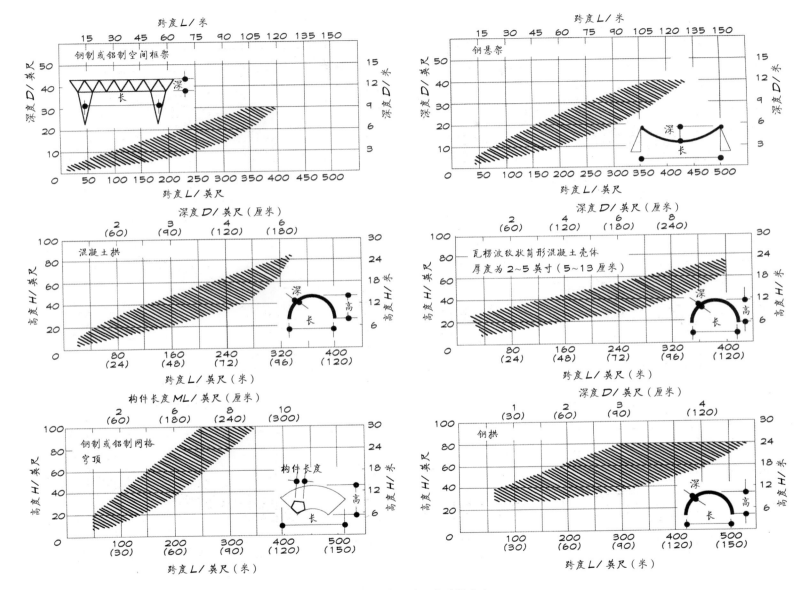

图 A.7　初步设计图表（续表）

图片致谢

Illustration Credits

除了图 5.17 和图 8.26，书中其余全部手绘图和照片均为作者绘制和摄制。以下信息资源（完整引文见参考文献）是研究各张插图的基础材料。

1.14	Kellogg, 1994
1.19	Salvadori and Heller, 1975
1.20	Kellogg, 1994
1.24	Salvadori and Heller, 1975
1.25	Salvadori and Heller, 1975
1.26	Kellogg, 1994
1.27	Salvadori and Heller, 1975
2.2	Gordon, 1973
2.4	Salvadori and Heller, 1975
2.7	Salvadori and Heller, 1975
2.8	Gordon, 1973
2.11	Kellogg, 1994
2.12	Kellogg, 1994
2.13	Kellogg, 1994
2.16	Gordon, 1973
3.2	Brookes and Grech, 1990
3.3	Brookes and Grech, 1990
3.4	Brookes and Grech, 1990
3.7	Brookes and Grech, 1990
3.8	Brookes and Grech, 1990
3.9	Brookes and Grech, 1990
3.10	Frampton, et al., 1993
3.11	Frampton, et al., 1993
4.2	Schodek, 1992
4.4	Thompson, 1917

4.7	Schodek, 1992
4.10	Salvadori and Heller, 1975
4.11	Orton, 1988
4.12	Orton, 1988
4.14	Taylor and Andrews, 1982
4.17	Orton, 1988
4.18	Orton, 1988
4.20	Orton, 1988
4.21	Berger, 1996 (after Graef)
4.23	Brookes and Grech, 1992
4.24	Brookes and Grech, 1992
5.2	Corkill, et al., 1993
5.4	Gugliotta, 1980
5.5	Gugliotta, 1980
5.6	Editor, 1970
5.7	Editor, 1970
5.9	Editor, 1980
5.10	Editor, 1980
5.11	Editor, 1988
5.12	Editor, 1988
5.13	Editor, 1988
5.16a	Fuller, 1964
5.17	Fuller, 1964
5.18	Rastorfer, 1988
5.19	Rastorfer, 1988
5.20	Rastorfer, 1988
5.22	Robison, 1989

5.24	Levy, 1991
5.25	Levy, 1991
6.2	Van Loon, 1994
6.3	Van Loon, 1994
6.4	Van Loon, 1994
6.5	Haeckel, 1887
6.6	Salvadori and Heller, 1975
6.7	Corkill, et al., 1993
6.8	Pearce, 1978
6.9	Pearce, 1978
6.12	Freeman, 1989
6.13	Freeman, 1989
6.14	Editor, 1967
7.1	Kellogg, 1994
7.2	Kellogg, 1994
7.5	Engel, 1964
7.6	Kellogg, 1994
7.11	Weese and Assoc., 1978
7.13	Kellogg, 1994
7.15	Ching, 1997
7.16	Fitch and Branch, 1960
7.20	Ronner, et al., 1977
7.22	Safdie, 1974
8.2	Kellogg, 1994
8.4	Allen, 1980

8.6	Schodek, 1992	10.19	Editor, 1963a	14.7	Fletcher, 1987
8.7	Schodek, 1992	10.20	Engel, 1968	14.8	Fletcher, 1987
8.8	Kellogg, 1994	10.23	Berger, 1996	14.9	Fletcher, 1987
8.9	Kellogg, 1994	10.25	Blake, 1995	14.12	Clark and Mark, 1984
8.10	Kellogg, 1994	10.26	Berger, 1996	14.13	Mark, 1993
8.11	Torroja, 1967	10.29	Berger, 1996	14.14	Fletcher, 1987
8.12	Kellogg, 1994	10.30	Editor, 1952	14.15	Fletcher, 1987
8.13a	Torroja, 1967	10.32	McQuade, 1958	14.17	Mark, 1993
8.14	Elliott, 1992	10.33	Sandaker and Eggen, 1992	14.20	Fletcher, 1987
8.20	Kellogg, 1994	10.35	Thiem, 1972	14.21	Fletcher, 1987
8.22	Coulton, 1977	10.36	Thiem, 1972	14.23	Kostof, 1985
8.24	Ronner, et al., 1977	10.37	Thiem, 1972	14.27	Guastavino Co., date unknown
8.25	Ronner, et al., 1977	10.40	Orton, 1988	14.30	Robinson, 1985
8.26	Galileo, 1638	10.41	Orton, 1988	14.31	Melaragno, 1991
8.31	Kostof, 1985	10.42	Orton, 1988		
8.32	Brown, 1993			15.5	Salvadori and Heller, 1975
8.33	Brooks and Grech, 1992	11.1	Engel, 1968	15.6	Salvadori and Heller, 1975
8.34	Brooks and Grech, 1992	11.2	Berger, 1996	15.9	Editor, 1954c
8.36	Brooks and Grech, 1992	11.4	Engel, 1968	15.11	Futagawa, 1988
8.38	Wright, 1957	11.5	Blyth, 1994	15.13	Editor, 1961b
8.40	Orton, 1988	11.7	Editor, 1982	15.14	Randall and Smith, 1991
8.45	Cowan, 1971	11.11	Berger, 1996	15.16	Editor, 1954b
8.47	Salvadori, 1980	11.13	Editor, 1987	15.22	Engel, 1968
8.48	Futagawa, 1972	11.14	Editor, 1987	15.23	Engel, 1968
8.52	Sandaker and Eggen, 1992			15.25	Ronner, et al., 1977
8.55	Macdonald, 1994	12.3	Dent, 1971	15.26	Ronner, et al., 1977
8.56	Huxtable, 1960	12.6	Dent, 1971	15.30	Engel, 1968
		12.12	Geiger, 1970	15.31	Engel, 1968
9.3	Engel, 1964	12.13	Dent, 1971	15.33	Engel, 1968
9.6	Thonton, et al., 1993	12.14	Villecco, 1970	15.35	Torroja, 1958
9.13	Siegel, 1975	12.16	Editor, 1976	15.37	Torroja, 1958
9.16	Kellogg, 1994	12.17	Schodek, 1992	15.38	Torroja, 1958
9.18	Kellogg, 1994	12.21	Dent, 1971	15.40	Editor, 1963c
9.19	Kellogg, 1994	12.22	Dent, 1971	15.43	Faber, 1963
9.24	Arnell and Bickford, 1984	12.24	Dent, 1971	15.45	Faber, 1963
9.26	Orton, 1988			15.48	Faber, 1963
9.28	Orton, 1988	13.1	Brown, 1993	15.49	Faber, 1963
9.30	Orton, 1988	13.2	Brown, 1993	15.51	Editor, 1958b
9.31	Orton, 1988	13.3	Brown, 1993	15.52	Editor, 1962b
9.32	Orton, 1988	13.10	Kellogg, 1994		
9.33	Orton, 1988	13.14	Brown, 1993	16.7	Engel, 1968
9.34	Editor, 1969b	13.15	Fletcher, 1987	16.8	Editor, 1989
		13.16	Ronner, et al., 1977	16.9	Faber, 1963
10.5	Brown, 1993	13.20	Ronner, et al., 1977	16.11	Editor, 1958c
10.7	Brown, 1993	13.22	Kellogg, 1994	16.12	Editor, 1958c
10.9	Brown, 1993	13.25	Carter, 1989	16.15	Editor, 1963d
10.10	Brown, 1993	13.28	Harriman, 1990	16.18	Editor, 1955
10.11	Nervi, 1963	13.29	Harriman, 1990	16.19	Kato, 1981
10.12	Nervi, 1963	13.30	Harriman, 1990	16.20	Kato, 1981
10.14	Futagawa, 1974	13.34	Brown, 1993	16.21	Kato, 1981
10.15	Futagawa, 1974				
10.18a	Editor, 1960a	14.6	Gardner, 1980	17.6	Simpson Co., 1996

17.7	Allen, 1985
17.10	Allen, 1985
17.13	Allen, 1985
17.14	Allen, 1985
17.15	Allen, 1985
17.16	Packard, 1981
17.17	Packard, 1981
17.18	Packard, 1981
18.6	Allen, 1985
A.1	Corkill, et al., 1993

参考文献

Bibliography

Allen, E., 1980, *How Buildings Work.* New York: Oxford University Press.

———, 1985, *Fundamentals of Buildings Construction.* New York: John Wiley and Sons.

———, and Iano, J., 1995, *The Architect's Studio Companion.* New York: John Wiley and Sons.

Andrews, W., 1968, *Architecture in Chicago and Mid-America.* New York: Atheneum.

Arnell, P., and Bickford, T., 1984, *Charles Gwathmey and Robert Siegel: Buildings and Projects 1964-1984.* New York: Harper and Row.

Berger, H., 1985, "The evolving design vocabulary of fabric structures," *Architectural Record*, March, pp.152-156.

———, 1996, *Light Structures—Structures of Light.* Basel, Switzerland: Berkhäuser.

Birdair, Inc., 1995, *Tensioned Membrane Structures.* Amherst, NY: Birdair, Inc., 65 Lawrence Bell Drive.

Blake, E., 1995, "Peak condition," *Architectural Review*, February, pp.60-63.

Blaser, W., ed., 1990, *Santiago Calatrava: Engineering Architecture.* Boston: Birkhauser Verlag.

Blyth, A., ed., 1994, *Architects' Working Details 2.* London: Emat Architecture.

Borrego, J., 1968, *Space Grid Structures.* Cambridge, MA: M.I.T. Press.

Brookes, A., and Grech, C., 1990, *The Building Envelope.* London: Butterworth Architecture.

———, 1992, *Connections: Studies in Building Assembly.* New York: Whitney Library of Design.

Brown, D., 1993, *Bridges.* New York: Macmillan.

Carney, J., 1971, *Plywood Folded Plates: Design and Details.* Research report #121. Tacoma, WA: American Plywood Association.

Carter, B., 1989, "Back Bay arches," *Architecture*, December, pp.65-69.

Ching, F., 1979, *Architecture: Form, Space & Order.* New York: Van Nostrand Reinhold.

————, 1997, *A Visual Dictionary of Architecture.* New York: Van Nostrand Reinhold.

Clark, W., and Mark, R., 1984, "The first flying buttresses: a reconstruction of the nave of Notre-Dame de Paris," *Art Bulletin,* March, pp.47–65.

Corkill, P., Puderbaugh, H., and Sawyers, H., 1993, *Structure and Architectural Design.* Davenport, IA: Market Publishing.

Coulton, J., 1977, *Greek Architects at Work: Problems with Structure and Design.* London: Elek.

Cowan, H., 1971, *Architectural Structures.* New York: Elsevier.

————, and Wilson, F., 1981, *Structural Systems.* New York: Van Nostrand Reinhold.

Davey, P, 1987, "An elegant tent provides a festive setting for cricket," *Architectural Review,* September, pp.40–45.

————, 1988, "An elegant tent provides a festive setting for cricket," *Architecture,* September, pp.70–71.

Dent, R., 1971, *Principles of Pneumatic Architecture.* London: Architectural Press.

Eberwein, B., 1989, "World's largest wood dome," *Classic Wood Structures.* New York: American Society of Civil Engineers, pp. 123–132.

Editor, 1952, "Parabolic pavilion," *Architectural Forum,* October, pp.134–137.

————, 1953, "Parabolic cable roof," *Architectural Forum,* June, pp.170–171.

————, 1954a, "The great livestock pavilion complete," *Architectural Forum,* March, pp.131–137.

————, 1954b, "Air–formed concrete domes," *Architectural Forum,* June, pp.116–118.

————, 1954c, "Long-span concrete dome on three pendentives," *Progressive Architecture,* June, pp.120–124.

————, 1954d, "St. Louis Planetarium: Design Award Citation," *Progressive Architecture,* June, pp.134–135.

————, 1955, "UNESCO headquarters design modified for building," *Architectural Record,* August, pp.10–11.

————, 1956, "Concrete Institute plans a new headquarters building," *Architectural Record,* August, pp.10–11.

————, 1958a, "The dome goes commercial," *Architectural Forum,* March, pp.121–125.

————, 1958b, "TWA's graceful new terminal," *Architectural Forum,* January, pp.78–85.

————, 1958c, "Siege de l'institut Américain du ciment, Détroit, Michigan," *L'Architecture D'Aujourd'hui,* April, pp.31–32.

————, 1960a, "A new airport for jets," *Architectural Record,* March, pp.175–181.

————, 1960b, "Shaping a two-acre sculpture," *Architectural Forum,* August, pp.119–123.

————, 1960c, "The concrete bird stands free," *Architectural Forum,* August, pp.119–23.

————, 1961a, "Saarinen," *Architectural Forum*, September, pp.112– 113.

————, 1961b, "Spirit of Byzantium: FLLW's last church," *Architectural Forum*, December, pp.83–87.

————, 1961c, "The Climatron," *AIA Journal*, May, pp.27-32.

————, 1962a, "I want to catch the excitement of the trip," *Architectural Forum*, July, pp.72–76.

————, 1962b, "Saarinen's TWA Flight Center," *Architectural Record*, July, pp.129–134.

————, 1963a, "Dulles International Airport," *Progressive Architecture*, pp.90–100.

————, 1963b, "Experimental plywood roof in Seattle," *Architectural Forum*, April, p. 122.

————, 1963c, "Spool-shaped planetarium for St. Louis," *Architectural Forum*, August, pp. 92–94.

————, 1963d, "Giant Illinois dome nears completion," *Architectural Forum*, March, p. 117.

————, 1963e, "University of Illinois spectacular," *Architectural Record*, July, pp. 111–116.

————, 1963f, "Budget school offers pleasant environment," *Architectural Record*, October, pp. 218–219.

————, 1966, "Bucky's biggest bubble," *Architectural Forum*, June, pp.74–79.

————, 1967, "The U.S. pavillion," *Japan Architect*, August, pp.38–45.

————, 1969a, "The space frame roof and the Festival Plaza," *Japan Architect*, April, 54–59.

————, 1969b, "Boston City Hall," *Architectural Record*, February, pp.140–144.

————, 1969c, "The Fuji Group Pavilion," *Japan Architect*, April, pp. 60–62.

————, 1969d, "Floating Theater," *Japan Architect*, April, pp.63–65.

————, 1970, "Festival Plaza: joints are key to world's largest space frame," *Progressive Architecture*, April, p. 62.

————, 1971a, "Munich's Olympic games site topped by cable-suspended roof," *Engineering News Record*, September 23, pp.18–19 .

————, 1971b, "Post-tensioned shells from museum roof," *Engineering News Record*, November 11, pp.24–25.

————, 1972, "Munich Olympics," *Design*, September, pp.30–35.

————, 1976, "A profile of the two largest air-supported roofs," *Architectural Record*, January, pp.141–143.

————, 1979, "Tent structures designed to endure," *Architectural Record*, mid-August, pp.85–93.

————, 1980, "A vast space frame wraps New York's convention center like a taut fabric," *Architectural Record*, Mid-August, pp.47–56.

————, 1982, "Invitation to the Haj," *Progressive Architecture*, February, pp.116–122.

————, 1983a, "A field of tents in the sky," *Architectural Record*, September, pp.84–85.

————, 1983b, "Huge, soaring tents on the desert," *AIA Journal*, May, pp.276–279.

————, 1983c, "Calgary 'saddles up' arena," *Engineering News Record*, December 22, pp.50–51.

————, 1985, "Riyadh stadium roof spans 485 ft," *Engineering News Record*, July 25, pp. 29–31.

————, 1986, "Space frame odyssey," *Architectural Record*, September, pp.106–117.

————, 1987, "Marlebone Cricket Club Mound Stand," *Architecture*, September, pp.151–156.

————, 1988, "Grand Louvre: le cristal qui songe," *Techniques and Architecture*, September, pp.128–132.

————, 1989, "Mobile structure for sulfur extraction," *Architecture and Urbanism*, March, pp. 170–173.

Elliott, C., 1992, *Technics and Architecture*. Cambridge, MA: MIT Press.

Ellis, C., 1989, "Pei in Paris: the pyramid in place," *Architecture*, January, pp.43–46.

Engel, H., 1964, *The Japanese House: A Tradition for Contemporary Architecture*. Rutland, VT: Charles E. Tuttle.

————, 1968, *Structural Systems*. New York: Praeger.

Faber, C., 1963, *Candela / the Shell Builder*. New York: Reinhold.

Fitch, J., and Branch, D., 1960, "Primative architecture and climate," *Scientific American*, vol. 203, pp.134–145.

Fleig, K., 1978, *Alvar Aalto*. Zurich: Verlag fur Architektur Artemis.

Fletcher, B., 1987, *A History of Architecture*. 18th ed., London: Butterworth.

Fox, H., 1981, "Kenneth Snelson: portrait of an atomist," in Snelson, K., 1981, *Kenneth Snelson* (exhibition catalog). Buffalo, NY: Buffalo Fine Arts Academy.

Frampton, K., Webster, A., and Tischhauser, A., 1993, *Calatrava Bridges*. Zurich: Artems.

Freeman, A., 1989, "Reglazing a celebrated dome greenhouse," Architecture, March, pp. 88-89.

Fuller, R. B., 1964, *Aspension Structure*. U.S. Patent 3,139,957, Washington, DC: U.S. Patent Office.

Futagawa, Y., ed., 1971a, *Eero Saarinen: John Deere Building*. Tokyo: Global Architecture.

————, ed., 1971b, *Louis I. Kahn: Richards Medical Research Building and Salk Institute for Biological Studies*. Tokyo: Global Architecture.

————, ed., 1972, *Mies van der Rohe: The New National Gallery*. Tokyo: Global Architecture.

————, ed., 1973a, *Gunnar Birkerts and Associates*. Tokyo: Global Architecture.

————, ed., 1973b, *Eero Saarinen: Dulles International Airport*. Tokyo: Global Architecture.

————, ed., 1974, *Le Corbusier: Sarabhai House and Shodhan House*. Tokyo: Global Architecture.

————, ed., 1988, *Frank Lloyd Wright Monograph 1951–1959.* Tokyo: A.D.A. Edita.

Galileo, G., 1638, *Discoursi e dimonstrazioni matematiche.* Trans. Crew, H., and de Salvio, A., 1914, New York: Macmillan.

Gardner, H., 1980, *Art through the Ages.* New York: Harcourt Brace Jovanovich.

Geiger, D., 1970, "U.S. pavilion at Expo 70 features air-supported cable roof," Civil Engineering, March, pp.48-49.

Gfeller-Corthesy, R., ed., 1986, *Atelier 5.* Zurich: Ammann Verlag.

Glancy, J., 1989, *New British Architecture.* London: Thames and Hudson.

Gordon, J., 1973, *Structures: or, Why Things Don't Fall Down.* New York: Da Capo Press.

Guastavino Company, date unknown, product literature.

Gugliotta, P., 1980, "Architects' (and engineers') guide to space frame design," *Architectural Record,* mid-August, pp.58-62.

Guinness, D., and Sadler, J., 1973, *Mr. Jefferson, Architect.* New York: Viking.

Haeckel, E., 1887, *Report of the Scientific Results of the Voyage of HMS Challenger,* Vol. 18, Part XL—Radiolaria. Edengurgh 1880–1895. Reprinted, 1966, New York: Johnson Reprint Corp.

Hamilton, K., Cambell, D., and Gossen, P., 1994, "Current state of development and future trends in employment of air-supported roofs in long-span applications," *Spatial, Lattice, and Tension Structures. Proceedings of the IASS-ASCE International Symposium, Atlanta.* New York: American Society of Civil Engineers, pp.612–621.

Harriman, M., 1990, "London bridge," *Architecture,* September, pp.109–112.

Huxtable, A. L., 1960. *Pier Luigi Nervi.* New York: Braziller.

Isler, H., 1994, "Concrete shells today," *Spatial, Lattice and Tension Structures: Proceedings of the IASS-ASCE International Symposium, Atlanta.* New York: American Society of Civil Engineers, pp. 820–835.

Jahn, G., 1991, "Stretched muscles," *Architectural Record,* June, pp.75-82.

Kallmann, G., and McKinnell, M., 1975, "Movement systems as a generator of built form," *Architectural Record,* vol. 158, no. 7, November, pp.105–116.

Kappraff, J., 1991, *Connections: The Geometric Bridge Between Art and Science.* New York: McGraw-Hill.

Kato, A., ed., 1981, *Pier Luigi Nervi and Contemporary Architecture. Process Architecture,* April, no. 23.

Kellogg, R., 1994, *Demonstrating Structural Behavior with Simple Models.* Fayetteville, AR: School of Architecture, University of Arkansas (photocopy).

Kenzo Tange Associates, ed., 1987, "Master plan for Expo 70 and master design of trunk facilities," *Kenzo Tange Associates: Process Architecture,* no. 73, pp.102–103.

Kimball, R., 1989, "The riddle of the pyramid," *Architectural Record,* January, pp. 58–61.

Komendant, A., 1975, *18 Years with Architect Louis I. Kahn.* Englewood, NJ: Aloray.

Kostof, S., 1985, *A History of Architecture: Settings and Rituals.* New York: Oxford University Press.

Krieger, A., 1988, *The Architecture of Kallmann McKinnell & Wood.* New York: Rizzoli.

Landeker, H., 1994, "Peak performance: the Denver International Airport Terminal," *Architecture,* August, pp.45– 52.

Ledger, B., 1994, "The biosphere reborn," *Canadian Architect,* September, pp.25–28.

Levy, M., 1991, "Floating fabric over Georgia Dome," Civil Engineering, November, pp.34–37.

———, Castro, G., and Jing, T., 1994, "Hypar-tensegrity dome, optimal configurations," *Spatial, Lattice and Tension Structures. Proceedings of the IASS-ASCE International Symposium, Atlanta.* New York: American Society of Civil Engineers, pp.125–128.

———, and Salvadori, M., 1992, *Why Buildings Fall Down.* New York: Norton.

Lin, T., and Stotesbury, S., 1988, *Structural Concepts and Systems for Architects and Engineers.* New York: Van Nostrand Reinhold.

Macdonald, A., 1994, *Structure and Architecture.* Oxford: Butterworth Architecture.

Mahler, V., 1972, "Olympiastadion," *Architectural Forum,* October, pp.26–32.

Mark, R., ed., 1993, *Architectural Technology Up to the Scientific Revolution.* Cambridge, MA: MIT Press.

Marks, R. W., 1960, *The Dymaxion World of Buckminster Fuller.* New York: Reinhold.

McCoy, E., 1973, "Federal Reserve Bank of Minneapolis and IBM Information Systems Center," in Futagawa, Y., ed., *Gunnar Birkerts and Associates.* Tokyo: Global Architecture.

McQuade, W., 1958, "Yale's Viking vessel," *Architectural Forum,* December, pp.106–110.

Mero Structures Inc., P.O. Box 610, Germantown, WI 53022 (product literature, 1994).

Melaragno, M., 1991, *An Introduction to Shell Structures.* New York: Van Nostrand Reinhold.

Moore, F., 1985, *Concepts and Practice of Architectural Daylighting.* New York: Van Nostrand Reinhold.

Nakamura, T., 1984, *Eero Saarinen.* Tokyo: Eando Yu.

Nervi, P. L., 1963, *Pier Luigi Nervi: Buildings, Projects, Structures 1953–1963.* New York: Praeger.

Orton, A., 1988, *The Way We Build Now.* London: E & FN Spon.

Otto, F., 1954, *The Hung Roof.* Berlin: Bauwelt.

Packard, R., 1981, *Architectural Graphic Standards.* New York: John Wiley and Sons.

Pearce, P., 1978, *Structure in Nature is a Strategy for Design.* Cambridge, MA: M.I.T. Press.

Prenis, J., ed., 1973, *The Dome Builder's Handbook.* Philadelphia: Running Press.

Pugh, A., 1976, *An Introduction to Tensegrity.* Berkeley, CA: University of California Press.

Ramm, E., and Schunck, E., 1986, *Heinz Isler.* Stuttgart: Krämer Verlag.

Randall, F., and Smith, A., 1991, "Thin-shell concrete dome built economically with rotating forming and shoring system," *Concrete Construction*, June, pp.490–492.

Rastorfer, D., 1988, "Structural Gymnastics for the Olympics," *Architectural Record*, September, pp.128–135.

Robinson, K, 1985, *The Tacoma Dome Book.* Tacoma, WA: Robinson Publishing.

Robison, R., 1989, "Fabric meets cable," *Civil Engineering*, February, pp.56–59.

Ronner, H., Jhaveri, S., and Vasella, A., 1977, *Louis I. Kahn: Complete Works.* Boulder, CO: Westview.

Rosenbaum, D., 1989, "A dream of a dome in St. Pete," *Engineering News Record*, August 10, pp.37–40.

Rosenthal, H. W., 1962, *Structural Decisions.* London: Chapman and Hall.

Saarinen, E., 1962, *Eero Saarinen on his work.* New Haven: Yale University Press.

———, 1963, "Dulles International Airport," *Architectural Record*, July, pp.101–110.

———, and Severud, F., 1958, "The David S. Ingalls Rink," *Architectural Record*, October, pp 154–160.

Safdie, M., 1974, *For Everyone a Garden.* Cambridge, MA: MIT Press.

Salvadori, M., 1980, *Why Buildings Stand Up.* New York: Norton.

———, 1990, *The Art of Construction.* Chicago: Chicago Review Press.

Salvadori, M., and Heller, R., 1975, *Structure in Architecture.* New York: Prentice Hall.

Sandaker, B., and Eggen, A., 1992, *The Structural Basis of Architecture.* New York: Whitney Library of Design.

Schodek, D., 1992, *Structures.* Englewood Cliffs, NJ: Prentice Hall.

Schueller, W., 1977, *High-Rise Building Structures.* New York: Wiley Interscience.

———, 1996, *The Design of Building Structures.* Upper Saddle River, NJ: Prentice Hall.

Scofield, W., and O'Brien, W., 1954, *Modern Timber Engineering.* 4th ed., New Orleans: Southern Pine Association.

Sedlak, V., 1973, "Paper shelters," *Architectural Design*, December, pp. 756–763.

Siegel, C., 1975, *Structure and Form in Modern Architecture.* Huntington, NY: Robert E. Krieger.

Simpson Company, 1996, *Wood Construction Connectors*, catalog C-96, Pleasantton, CA: Simpson Strong-Tie Company.

Snelson, K., 1981, *Kenneth Snelson* (exhibition catalog). Buffalo, NY: Buffalo Fine Arts Academy.

———, 1989, *The Nature of Structure.* New York: The New York Academy of Sciences.

Stein, K., 1993, "Snow-capped symbol," *Architectural Record*, June, pp.105–106.

Sudjic, D., 1986, *Norman Foster, Richard Rogers, James Stirling*. London: Thames and Hudson.

Tange, K., 1969, "The Expo 70 master plan and master design," *Japan Architect*, April, pp.16–20.

Taylor, J., and Andrews, J., 1982, *John Andrews: Architecture a Performing Art*. New York: Oxford University Press.

Taylor, R., 1975, *Architectural Structures Exclusive of Mathematics*. Muncie: Ball State University Press.

Thiem, W., 1972, "Olympic site designed for the future," *Progressive Architecture*, August, pp.58–65.

Thompson, D., 1917, *On Growth and Form*. Cambridge, UK: Cambridge University Press.

Thornton, C., Tomasetti, R., Tuchman, J., and Joseph, L., 1993, *Exposed Structure in Building Design*. New York: McGraw-Hill.

Torroja, E., 1958, *The Structures of Edurardo Torroja*. New York: F.W. Dodge.

———, 1967, *Philosophy of Structures*. Berkeley: University of California Press.

Van Loon, B., 1994, *Geodesic Domes*. Norfolk, UK: Tarquin.

Villecco, M., 1970, "The infinitely expandable future of air structures," *Architectural Forum*, September, pp.40–43.

Voshinin, I., 1952, "Roof structure in tension," *Architectural Forum*, October, p. 162.

Weese, H. and Associates, 1978, *Four Landmark Buildings in Chicago's Loop*. Washington, DC: U.S. Government Printing Office.

Wilson, F., 1987, "Of space frames, time, and architecture," *Architecture*, August, pp.80–87.

Wright, F. L., 1957, *A Testament*. London: Architectural Press.

Yarnall, M., 1978, *Dome Builder's Handbook No. 2*. Philadelphia: Running Press.

Zalewski, W., and Allen, E., 1997, *Shaping Structures*. New York: John Wiley and Sons.

外文人名译名对照表
Chinese Translations of Foreign Names

A

Aalto，Alvar　阿尔瓦·阿尔托（1898—1976），芬兰建筑师

Agrippa，Mareus Vipsanius　马库斯·维普撒尼乌斯·阿格里帕（公元前 63 年—公元前 12 年），罗马政治家

Alberti，Leon Battista　莱昂·巴蒂斯塔·阿尔伯蒂（1404—1472），意大利建筑师

Allen，Edward　爱德华·艾伦，MIT 建筑学院教授

Alper，Albert　阿尔伯特·阿尔培，美国当代结构工程师

Ammann，Othmar Hermann　奥瑟玛·赫尔曼·安曼（1879—1965），瑞士结构工程师

Andrä，Wolfhardt　沃尔夫哈特·安德拉（1914—1996），德国工程师

Andrews，John　约翰·安德鲁斯（1933—），澳大利亚建筑师

Anthemius　安提多拉斯（474—534），希腊建筑师

Arcangeli，Aldo　阿尔多·阿尔坎杰里，意大利当代建筑师

Arup，Ove　奥韦·阿鲁普（1895—1988），英国建筑师

Aspdin，Joseph　约瑟夫·阿斯普丁（1778—1855），英国水泥制造商

Attwood，Charles　查尔斯·阿特伍德（1849—1896），美国建筑师

B

Baker，Michael　米歇尔·贝克，美国当代工程师

Bartoli，Giovanni　乔瓦尼·巴尔托利，意大利工程师，皮埃尔·路易吉·奈尔维的表兄

Bee，Bernard Elliott　伯纳德·埃利奥特·比（1824—1861），美国军官

Behnisch，Günter　甘特·贝尼施（1922—2010），德国建筑师

Bell，Alexander Graham　亚历山大·格拉汉姆·贝尔（1847—1922），美国发明家

Benson，Robert　罗伯特·本森

Benton，Cris　克里斯·本顿

Berger，Horst　霍斯特·伯格（1928—），德国结构工程师

Bible，Tom　汤姆·拜伯

Birkerts，Gunnar　古纳·柏克兹（1925—2017），美国建筑师

Brunelleschi　布鲁内列斯基（1377—1446），意大利建筑师

Bobrowski，Jan　扬·伯布朗斯基（1925—2014），英国建筑师

Briner，Tom　汤姆·布林纳

Browne，Robert Bradford　罗伯特·布拉德福德·布朗（1922—1987），美国建筑师

C

Calatrava，Santiago　圣地亚哥·卡拉特拉瓦（1951—），西班牙建筑师

Candela，Félix　菲利克斯·坎德拉（1910—1997），西班牙—墨西哥建筑师

Christiansen，Jack　杰克·克里斯滕森（1927—2017），美国结构工程师

Constantine　君士坦丁（275—337），罗马帝国皇帝

Corbusier，Le　勒·柯布西耶（1887—1965），瑞士—法国建筑师

Corekill，Phillip　菲利浦·科尔克尔

Corkill，Philip A.　菲利浦·A.科基尔（1925—2015），美国建筑工程学者

Cox，Philip　菲利普·考克斯（1939—），澳大利亚建筑师

Cruvellier，Mark　麦克·克鲁威雷尔

D

Deitrick，William　威廉·德特里克（1895—1974），美国建筑师

Ding，Day　戴·丁

E

Eames，Charles　查尔斯·埃姆斯（1907—1978），美国工业设计师

Ehrenburg，Ilya　伊利亚·爱伦堡（1891—1967），苏联作家

Eiffel，Gustave　古斯塔夫·埃菲尔（1832—1923），法国工程师

F

Findley，James　詹姆斯·芬德利（1756—1828），美国桥梁设计师

Föppl，August　奥古斯特·福普尔（1854—1924），德国机械学专家

Foster，Norman　诺曼·福斯特（1935—），英国建筑师

Freed，James Ingo　詹姆斯·英戈·弗里德（1930—2005），美国建筑师

Frost，Robert　罗伯特·弗洛斯特（1874—1963），美国诗人

Fuller，Buckminster　布克敏斯特·富勒（1895—1983），美国建筑师

G

Gaudi，Antonio　安东尼奥·高迪（1852—1926），西班牙建筑师

Geiger，David　戴维·盖格尔（1935—1989），美国工程师

Gerber，Heinrich　海因里希·格伯（1832—1912），德国工程师

Gugliotta，Paul　保罗·古格利奥塔（1932—2013），美国结构工程师

Gwathmey，Charles　查尔斯·格瓦斯梅（1938—2009），美国建筑师

H

Haar，M.　M.哈尔

Harry，Walter C.　沃尔特·C.哈利

Hinrich，Craig　克雷格·辛里奇

Hooke，Robert　罗伯特·胡克（1635—1703），英国物理学家

Hopkins，Michael　迈克尔·霍普金斯（1935—），英国建筑师

Hunt，Anthony　安东尼·亨特（1932—），英国结构工程师

Hutchison，J.　J.哈奇森

I

Isidorus　伊基多拉斯（442—537），希腊建筑师

Isler，Heinz　海因茨·伊斯勒（1926—2009），瑞士建筑师

J

Jackson，Thomas Jonathan　托马斯·乔纳森·杰克逊将军（1824—1863），美国内战期间著名的南军将领

Jefferson，Thomas　托马斯·杰斐逊（1743—1826），美国政治家、建筑师

K

Kahn，Louis I. 路易斯·I. 康（1901—1974），美国建筑师

Kaufmann，B. B. 考夫曼

Kellogg，Richard 理查德·凯洛格

Kiewitt，G. R. G. R. 凯威特，美国现代建筑师

Kling，Vincent 文森特·克林（1942—），美国建筑师

Klutho，Victor 维克多·克洛托，美国现代建筑师

Komendant，August Eduard 奥古斯特·爱德华·克曼登特（1906—1992），爱沙尼亚—美国结构工程师

Kramer，Gideon 吉迪恩·克莱默（1917—2012），美国设计师

L

LeMessurier，William 威廉·拉梅雪（1926—2007），美国结构工程师

Leonhardt，Fritz 弗里茨·莱茵哈特（1909—1999），德国工程师

Letlin，Lev 列维·莱特林，美国当代工程师

Lubkeman，Chris 克里斯·卢克曼

Lundy，Victor Alfred 维克多·阿尔弗雷德·兰迪（1923—），美国建筑师

M

Maillart，Robert 罗伯特·马拉尔（1872—1940），瑞士工程师

Males，A. Roderick A. 罗德里克·梅尔斯

Mariotte，Edme 埃德姆·马略特（1620—1684），法国物理学家

Maxentius 马克森提乌斯（278—312），罗马帝国皇帝

McCourt，Graham 格雷厄姆·麦考特，加拿大当代建筑师

Melaragno，Michele 米歇尔·梅拉拉尼奥

Mengeringhausen，Max 马克斯·门纳豪森（1903—1988），德国工程师

Mies Van der Rohe，Ludwig 路德维希·密斯·凡·德·罗（1886—1969），德国建筑师

Mitchell，Charlie 查理·米切尔

Moisseiff，Leon 里昂·莫伊塞弗（1872—1943），美国桥梁设计师

Murphy，Charles Francis 查尔斯·弗朗西斯·墨菲（1890—1985），美国建筑师

Muskopf，C. C. 莫斯科夫

N

Neff，Wallace 华莱士·内夫（1895—1982），美国建筑师

Nervi，Antonio 安东尼奥·奈尔维（1925—1979），意大利建筑师，皮埃尔·路易吉·奈尔维的小儿子

Nervi，Pier Luigi 皮埃尔·路易吉·奈尔维（1891—1979），意大利建筑师

Nowicki，Matthew 马修·诺维茨基（1910—1950），美国建筑师

Noyes，Elliot 艾略特·诺伊斯（1910—1977），美国建筑师

O

Ordóñez，Fernando Alvarez 费尔南多·阿尔瓦雷斯·奥尔多尼斯，墨西哥当代建筑师

Ordóñez，Joaquin Alvarez 杰昆·阿尔瓦雷斯·奥尔多尼斯，墨西哥当代建筑师

Otto，Frei 弗雷·奥托（1925—2015），德国建筑师

P

Pearce，Peter 彼得·皮尔斯（1936—），美国产品设计师

Pei，I. M. 贝聿铭（1917—2019），美国建筑师

Peting，Don 唐·佩丁

Peting，Donald 唐纳德·佩廷，美国俄勒冈大学建筑系教授

Piano，Renzo　伦佐·皮亚诺（1937—），意大利建筑师

Plesums，Guntis　冈蒂斯·帕莱森斯

Poleni，Giovanni　乔瓦尼·波伦尼（1683—1761），意大利物理学家

Poulton，Jack　杰克·波尔顿

R

Recamier，Carlos　卡洛斯·雷卡米尔，墨西哥当代建筑师

Reynolds，John　约翰·雷诺兹

Rodney，I. I.　罗德尼，美国当代结构工程师

Roebling，James　詹姆斯·罗布林（1806—1869），美国工程师

Rogers，Richard　理查德·罗杰斯（1933—），意大利—英国建筑师

Rooney，Andy　安迪·鲁尼（1919—2011），美国新闻主持人

S

Saarinen，Eero　埃罗·沙里宁（1910—1961），芬兰裔美国建筑师

Safdie，Moshe　莫瑟·萨夫迪（1938—），加拿大建筑师

Salvadori，Mario　马里奥·萨瓦多里（1907—1997），意大利建筑师

Sanabria，Sergio　塞尔吉奥·萨纳布里亚

Sawyer，Donald　唐纳德·索亚，美国当代结构工程师

Schueller，Wolfgang　沃尔夫冈·舒勒

Schulitz，Helmut C.　赫尔穆特·C.舒立茨，美国当代建筑师

Schwedler，Johann Wilhelm　约翰·威廉·施威德勒（1823—1894），德国工程师

Snelson，Kenneth　肯尼斯·斯尼尔森（1927—2016），美国雕塑家

Stainback，Ray　雷·斯坦贝克，美国当代建筑师

Sullivan，Louis Henry　路易斯·亨利·沙利文（1856—1924），美国建筑师

T

Telford，Thomas　托马斯·泰尔福德（1757—1834），苏格兰工程师

Thompson，Bill　比尔·汤姆逊，美国当代建筑师

Torroja，Eduardo　爱德华多·托罗哈（1899—1961），西班牙结构工程师

Toy，Maggie　马吉·托依（1964—），英国建筑师

U

Utzinger，Mike　麦克·阿兹辛格

V

Vitruvius　维特鲁威，公元1世纪罗马建筑师

Ventulett，Tom　汤姆·温图莱特，美国当代建筑师

Visintini，Franz　弗雷兹·维辛蒂尼（1874—1950），奥地利工程师

Vitellozzi，Annibale　安尼巴莱·维泰洛齐（1902—1990），意大利工程师

W

Weigand，John　约翰·韦甘德

Worley，Charies　查尔斯·沃利

Wright，Frank Lloyd　弗兰克·劳埃德·赖特（1867—1959），美国建筑师

Z

Zollinger，Friedrich　弗里德里希·佐林格（1880—1945），德国建筑师